Arbeiten auf dem Gebiete der chemischen Physiologie

Begonnen von

weil. Dr. **Franz Tangl**

Fortgesetzt von

Dr. **Paul Hári**

o. ö. Professor der physiologischen Chemie
an der Universität Budapest

Siebzehntes Heft

(Neue Folge. Zwölftes Heft)

Springer-Verlag Berlin Heidelberg GmbH 1929

ISBN 978-3-662-39388-8   ISBN 978-3-662-40444-7 (eBook)
DOI 10.1007/978-3-662-40444-7

Inhaltsverzeichnis.

Sonderdruck
aus „Biochemische Zeitschrift", Bd. 194.
Julius Springer, Berlin.

Beitrag zur Berechnung eines tierkalorimetrischen Versuches.

Von

Paul Hári.

(Aus dem physiologisch-chemischen Institut der königl. ungar. Universität
Budapest.)

(Eingegangen am 19. Januar 1928.)

Soll an einem Tiere die Wärmeproduktion durch direkte Kalori-
metrie, also aus seiner Wärmeabgabe, bestimmt werden, so muß zu der
Wärme, die von gewissen Teilen des betreffenden Apparats (eingeschlossene Luft, durchströmendes Wasser, Lötstellen) registriert wird,
die Wärme hinzuaddiert werden, die zur Verdampfung von Wasser
verwendet und in der erwärmten Ventilationsluft entführt wird. Außerdem muß aber an dieser gesamten Wärmeabgabe eine Korrektion
angebracht werden für die Änderung, die die Körpertemperatur und das
Körpergewicht des Tieres während der Versuchsdauer erleiden. Denn,
wenn z. B. die Körpertemperatur bei unverändertem Körpergewicht
abgenommen hat, so gilt die auf diese Weise an die Umgebung abgegebene Wärme ebensowenig, wie die von einem Kadaver abgegebene
als *produzierte* Wärme. Oder hat bei unveränderter Körpertemperatur
während der Versuchsdauer ein Verlust am Körpergewicht stattgefunden,
so ist es klar, daß Kohlendioxyd, Wasserdampf, Harn und Kot, aus
denen der Verlust besteht, und die den Körper des Warmblüters mit etwa
38^0 C verlassen und sich alsbald auf die Temperatur des Tierraumes des
Apparats abkühlen, hierbei eine entsprechende Wärmemenge an den
Apparat abgeben, die nicht als *produzierte* Wärme in Anschlag gebracht
werden darf; ebensowenig, wie diejenige Wärmemenge, die etwa von
einer frisch amputierten, neben das Tier in das Kalorimeter hingelegten,
rasch abkühlenden Extremität abgegeben würde. Es müssen vielmehr
von der gesamten Wärmeabgabe des Tieres Beträge entsprechend der
verringerten Körpertemperatur und dem verringerten Körpergewicht als

Korrektion *abgezogen* werden, deren Größe auch von einer etwaigen Änderung der Temperatur des Tierraumes abhängig ist. (Hat, wie es auch vorkommen kann, die Körpertemperatur des Tieres während der Versuchsdauer zugenommen, oder hat das Tier sein Körpergewicht infolge von Nahrungsaufnahme im Kalorimeter vermehrt, so muß eine entsprechend berechnete Wärmemenge als Korrektion zu der gesamten Wärmeabgabe *hinzuaddiert* werden.)

Für diese Korrektionen hat Prof. *Karl Tangl* von der philosophischen Fakultät der Universität Budapest zum Gebrauch für meine tierkalorimetrischen Versuche eine Formel abgeleitet, die ich seinerzeit mitgeteilt habe und für die ich an dieser Stelle besten Dank quittiere. Die Ableitung der Formel lautet wie folgt.

Wird die Körpertemperatur des Tieres am Anfang des Versuchs mit Θ_1, am Ende des Versuchs mit Θ_2 bezeichnet, wobei $\Theta_1 > \Theta_2$, wird ferner angenommen, daß der Temperaturabfall während der ganzen Versuchsdauer T gleichmäßig vor sich gegangen ist, so beträgt nach Ablauf einer Zeitdauer t der Abfall $\dfrac{\Theta_1 - \Theta_2}{T} \cdot t$, die Körpertemperatur Θ des Tieres

$$\Theta = \Theta_1 - \frac{\Theta_1 - \Theta_2}{T} \cdot t, \tag{I}$$

der Abfall $d\Theta$ nach einer sehr geringen Zeitdauer dt aber

$$d\Theta = \frac{\Theta_1 - \Theta_2}{T} \cdot dt. \tag{II}$$

Wird die aus der Temperatur der ein- und der austretenden Ventilationsluft berechnete mittlere Temperatur des Tierraumes am Anfang des Versuchs mit ϑ_1, am Ende des Versuchs mit ϑ_2 bezeichnet, wird ferner angenommen, daß die Änderung dieser Umgebungstemperatur während der ganzen Versuchsdauer T gleichmäßig vor sich gegangen ist, so beträgt nach Ablauf einer Zeitdauer t diese Änderung $\dfrac{\vartheta_1 - \vartheta_2}{T} \cdot t$, die Umgebungstemperatur ϑ aber

$$\vartheta = \vartheta_1 - \frac{\vartheta_1 - \vartheta_2}{T} \cdot t. \tag{III}$$

Wird das Körpergewicht des Tieres am Anfang des Versuchs mit M_1, am Ende des Versuchs mit M_2 bezeichnet, wobei $M_1 > M_2$, wird ferner der Gewichtsverlust $M_1 - M_2$ während der ganzen Versuchsdauer T mit m bezeichnet, daher

$$m = M_1 - M_2; \tag{IV}$$

nimmt man ferner an, daß die Abnahme des Körpergewichts während der ganzen Versuchsdauer gleichmäßig vor sich gegangen ist, so wird nach Ablauf der Zeitdauer t das Körpergewicht M des Tieres

$$M = M_1 - \frac{M_1 - M_2}{T} \cdot t = M_1 - \frac{m}{T} \cdot t, \tag{V}$$

der Gewichtsverlust dM nach der sehr geringen Zeitdauer dt

$$dM = \frac{m}{T} \cdot dt \tag{VI}$$

betragen.

Aus dem Abfall der Körpertemperatur und der Abnahme des Körpergewichts soll nun die Wärmemenge, die von der gesamten Wärmeabgabe in Abzug zu bringen ist, zunächst für den in Tierversuchen kaum je verwirklichten Fall berechnet werden, wenn zwischen der Temperatur des Tierkörpers und des Tierraumes kein Unterschied besteht. Ist nämlich c die spezifische Wärme des Tierkörpers, und beträgt, wie oben angenommen wurde, nach Ablauf der Zeitdauer t seine Körpertemperatur Θ, sein Körpergewicht M, so ist, wenn seine Körpertemperatur während der sehr geringen Zeitdauer dt um $d\Theta$ abnimmt, die hieraus resultierende, in Abzug zu bringende Wärmeabgabe $c \cdot M \cdot d\Theta$; auf die ganze Versuchsdauer umgerechnet, beträgt diese Wärmemenge

$$\int_0^T c \cdot M \cdot d\Theta = c \int_0^T M \cdot d\Theta.$$

Da aber nach (V) $M = M_1 - \frac{m}{T} \cdot t$, nach (II) aber $d\Theta = \frac{\Theta_1 - \Theta_2}{T} \cdot dt$, so beträgt die in Abzug zu bringende Wärmemenge

$$c \cdot \int_0^T \left(M_1 - \frac{m}{T} \cdot t \right) \left(\frac{\Theta_1 - \Theta_2}{T} \cdot dt \right)$$

$$= c \int_0^T \left(M_1 \cdot \frac{\Theta_1 - \Theta_2}{T} \cdot dt - \frac{m}{T} \cdot \frac{\Theta_1 - \Theta_2}{T} \cdot t \cdot dt \right)$$

$$= c \cdot M_1 \cdot \frac{\Theta_1 - \Theta_2}{T} \int_0^T dt - c \cdot \frac{m}{T} \cdot \frac{\Theta_1 - \Theta_2}{T} \int_0^T t \cdot dt.$$

Dieser Ausdruck geht aber, da

$$\int_0^T dt = T \quad \text{und} \quad \int_0^T t\,dt = \tfrac{1}{2} T^2,$$

über in

$$c \cdot M_1 \cdot (\Theta_1 - \Theta_2) - c \cdot \frac{m}{2} \cdot (\Theta_1 - \Theta_2) = c \cdot \left(M_1 - \frac{m}{2} \right)(\Theta_1 - \Theta_2). \tag{VII}$$

Der unter (VII) verzeichnete Ausdruck würde die abzuziehende Wärmemenge in dem Falle bedeuten, wenn die Temperatur des Tierkörpers und des Tierraumes dieselbe wäre. Nun ist aber die mittlere Temperatur des Tierraumes stets weit niedriger als die des Tierkörpers; daher muß die vom Tiere während der sehr geringen Zeitdauer dt verlorene Körpermasse dM, die ursprünglich die Temperatur Θ des Tierkörpers hatte, sobald sie den Tierkörper verläßt, die niedrigere Temperatur ϑ des Tierraumes annehmen. Die Wärmemenge, die dem Apparat auf diese Weise mitgeteilt wird und in Abzug gebracht werden muß, beträgt, wenn man für die verlorene Körpermasse dieselbe spezifische Wärme annimmt, die der übrige Tierkörper hat,

$$c \cdot dM\,(\Theta - \vartheta) \quad \text{bzw.} \quad c \cdot \frac{m}{T}\,(\Theta - \vartheta)\,dt,$$

wenn man nach VI für dM den Wert $\dfrac{m}{T} \cdot dt$ einsetzt. Für die ganze Versuchsdauer T wird aber diese Wärmemenge

$$c \cdot \frac{m}{T} \cdot \int_0^T (\Theta - \vartheta)\,dt$$

betragen bzw., wenn man für Θ und für ϑ die betreffenden Werte aus (I) und aus (III) einsetzt,

$$c \cdot \frac{m}{T} \int_0^T \left(\Theta_1 - \frac{\Theta_1 - \Theta_2}{T} \cdot t - \vartheta_1 + \frac{\vartheta_1 - \vartheta_2}{T} \cdot t \right) dt$$

$$= c \cdot \frac{m}{T} \cdot (\Theta_1 - \vartheta_1) \cdot \int_0^T dt - c \, \frac{m}{T} \left(\frac{\Theta_1 - \Theta_2}{T} - \frac{\vartheta_1 - \vartheta_2}{T} \right) \int_0^T t\,dt.$$

Da wieder

$$\int_0^T dt = T \quad \text{und} \quad \int_0^T t\,dt = \tfrac{1}{2}\,T^2,$$

geht obiger Ausdruck über in

$$c \cdot m \cdot \left(\Theta_1 - \vartheta_1 - \frac{\Theta_1}{2} + \frac{\Theta_2}{2} + \frac{\vartheta_1}{2} - \frac{\vartheta_2}{2} \right)$$

$$= c \cdot m \cdot \left(\frac{\Theta + \Theta_2}{2} - \frac{\vartheta_1 + \vartheta_2}{2} \right). \qquad \text{(VIII)}$$

Dann beträgt aber die gesamte in Abzug zu bringende Wärmemenge aus (VII) und (VIII)

$$c \cdot \left(M_1 - \frac{m}{2} \right)(\Theta_1 - \Theta_2) + c \cdot m \cdot \left(\frac{\Theta_1 + \Theta_2}{2} - \frac{\vartheta_1 + \vartheta_2}{2} \right)$$

$$= c \cdot M_1 (\Theta_1 - \Theta_2) + c \cdot m \cdot \left(\Theta_2 - \frac{\vartheta_1 + \vartheta_2}{2} \right). \qquad \text{(IX)}$$

Ersetzt man hier nach (IV) m durch $M_1 - M_2$, so erhält man

$$c \cdot M_1(\Theta_1 - \Theta_2) + c \cdot (M_1 - M_2)\left(\Theta_2 - \frac{\vartheta_1 + \vartheta_2}{2}\right)$$

$$= c \cdot M_1 \cdot \left(\Theta_1 - \frac{\vartheta_1 - \vartheta_2}{2}\right) - c \cdot M_2\left(\Theta_2 - \frac{\vartheta_1 + \vartheta_2}{2}\right). \qquad \text{(X)}$$

Dies ist die Formel der Korrektion, die an der gesamten Wärme-*abgabe* angebracht werden muß, um aus dieser die Wärme*produktion* zu erhalten. Setzt man in Formel (X) für c den von *F. G. Benedict* empfohlenen Wert 0,83 ein, ersetzt ferner obige Buchstabenzeichen durch solche, die vom Biologen leichter benutzt werden können, indem

$\Theta_1 = K T_a$ (Körpertemperatur am Anfang des Versuchs),

$\Theta_2 = K T_e$ („ „ Ende „ „)

$M_1 = G_a$ (Körpergewicht „ Anfang „ „)

$M_2 = G_e$ („ „ Ende „ „)

$\dfrac{\vartheta_1 + \vartheta_2}{2} = T T$ (mittlere Temperatur des Tierraumes, berechnet aus der Temperatur der ein- und austretenden Ventilationsluft am Anfang und am Ende des Versuchs),

so geht Formel (X) über in

$$0{,}83 \cdot G_a (K T_a - T T) - 0{,}83 \cdot G_e (K T_e - T T)\,[1]. \qquad \text{(XI)}$$

---

[1] Ersetzt man im Ausdruck (IX) nach (IV) M_1 durch $M_2 + m$, so erhält man:

$$c (M_2 + m)(\Theta_1 - \Theta_2) + c \cdot m\left(\Theta_2 - \frac{\vartheta_1 + \vartheta_2}{2}\right)$$

$$= C \cdot M_2 \Theta_1 + c m \Theta_1 - c \cdot M_2 \cdot \Theta_2 - c m \Theta_2 + c \cdot m \cdot \Theta_2 - c m \frac{\vartheta_1 + \vartheta_2}{2}$$

$$= c \cdot M_2 (\Theta_1 - \Theta_2) + c \cdot m\left(\Theta_1 - \frac{\vartheta_1 + \vartheta_2}{2}\right)$$

bzw. unter Benutzung obiger Buchstaben:

$$0{.}83 \cdot G_e (K T_a - K T_e) + 0{,}83 (G_a - G_e)(K T_a - T T).$$

Diese Formel habe ich seinerzeit in meiner Abhandlung „Elektrische Kompensationskalorimetrie" in Abderhaldens Handb. d. biolog. Arbeitsmethod., Abt. IV, S. 748, angegeben. Allerdings hat sich daselbst ein Fehler eingeschlichen, indem im letzten Gliede $K T_e$ statt $K T_a$ gesetzt wurde, demzufolge ich dort gesagt habe: „Wir führen diese Berechnung, von einer geringen Änderung abgesehen, ähnlich aus, wie sie von *Benedict* empfohlen wird". Die richtig gestellten Formeln (X) und (XI) unterscheiden sich *nicht* von der, die *Benedict* z. B. in „The influence of inanition on metabolism", S. 49 und 50 anwendet.

Sonderdruck
aus „Biochemische Zeitschrift", Bd. 194.
Julius Springer. Berlin.

Über die Reduktionsfähigkeit chemisch reiner Glucuronsäure.

Von

Georg Scheff (derzeit in Pécs).

(Aus dem physiologisch-chemischen Institut der königl. ungar. Universität
Budapest.)

(Eingegangen am 19. Januar 1928.)

Mit 1 Abbildung im Text.

An Bestrebungen, die Glucuronsäure im Harn zu bestimmen und
dadurch Einblick in manche derzeit so gut wie unbekannte Stadien
der Kohlehydratverbrennung zu gewinnen, hat es nicht gefehlt, ohne
jedoch, daß viel Ersprießliches erreicht worden wäre. Von den verschiedenen Prinzipien, auf die eine Bestimmung gegründet werden
könnte, käme die Reduktionsfähigkeit der freien Glucuronsäure, ferner
die bekannte Reaktion mit Phloroglucin in stark salzsaurer Lösung in
Betracht.

Csonka[1] führte Reduktionsbestimmungen an der Benzoylglucuronsäure
mittels der von *Benedict* vorgeschriebenen Lösungen aus und berechnete
die Ergebnisse auf Grund der Annahme, daß die Glucuronsäure Kupfer
im selben Verhältnis weniger als Traubenzucker reduziere, als ihr Molekül
um 194 : 180 größer ist, dabei aber wie jener nur eine reduzierende COH-
Gruppe enthält. Auf derselben Bahn bewegen sich die Ausführungen von
Quick[2] über das Verhalten der Mentholglucuronsäure in den Reduktionsproben.

Während ich in einer früheren Mitteilung[3] die Orcinprobe, allerdings nicht für den Harn, sondern bloß für die aus dem Harn isolierte
freie und gepaarte Säure, zu einer spektrophotometrischen Methode
ausgearbeitet habe, will ich in nachstehendem über Versuche berichten,
in denen ich die Reduktionsfähigkeit chemisch reiner freier Glucuronsäure und des mentholglucuronsauren Ammoniums bei verschiedenen
Konzentrationen bestimmt habe.

---

[1] Journ. of biol. Chem. **60**, 545, 1924.
[2] Ebendaselbst **61**, 667, 1924.
[3] Diese Zeitschr. **183**, 341, 1927.

Dabei konnte es auch theoretisch von Interesse sein, festzustellen, wie sich das an Zuckern so merkwürdige Verhältnis zwischen reduzierendem Prinzip und Reduktionsprodukt an der Glucuronsäure gestaltet? Ferner ob dieses Verhältnis, wie an den Zuckern, auch für die verschiedenen Konzentrationen jeweils empirisch festgestellt werden muß oder aber ein stöchiometrisches ist?

Das Glucuronsäurepräparat, das ich benutzt habe, war dasselbe, das mir seinerzeit zu den spektrophotometrischen Versuchen diente, und das ich der Güte des Prof. *F. Ehrlich* verdanke[1]; das mentholglucuronsaure Ammonium aber, das ich an mit Menthol behandelten Kaninchen erhielt, war dasselbe wie das, aus dem Prof. *Ehrlich* die freie Glucuronsäure dargestellt hat.

Als einer der besten Methoden habe ich mich der *Shaffer-Hartmann*schen[2] bedient, die an nicht jedem zugänglicher Stelle mitgeteilt, nachstehend kurz beschrieben werden soll: In ein größeres Reagenzglas werden je 5 ccm des Reagens und der zu prüfenden Lösung eingefüllt, wobei aber letztere in 5 ccm nicht mehr als etwa 0,002 g des Stoffes gelöst enthalten soll. Das Reagens enthält 5,0 g kristallisiertes Kupfersulfat, 7,5 g Weinsäure, 40,0 g wasserfreies kohlensaures Natrium, 10,0 g Jodkalium, 0,7 g jodsaures Kalium und 18,4 g oxalsaures Kalium im Liter. Man versenkt das gegen Wasserverdunstung durch Zudecken geschützte Reagenzrohr in siedendes Wasser, hebt es nach Ablauf der vorgeschriebenen Zeit heraus, kühlt unter der Wasserleitung, versetzt mit 5 ccm $n\,H_2SO_4$ und titriert 1 Minute später mit einer $n/200$ Thiosulfatlösung und Stärkelösung als Indikator. Von diesem Titrationswert wird ein anderer abgezogen, den man erhält, wenn man genau wie soeben beschrieben vorgeht, jedoch das Reagens nicht mit 5 ccm der Zuckerlösung, sondern mit 5 ccm destillierten Wassers vermischt. Aus dem Unterschied zwischen beiden Werten läßt sich die Menge des reduzierten Cu berechnen, indem 1 ccm der Thiosulfatlösung 0,318 mg Cu entsprechen; aus dem Cu aber wird der vorhanden gewesene Zucker auf Grund der Tabellen berechnet, die von *Shaffer* und *Hartmann* für verschieden langes Erwärmen im Wasserbad angegeben wurden. In meinen Versuchen wurde stets 15 Minuten lang erwärmt.

Ergebnisse der Versuche.

A. Die Reduktionsfähigkeit der Glucuronsäure.

Die Ergebnisse meiner Versuche sind in Tabelle I zusammengestellt, außerdem auch durch Kurve I in Abb. 1 dargestellt, in der ich die Mengen der in 5 ccm der Lösung enthaltenen Glucuronsäure auf der Abszissenachse, die Mengen des reduzierten Kupfers aber als Ordinaten auftrug. In den Versuchen, in denen nicht freie Glucuronsäure, sondern mentholglucuronsaures Ammonium zur Verwendung kam, ist dieses auf freie Glucuronsäure umgerechnet, daneben aber zwischen Klammern die Menge der tatsächlich verwendeten gepaarten Verbindung

---

[1] Ber. d. Deutsch. Chem. Ges. **58**, Nr. 9, 1925.
[2] Journ. of biol. Chem. **45**, 365, 1920/21.

Tabelle I.
Glucuronsäure.

Glucuronsäure in 5 ccm der Lösung mg	Cu reduziert mg	Glucuronsäure in 5 ccm der Lösung mg	Cu reduziert mg
0,458	0,270	1,42 (2,55)	2,27
0,522	0,439	1,44	2,35
0,577	0,550	1,45	2,43
0,652	0,684	1,54	2,60
0,722	0,776	1,56 (2,80)	2,57
0,869	1,13	1,74	2,99
0,991 (1,78)	1,45	1,93	3,36
1,09	1,62	1,96	3,50
1,15	1,75	1,98 (3,56)	3,51
1,30	2,08	1,99	3,53

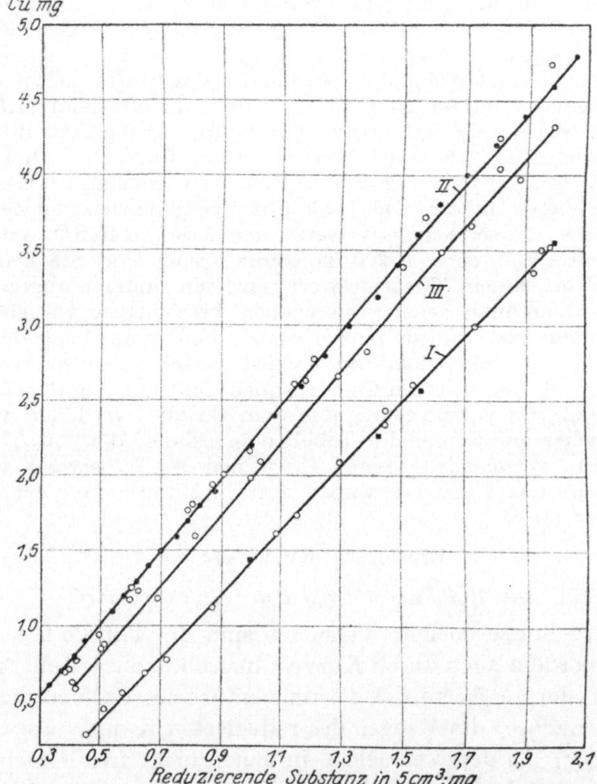

Abb. 1.
I. Glucuronsäure.   II. Glucose.   III. Arabinose.

angegeben. In der Abb. 1 sind die an der freien Säure ausgeführten
Versuche mit kleinen Ringen, die an der gepaarten Verbindung aus-

geführten aber mit schwarzen Quadraten bezeichnet. Wie ersichtlich, lassen sich letztere sehr gut zwischen erstere einordnen.

Den in Tabelle I befindlichen Daten ist zu entnehmen, daß zwischen der Menge der Glucuronsäure und des durch sie reduzierten Kupfers kein stöchiometrisches Verhältnis besteht, also die Glucuronsäure sich diesbezüglich wohl wie die verschiedenen Zuckerarten verhält, dabei aber die Abweichung vom stöchiometrischen Verhalten ein anderes ist, als wir in den gewöhnlich gebrauchten Zuckertabellen zu sehen gewohnt sind: für gewöhnlich wird verhältnismäßig um so weniger Kupfer reduziert, je mehr Zucker vorhanden war, während an der Glucuronsäure das Entgegengesetzte der Fall ist. Dies geht aus nachstehenden Zahlenreihen, die einerseits der *Bertrand*schen Tabelle für Glucose entnommen, andererseits aus meinen obigen, an der Glucuronsäure erhaltenen Werten berechnet sind, klar hervor. Denn auf je 10 mg der reduzierenden Substanz entfallen:

Nach Bertrand bestimmt:

bei 10 mg Glucose . . . . 20,4 mg Cu

„ 20 „ „ . . . . 20,05 „ Cu

„ 30 „ „ . . . . 19.7 „ Cu

„ 40 „ „ . . . . 19,4 „ Cu

Nach Shaffer und Hartmann bestimmt:

bei 0,52 mg Glucuronsäure . . . . 8,4 mg Cu

„ 1,09 „ „ . . . . 14,9 „ Cu

„ 1,54 „ „ . . . . 16,9 „ Cu

„ 1,96 „ „ . . . . 17,9 „ Cu

Es fragt sich, worin die Ursache dieses so verschiedenen Verhaltens der Glucuronsäure und der Glucose gelegen sein mag? Denn es könnte sich a) um einen systematischen Fehler handeln, der mir in den Bestimmungen unterlaufen ist; b) um die Verschiedenheit der beiden Molekülarten; c) um die Verschiedenheit der angewandten Methoden (*Shaffer-Hartmann*sche einerseits, *Bertrand*sche andererseits); d) endlich darum, daß die Größenordnung der von mir verwendeten Menge der reduzierenden Substanz eine weit geringere war als in den zum Vergleich herangezogenen *Bertrand*schen Versuchen.

Um dem unter a) angeführten Einwand zu begegnen, habe ich Bestimmungen nach der *Shaffer-Hartmann*schen Methode an reinster d-Glucose (von *Kahlbaum*) ausgeführt und in Tabelle II sowie auch in der Abb. 1 sowohl die von *Shaffer* und *Hartmann*, wie auch die von mir erhaltenen Werte eingetragen. Der Tabelle II, wie auch der Kurve II in der Abb. 1 ist zu entnehmen, daß sich meine Werte (in

Tabelle II.
Glucose.

Glucose in 5 ccm der Lösung mg	Cu reduziert		Glucose in 5 ccm der Lösung mg	Cu reduziert	
	nach *Shaffer* und *Hartmann* mg	nach *Scheff* mg		nach *Shaffer* und *Hartmann* mg	nach *Scheff* mg
0,29	0,5	—	0,91	—	2,07
0,33	0,6	—	0,91	2,0	—
0,37	0,7	—	1,00	—	2,17
0,39	—	0,70	1,00	2,2	—
0,40	—	0,70	1,08	2,4	—
0,41	0,8	—	1,15	—	2,61
0,42	—	0,78	1,17	2,6	—
0,45	0,9	—	1,19	—	2,64
0,50	—	0,94	1,22	—	2,77
0,50	1,0	—	1,25	2,8	—
0,54	1,1	—	1,33	3,0	—.
0,58	1,2	—	1,42	3,2	—
0,60	—	1,18	1,49	3,4	—
0,61	—	1,25	1,51	—	3,39
0,62	1,3	—	1,56	3,6	—
0,62	—	1,24	1,58	—	3,72
0,66	1,4	—	1,63	3,8	—
0,70	1,5	—	1,71	4,0	—
0,75	1,6	—	1,80	4,2	—
0,79	1,7	—	1,81	—	4,23
0,80	—	1,76	1,89	4,4	—
0,81	—	1,80	1,98	—	4,74
0,83	1,8	—	1,98	4,6	—
0,87	—	1,94	2,06	4,8	—
0,88	1,9	—	—	—	—

der Abb. 1 mit kleinen Ringen bezeichnet) mit den *Shaffer* und *Hart-mann*schen (mit dicken Punkten bezeichnet) gut zu einer annähernd Geraden verbinden lassen. Hieraus geht mit Sicherheit hervor, daß in meinen nach *Shaffer* und *Hartmann* ausgeführten Bestimmungen kein methodischer Fehler unterlaufen ist. Eine nähere Betrachtung der in Tabelle II angeführten Werte ergibt aber noch ein Weiteres. Berechnen wir auch hier, wie bei der Glucuronsäure, die bei einigen von *Shaffer* und *Hartmann* selbst verwendeten Zuckerkonzentrationen auf je 10 mg des reduzierenden Stoffes entfallenden Cu-Mengen, so erhalten wir nachfolgende Zahlen:

bei 0,07 mg Glucose . . . . 14,3 mg Cu
„ 0,18 „   „   . . . . 16,7 „ Cu
„ 0,33 „   „   . . . . 18,2 „ Cu
„ 0,50 „   „   . . . . 20,0 „ Cu
„ 1,00 „   „   . . . . 22,0 „ Cu
„ 1,56 „   „   . . . . 23,1 „ Cu
„ 2,06 „   „   . . . . 23,3 „. Cu

Also besteht die Tatsache, daß bei Anwendung der *Shaffer* und *Hartmann*schen Methode, im Gegensatz zu anderen Methoden, *von der Glucose* ebenso wie durch die Glucuronsäure *verhältnismäßig um so mehr Cu reduziert wird*, je größer die Konzentration des reduzierenden Stoffes ist. Diese Tatsache ist im hohen Grade geeignet, die Richtigkeit meiner an der Glucuronsäure erhaltenen analogen Befunde zu rechtfertigen. Es fragt sich nur, wie der Gegensatz zu den mit anderen Methoden erhaltenen Werten zu erklären ist. Meines Erachtens liegt ein prinzipieller, im Wesen des *Shaffer* und *Hartmann*schen Verfahrens begründeter Gegensatz nicht vor, denn beim alten *Allihn*schen Verfahren walten analoge Verhältnisse ob. Nachstehend habe ich aus der für die Glucose ausgearbeiteten *Allihn-Meissl*schen Tabelle[1] für eine Reihe von Zuckerkonzentrationen die auf je 10 mg entfallenden Cu-Werte zusammengestellt:

bei	6,1 mg Glucose	. . . .	16,4 mg Cu
,,	10,0 ,.	,, ...	18,0 ,, Cu
,,	15,0 ,,	,, ...	18,6 ,, Cu
,,	19,9 ,,	,, ...	19,1 ,, Cu
,,	30,3 ,.	,, ...	19,5 ,, Cu
,,	40,3 ,,	,, ...	19,6 ,, Cu
,,	40,9 ,,	,, ...	19,6 ,, Cu
,,	60,1 ,,	,, ...	19,6 ,, Cu
,,	90,0 ,.	,, ...	19,6 ,, Cu
,,	100,0 ,,	,, ...	19,5 ,, Cu
,,	140,0 ,,	,, ...	19,3 ,, Cu
,,	190,0 ,,	,, ...	19,0 ,, Cu
,,	200,3 ,,	,, ...	18,8 ,, Cu
,,	249,9 ,,	,, ...	18,5 ,, Cu

Es wird also, wenn man nach *Allihn* arbeitet und 6 bis 40 mg Glucose verwendet, durch größere Zuckermengen verhältnismäßig mehr Cu reduziert; sind 40 bis 90 mg Glucose vorhanden, so bleibt das Verhältnis zwischen dieser und dem reduzierten Cu ein konstantes; übersteigt aber die Menge des Zuckers 90 mg, so wird verhältnismäßig um so weniger Cu reduziert, je mehr Glucose vorhanden war. Handelt es sich also um geringere Mengen von Glucose, so verhält sich das *Allihn*sche Verfahren dem *Shaffer* und *Hartmann*schen analog; bei größeren Zuckermengen aber so wie die anderen Reduktionsmethoden. Der Konzentrationsbereich, innerhalb desselben eine Analogie zwischen den nach *Allihn* und nach *Shaffer* und *Hartmann* erhaltenen Werten

---

[1] Mitgeteilt bei *Zemplén*, Kohlehydrate, in Abderhaldens Handb. d. biolog. Arbeitsmethod., Abt. I, Teil 5, Heft 1, S. 154.

besteht, ist allerdings ein sehr verschiedener, woran man sich aber nicht stoßen kann. Andererseits besteht eine Analogie auch insofern, als in den von *Shaffer* und *Hartmann* an der Glucose ausgeführten Versuchen der Umschlagspunkt wenn auch nicht erreicht, so jedoch jedenfalls stark angenähert ist: die auf 10,0 mg Glucose bezogenen Werte des reduzierten Kupfers steigen nach der Zusammenstellung auf S. 99 bis zu 1 mg Glucose stark, von 1 bis 1,56 mg schwächer und von 1,56 bis 2,06 mg Glucose nur mehr ganz wenig an, und es ist zu erwarten, daß, wenn man über die von *Shaffer* und *Hartmann* verwendeten größten Glucosekonzentrationen hinausgeht, auch bei Anwendung dieser Methode, wie bei anderen Methoden, durch größere Zuckermengen verhältnismäßig weniger Kupfer reduziert wird. Aus allem dem geht klar hervor, daß das abweichende Verhalten der Glucuronsäure nicht durch dessen chemische Natur begründet ist, sondern einerseits durch die von mir verwendeten sehr geringen Konzentrationen an reduzierenden Stoffen, andererseits durch die Natur der *Shaffer* und *Hartmann*schen Methode selbst.

B. Reduktionsfähigkeit der Glucuronsäure im Vergleich zu der der Arabinose und Glucose.

Bei den nahen Beziehungen, die zwischen Glucuronsäure und Pentose bestehen, worauf unter anderem eine Reihe gemeinsamer Reaktionen hinweisen, lag es für eine vergleichende Bewertung der Reduktionsfähigkeit der Glucuronsäure auf der Hand, in erster Reihe eine Pentose, weiterhin aber auch die Glucose heranzuziehen. Daher habe ich an *Kahlbaum*scher Arabinose eine Reihe von Reduktionsbestimmungen, und zwar wieder mit der *Shaffer* und *Hartmann*schen Methode, vorgenommen. Die Ergebnisse dieser Versuche sind in Tabelle III zusammengestellt, außerdem auch in der Abb. 1 auf S. 98 wiedergegeben. Der Tabelle III ist zu entnehmen, daß sich bei dieser

Tabelle III.

Arabinose.

Arabinose in 5 ccm der Lösung mg	Cu reduziert mg	Arabinose in 5 ccm der Lösung mg	Cu reduziert mg
0,409	0,620	1,29	2,66
0,416	0,572	1,39	2,83
0,511	0,859	1,63	3,49
0,518	0,865	1,73	3,67
0,690	1,19	1,82	4,05
0,817	1,49	1,88	3,98
1,00	1,99	1,99	4,33
1,04	2,09		

Art der Bestimmung die Arabinose genau so verhält, wie wir es bei
der Glucuronsäure und bei der Glucose gesehen haben: im Bereich
der angewendeten Konzentrationen wird durch Arabinose verhältnismäßig um so mehr Cu reduziert, je mehr Zucker angewendet wurde,
während bei der *Bertrand*schen und vielen anderen Bestimmungsmethoden das Umgekehrte der Fall ist, wie aus nachstehender Zahlen-
reihe hervorgeht:

Auf je 10 mg der Arabinose entfallen nämlich:

nach Bertrand bestimmt

bei 10 mg Arabinose	21,2 mg	Cu
„ 20 „ 　 „ 　	20,9 „	Cu
„ 30 „ 　 „ 　	20,7 „	Cu
„ 40 „ 　 „ 　	20,4 „	Cu
„ 50 „ 　 „ 　	20,1 „	Cu

nach Shaffer-Hartmann bestimmt

bei 0,511 mg Arabinose	16,8 mg	Cu
„ 1,00 „ 　 „ 　	19,9 „	Cu
„ 1,63 „ 　 „ 　	21,4 „	Cu
„ 1,99 „ 　 „ 　	21,9 „	Cu

Was nun die Reduktionsfähigkeit der Glucuronsäure im Vergleich
zu den beiden Zuckerarten anbelangt, ist der Abb. 1, in der alle Werte
in dasselbe Koordinatensystem eingetragen sind, ohne weiteres zu entnehmen, daß sie bedeutend geringer ist als die der Arabinose, und
um ein Weiteres geringer als die der Glucose.

Zu einem rechnerischen Vergleich der Reduktionsfähigkeiten
eignet sich am besten die am Ende dieser Abhandlung befindliche,
weiter unten zu besprechende Tabelle IV, aus der ich bloß zwei Gruppen
von Werten herausgreifen will: die, die sich auf 1,0 und auf 2,0 mg
des reduzierenden Stoffes beziehen. Ist die eingangs erwähnte Annahme
von *Csonka*, wonach die Reduktionsfähigkeit der Glucuronsäure aus
der der Glucose auf Grund des verschiedenen Molekulargewichts berechnet werden kann, richtig, so müßte durch die Glucuronsäure im
Verhältnis von $\frac{194-180}{180}$ also um 7,8 % weniger Cu als durch gleiche
Mengen von Glucose reduziert werden. Demgegenüber finden wir,
daß durch 2 mg Glucuronsäure um ein Drittel, bei Anwendung von
1 mg gar um die Hälfte weniger Cu als durch entsprechende Mengen
der Glucose reduziert wird. *Es besteht demnach kein einfacher, aus
den Molekulargrößen berechenbarer Zusammenhang in der Reduktionsfähigkeit der beiden einander doch so nahe verwandten Verbindungen.*
Ebensowenig ist dies der Fall bezüglich der Glucuronsäure und der
Arabinose, die ja auch strukturell verschieden sind.

C. Tabellen zur Umrechnung von Kupfer auf Glucuronsäure, Arabinose und Glucose.

Durch Interpolation der in den Tabellen I, II und III sowie der in Abb. 1 enthaltenen Daten erhielt ich nachfolgende, in Tabelle IV zusammengestellte Werte; mit ihrer Hilfe lassen sich die nach dem *Shaffer* und *Hartmann*schen Verfahren erhaltenen Kupferwerte in die gesuchte reduzierende Substanz umrechnen.

Tabelle IV.

Vom reduzierenden Stoff in 5 ccm Lösung enthalten mg	Cu reduziert		
	durch Glucuronsäure mg	durch Arabinose mg	durch Glucose mg
0,5	0,35	0,82	1,00
0,6	0,57	1,05	1,24
0,7	0,79	1,28	1,48
0,8	1,00	1,52	1,72
0,9	1,22	1,75	1,96
1,0	1,43	1,99	2,20
1,1	1,64	2,23	2,44
1,2	1,85	2,46	2,68
1,3	2,07	2,69	2,92
1,4	2,28	2,92	3,16
1,5	2,50	3,16	3,40
1,6	2,71	3,39	3,64
1,7	2,93	3,62	3,88
1,8	3,13	3,85	4,12
1,9	3,34	4,08	4,36
2,0	3,54	4,31	4,60

Diese Arbeit wurde auf Anregung und unter Leitung des Herrn Prof. *Paul Hári* ausgeführt.

Sonderdruck
aus ,,*Biochemische Zeitschrift*", *Bd. 194.*
Julius Springer, Berlin.

Über die Wirkung des Insulins
auf die Kohlehydratverbrennung im Hungertier.

Von

Béla Förstner.

(Aus dem physiologisch-chemischen Institut der königl. ungar. Universität
Budapest.)

(Eingegangen am 7. Februar 1928.)

Das wichtigste biochemische Problem, das man sich bezüglich des
Insulins vorlegen kann, ist wohl seine Wirkung auf den Umsatz (Synthetisierung zu Glykogen oder Verbrennung) der Kohlehydrate. Um dieses
Problem zu lösen, brachten viele Autoren in ihren Gaswechsel- und
anderen Versuchen den Versuchsindividuen, Tieren und Menschen,
normalen und pankreasdiabetischen, neben Insulin auch Kohlehydrate
bei und schlossen aus der Erhöhung des respiratorischen Quotienten
auf eine gesteigerte Verbrennung von Kohlehydraten.

Ich zog es, wie auch einige der früheren Autoren, vor, in meinen
Versuchen kein Kohlehydrat zu geben. Unter solchen Umständen tritt
zwar offenbar der Umsatz der Kohlehydrate neben dem der Fette und
Eiweißkörper in den Hintergrund, doch sind die Vorgänge infolge der
einfacheren Verhältnisse leichter zu überblicken.

Auch bezüglich der Methodik waren meine Versuche anders eingerichtet, wozu ich dadurch veranlaßt war, daß es nicht nur auf exakte
Analyse, sondern auch auf gewisse Versuchsumstände ankommt, wenn
man für Sauerstoffverbrauch und für den respiratorischen Quotienten,
aus deren Verhalten entscheidende Schlüsse gezogen werden sollen,
richtige Werte erhalten will.

A. Versuchseinrichtung.

Der Gaswechsel, in erster Reihe der Sauerstoffverbrauch, wird,
wie bekannt, weitgehend durch die Körpertemperatur beeinflußt; tritt
aber eine Änderung der Körpertemperatur ein, und fällt diese auf irgend
eine Weise entstandene Änderung zufällig auf den Zeitpunkt, in dem
die Wirkung des Insulins erwartet wird, so wird man kaum in der Lage

sein zu beurteilen, ob eine etwaige Ab- oder Zunahme des O_2-Verbrauchs vom Insulin herrührt oder nicht.

Hierzu kommt noch, daß durch kräftige Insulindosen, die — natürlich nur an Tieren — angewendet werden, um erhebliche Ausschläge zu erhalten, der Blutdruck oft sehr stark herabgesetzt wird. Der kollapsähnliche Zustand, der an solchen Tieren auf der Höhe der Insulinwirkung eintritt und mit Blässe ihrer Schleimhäute und Kälte ihrer Haut infolge der Blutleere der Gefäße einhergeht, ist eine jedem Beobachter bekannte Erscheinung und in derlei Versuchen sehr genau zu beobachten, weil sie erfahrungsgemäß auch zu einer starken Abnahme des O_2-Verbrauchs führen kann. (Dies war offenbar der Fall z. B. in den Versuchen von *Dudley, Laidlaw, Trevan* und *Boock*[1], in denen nebst dem Temperaturabfall auch eine Abnahme der CO_2-Produktion von 10,8 g pro 1 kg Körpergewicht und 1 Stunde auf 5,29 g und von 9,16 auf 4,87 g an weißen Mäusen bzw. von 1,57 auf 1,15 g an einem Kaninchen nach der Insulingabe konstatiert wurde. Desgleichen auch in manchen der *Lesser*schen[2] Versuche, in denen die Tiere fast bewegungslos und kalt da lagen, sich aber bis zum nächsten Tage wieder erholt hatten.) Dabei kann es vorkommen, daß die CO_2-Ausgabe zunächst nicht oder nur weniger herabgesetzt ist, daher der respiratorische Quotient eine ganz bedeutende Zunahme erfährt, ohne daß hieraus auf eine erhöhte Kohlehydratverbrennung geschlossen werden dürfte.

Eine weitere Erscheinung, die nach kräftigen Insulindosen häufig in Erscheinung tritt und unter anderen auch von *Dickson, Eadie, Macleod* und *Pember*[3] in ihren Versuchen mit erhöhtem respiratorischen Quotienten nach der Insulingabe erwähnt wird, ist die gesteigerte Atemfrequenz, und ist es nur zu gut bekannt, daß durch eine gesteigerte Ventilation der Lungen eine Herabsetzung der alveolaren CO_2-Tension, hierdurch eine erhöhte Ausschwemmung von CO_2 bewirkt und im Endergebnis eine Steigerung des respiratorischen Quotienten vorgetäuscht werden kann. Natürlich sind diese Kautelen nicht immer erforderlich, ja sogar nicht immer gestattet. Dies richtet sich streng nach dem Problem, das man sich zum Ziele gesetzt hat. Will man den Stoff- oder Energieumsatz der Tiere bestimmen, wie er sich *nach* einer wirksamen Insulindosis gestaltet, so gehört alles, was sich nach der Insulingabe einstellt, zu dem zu prüfenden Symptomenkomplex. Man wird an einem Tiere, das in höchster Prostration mit kühlen Extremitäten daliegt und kaum mehr atmet, die Umsätze stark herabgesetzt, hingegen an einem Tiere, das von Krämpfen befallen ist,

---

[1] Journ. of Physiol. **57**, XLVII, 1923.
[2] Diese Zeitschr. **153**, 53, 1924.
[3] Quarterly Journ. of exper. Physiol. **14**, 126, 1923/24.

gesteigert finden, und hierin nicht nur keinen Widerspruch, sondern eine logische Folge erblicken. *Soll aber der Einfluß einer wirksamen Insulingabe auf den Kohlehydratumsatz allein* geprüft werden, so muß alles vermieden werden, was zu einer Änderung des Gaswechsels aus *anderen* Gründen führen könnte.

Um solche störende Momente auszuschließen, außerdem auch, um Unruhe des Tieres bzw. Muskelbewegungen zu vermeiden, habe ich mich bei der Bestimmung des Gaswechsels der von *Tangl*[1] ausgebildeten Curaremethode bedient. Bei dieser Methode a) ist jede störende Muskelaktion vermieden, weil alle Skelettmuskeln durch Curare gelähmt sind; b) ist die künstliche Ventilation der Lungen, durch die die spontane Atmung ersetzt wird, eine stets gleichmäßige; c) hat man es in der Hand, die Körpertemperatur des curarisierten Tieres, obzwar es seine Temperaturregulierungsfähigkeit verloren hat, auf konstanter Höhe zu erhalten; d) besteht infolge der fortlaufenden Bestimmung des Blutdrucks (auf blutigem Wege) auch diesbezüglich eine sichere Kontrolle.

Kurz skizziert, besteht *Tangls* Methode in folgendem. An dem auf ein Operationsbrett aufgebundenen, nicht narkotisierten Tiere wird eine Jugularis und eine Carotis, ferner auch die Trachea in der Länge von einigen Zentimetern freipräpariert. In die Gefäße werden Kanülen eingebunden, durch die die Jugularis mit einer Bürette verbunden ist, die eine 1%ige wässerige Curarelösung enthält, die Carotis aber an einen Blutdruck-registrierapparat angeschlossen wird. In die Trachea wird der Schaft einer dicken Y-förmigen Röhre eingebunden, und diese an den *H. H. Meyer*schen Apparat zur künstlichen Atmung derart angeschlossen, daß dem Tiere im Inspirium Straßenluft zugeführt, im Exspirium aber die Luft aus seinen Lungen gegen die große Gasuhr des *Zuntz-Geppert*schen Apparats gepreßt wird. Das so operierte und vorbereitete Tier liegt auf dem Brett aufgebunden in einem Thermostaten, dessen Innenluft bei etwa 30° C konstant erhalten wird. Die Curarelösung läßt man kubikzentimeterweise so lange einfließen, bis vollständige Atemlähmung eingetreten ist, und beginnt dann sofort mit der künstlichen Atmung; *mit den Gaswechselversuchen aber nicht vor Ablauf einer weiteren Stunde*, denn die vielfache Erfahrung unseres Instituts lehrt, daß der Gaswechsel innerhalb dieser Zeit wesentlich verschieden von dem ist, auf den sich das Tier später konstant einstellt. Dies ist durchaus begreiflich, wenn man bedenkt, daß das Aufbinden des Tieres und der wenn auch nicht allzu brutale operative Eingriff Momente darstellen, die die Umsätze erheblich zu ändern vermögen, und daß es längerer Zeit bedarf, bis diese Wirkung wieder abklingt. Den eigentlichen Versuchen gehen an jedem Tiere sogenannte „normale" voraus; in diesen wird der Gaswechsel des Tieres bei einer Umgebungstemperatur von 30° C bestimmt; die dabei erhaltenen Werte entsprechen dem Umsatz, den man, wäre das Tier im Besitz seiner Temperaturregulierungsfähigkeit, als seinen Grundumsatz bezeichnen würde. Nach mehreren solchen Normalversuchen wird der auf seine Wirkung

---

[1] Diese Zeitschr. **34**, 1, 1911.

hin zu prüfende Eingriff vorgenommen, und werden wieder Gaswechselversuche ausgeführt, solange es der Zustand des Versuchstieres bzw. andere äußere Umstände zulassen. Natürlich muß man das Curare, da es im Organismus durch Zerstörung oder Ausscheidung seine Wirkung verliert, immer wieder ersetzen. Sehr zweckmäßig ist es, am Ende eines Respirationsversuchs die künstliche Ventilation für etwa 1 bis 2 Minuten zu unterbrechen und nun zu beobachten, ob das Tier sich anschickt, spontane, wenn auch sehr mangelhafte Atembewegungen auszuführen oder nicht. Ist ersteres der Fall, so läßt man etwa 1 ccm der Curarelösung nachfließen und beginnt den nächsten Versuch erst, wenn man annehmen kann, daß die Wirkung der aufgehobenen Lungenventilation wieder abgeklungen ist. Während eines Respirationsversuchs darf nie Curare gegeben werden!

B. Die Ergebnisse einiger Kontrollversuchsreihen ohne Insulin.

Zu diesen, wie auch zu den späteren Versuchen habe ich ausschließlich mittelgroße Hunde verwendet. Ehe ich mit den meritorischen Versuchen begann, mußte ich mich davon überzeugen, daß es durch Einhaltung der nötigen, oben kurz angedeuteten Kautelen in der Tat gelingt, Körpertemperatur und Blutdruck Stunden hindurch konstant und die Lungenventilation angenähert konstant zu erhalten, und hierdurch zu brauchbaren Werten für den Sauerstoffverbrauch und für den respiratorischen Quotienten zu gelangen. Welch wichtige Rolle diese Umstände spielen, sei an der Hand der nachfolgenden Versuchsreihen (Tabelle I) gezeigt. a) An Tier Nr. 3 und 7 war der Blutdruck wohl Stunden lang konstant geblieben, doch stieg die Körpertemperatur bis zum Ende der Versuchsreihe um etwa 2^0 C an und hat der O_2-Verbrauch um 40 bzw. 36 % *zugenommen*. b) An Tier Nr. 8 blieb umgekehrt die Körpertemperatur leidlich konstant, während der Blutdruck stark abfiel und zu einer 24 % betragenden *Abnahme* des O_2-Verbrauchs führte. (Eine starke Abnahme des Blutdrucks wird an manchen Tieren schon durch verhältnismäßig geringe Curaredosen bewirkt; weit häufiger und ausgiebiger durch Insulin). c) An den Tieren Nr. 2, 4 und 5 wies weder die Körpertemperatur noch aber der Blutdruck erhebliche Änderungen auf; dementsprechend blieb der O_2-Verbrauch dieser Tiere Stunden hindurch hinreichend *konstant*. Die Daten dieser Versuche sind in Tabelle I enthalten.

C. Ergebnisse der Insulinversuche.

In den nun zu beschreibenden Insulinversuchen wurde in jeder Versuchsreihe an die Normalperiode eine Insulinperiode angeschlossen, indem das Tier nach Absolvierung der Normalversuche eine bestimmte, in Tabelle II verzeichnete Menge Insulin „A. B." *Brand* von den „British Droghouses" in London oder Insulin „Leo" unter die Haut gespritzt erhielt. Um mich davon zu überzeugen, daß das eingespritzte

Tabelle I. Versuche ohne Insulin.

Nr.	Anfang	Dauer	Atem-volumen pro Minute	O_2-Abnahme	CO_2-Zunahme	O_2-Verbrauch	CO_2-Ausgabe	$\dfrac{CO_2}{O_2}$	Körper-temperatur am Anfang und Ende des Versuchs	Arterieller Blutdruck	Bemerkungen
	des Versuchs			in der Ventilationsluft		pro Minute und kg Körpergewicht					
			ccm	%	%	ccm	ccm		°C	kg/mm	
30. IV. 1926. Hund 3. Körpergewicht 5120 g.											
1	11ʰ24′	18,66′	1621	2,40	1,76	7,60	5,56	0,73	37,7 / —	120—130	Einige Zuckungen
2	12 21	18,16	1476	2,75	1,88	7,93	5,44	0,69	37,6 / —	120—130	
3	1 29	16,28	1736	2,50	1,71	8,48	5,42	0,68	37,5 / —	140—160	
4	2 43	19,18	1587	2,73	1,86	8,46	5,64	0,67	37,7 / —	120—170	
5	3 40	16,20	1518	3,14	2,16	9,31	6,40	0,69	38,0 / —	110—2C0	
6	4 35	16,68	1443	3,88	2,52	10,93	7,10	0,65	39,0 / —	120—200	
7	5 32	17,70	1413	3,86	2,46	10,65	6,79	0,64	39,7 / —	120—130	
28. V. 1926. Hund 7. Körpergewicht 7340 g. Vorher 18 Stunden gehungert.											
1	11ʰ19′	14,53′	1744	3,02	2,22	7,18	5,28	0,74	36,5 / —	110—150	Mehrmals Muskel-zuckungen
2	12 05	16,07	1784	3,10	2,35	7,54	5,67	0,75	36,8 / —	140—190	
3	1 00	17,02	1534	3,55	2,55	7,42	5,32	0,72	37,0 / —	150—220	
4	1 49	18,77	1491	3,95	2,96	8,03	6,02	0,75	37,6 / —	160—230	

Tabelle I (Fortsetzung).

Nr.	Anfang	Dauer	Atem-volumen pro Minute	O_2-Abnahme	CO_2-Zunahme	O_2-Verbrauch	CO_2-Ausgabe	$\dfrac{CO_2}{O_2}$	Körper-temperatur am Anfang und Ende des Versuchs	Arterieller Blutdruck	Bemerkungen
	des Versuchs			in der Ventilationsluft		pro Minute und kg Körpergewicht			°C	kg/mm	
			ccm	%	%	ccm	ccm				
5	2h47′	16,02′	1724	3,38	2,64	7,95	6,19	0,78	38,0 / —	170—180	
6	3 25	16,10	1648	3,61	2,93	8,11	6,59	0,81	37,9 / —	190—220	
7	4 10	17,17	1523	3,94	3,00	8,18	6,23	0,76	37,9 / —	1920—210	
8	5 00	15,08	1568	4,14	3,21	8,84	6,87	0,78	37,9 / —	160—180	
9	5 49	17,50	1493	4,53	3,44	9,22	7,00	0,76	38,1 / —	130—160	
10	6 33	7,00	1380	5,19	4,04	9,76	7,60	0,78	38,8 / —	?	Mehrmals Muskel-zuckungen. Um 7h getötet

Ende Mai 1926. Hund 8. Körpergewicht 8450 g. Vorher 24 Stunden gehungert.

Nr.	Anfang	Dauer	Atem-volumen pro Minute	O_2-Abnahme	CO_2-Zunahme	O_2-Verbrauch	CO_2-Ausgabe	$\dfrac{CO_2}{O_2}$	Körper-temperatur am Anfang und Ende des Versuchs	Arterieller Blutdruck	Bemerkungen
1	10h35′	15,07′	1698	4,01	2,88	8,05	5,79	0,72	38,3 / 38,8	160—200	
2	11 07	14,25	1805	3,65	2,92	7,79	6,23	0,80	39,0 / 39,0	130—140	
3	11 40	14,63	1784	3,43	2,88	7,24	6,07	0,84	38,9 / —	110—120	
4	12 23	14,00	1797	3,38	2,86	7,19	6,09	0,85	39,2 / 39,3	70— 80	
5	1 28	15,41	1658	3,13	2,57	6,14	5,04	0,82	39,0 / 38,8	60	Um 2h10′ verendet

28*

Tabelle I (Fortsetzung).

Nr.	Anfang	Dauer	Atemvolumen pro Minute	O_2- Abnahme	CO_2- Zunahme	O_2- Verbrauch	CO_2- Ausgabe	$\dfrac{CO_2}{O_2}$	Körpertemperatur am Anfang und Ende des Versuchs	Arterieller Blutdruck	Bemerkungen
	des Versuchs			in der Ventilationsluft		pro Minute und kg Körpergewicht					
			ccm	%	%	ccm	ccm		°C	kg/mm	
	27. IV. 1926. Hund 2. Körpergewicht 6100 g.										
1	11ʰ07′	13,66′	3715	1,37	1,06	8,34	6,45	0,77	38	100—110	
2	1 05	25.95	1480	3,28	2,33	7,96	5,65	0,71	38,2	160—120	
3	1 47	15,55	1887	2,61	1,98	8,07	6,14	0,76	38,3	120—126	
4	2 50	16,17	1680	2,95	2,15	8,12	5,92	0,73	38,5	120—126	
	5. V. 1926. Hund 4. Körpergewicht 5500 g.										
1	9ʰ46′	14,75′	1762	2,62	1,95	8,39	6,25	0,74	37,3 / —	144—160	
2	10 24	16,05	1565	3,14	2,07	8,93	5,89	0,66	37,6 / —	140—160	
3	11 27	16,12	1542	3,17	2,14	8,88	5,98	0,67	37,6 / 37,8	140—180	
4	12 08	16,78	1610	2,85	2,00	8,34	5,85	0,70	37,4 / —	150—180	
5	12 58	16,20	1690	2,59	1,94	7,96	5,95	0,75	37,3 / 37,4	140—156	
6	1 42	16,25	1736	2,69	1,90	8,49	5,99	0,71	37,5 / —	140—160	
7	2 42	13,87	1961	2,42	1,65	8,63	5,87	0,68	37,2 / —	130—144	
8	3 21	17,98	1524	3,00	2,10	8,31	5,83	0,70	37,5 / —	130—148	
9	4 02	13,63	1671	2,81	1,93	8,54	5,87	0,69	37,4 / 37,4	140—160	
	7. V. 1926. Hund 5. Körpergewicht 5320 g.										
1	11ʰ20′	17,17′	1450	3,28	2,22	8,712	5,936	0,68	37,1	112—120	
2	11 58	15,50	1502	2,94	2,17	8,018	6,014	0,75	37,3	120—140	
3	12 39	19,58	1352	3,52	2,58	8,719	6,462	0,74	37,3	120—170	Um 1h50′ verendet

Insulin wirksam war, wurde *vor* der Einspritzung und einige Zeit *nach* derselben die Blutzuckerkonzentration nach der neueren Mikromethode von *Bang* bestimmt.

Es gab unter den Insulinversuchsreihen neben tadellosen weit mehr solche, die verworfen werden mußten, und zwar oft aus dem Grunde, weil der Blutdruck nach den starken Insulingaben sehr stark abfiel. Dies war der Fall in den in die Tabelle II eben aus diesem Grunde nicht aufgenommenen Versuchsreihen 11, 15, 17, 19, 21 bis 26, 27, und 31. Diese mißlungenen Versuchsreihen bedeuteten ebensoviel verlorene Arbeitstage, doch konnte dem leider nicht abgeholfen werden; denn wollte ich deutliche Ausschläge im Gaswechsel haben, so konnte dies nur von großen Insulingaben erwartet werden, und mußte es dem günstigen Zufall überlassen bleiben, daß wenigstens einige Versuchsreihen sich ohne den fatalen Blutdrucksturz werden zu Ende führen lassen. Der Vollständigkeit halber sei einiger weiterer Versuchsreihen kurz gedacht, die aus anderen Gründen als mißlungen betrachtet werden mußten, daher in Tabelle II ebenfalls keine Aufnahme finden konnten. An Tier Nr. 12 war, am Blutzucker gemessen, das Insulin wirkungslos geblieben; Tier Nr. 14 ist nach Abschluß der Normalversuche, Tiere Nr. 16 und 21 infolge Motordefekts am Atmungsapparat verendet; am Tier Nr. 28 ergaben sich in der Normalperiode ganz unmöglich hohe Respirationsquotienten; endlich ist am Tier Nr. 18 die Mehrzahl der Luftanalysen verunglückt.

Als brauchbar haben sich die an Tieren Nr. 13, 20, 25, 29, 30 und 32 ausgeführten Versuchsreihen erwiesen, und diese sind es, die nun besprochen werden sollen. Ihre Ergebnisse sind in nachfolgender Tabelle II zusammengestellt. Bemerkt muß werden, daß in manchen dieser Versuchsreihen, nachdem alle Versuchsbedingungen (gleichmäßige Körpertemperatur, konstant hoher Blutdruck usw.) Stunden hindurch durchaus günstige waren, der Blutdruck plötzlich abfiel. Solche am *Ende* einer sonst gelungenen Reihe befindlichen Versuche wurden nicht berücksichtigt und ihre Daten in Tabelle II nicht aufgenommen.

Sauerstoffverbrauch. Bereits aus einer oberflächlichen Betrachtung der in Tabelle II zusammengestellten Daten geht ohne weiteres hervor, daß der *Sauerstoffverbrauch an allen sechs Tieren nach der Insulineinspritzung von Versuch zu Versuch mäßig zugenommen hat.* In nachstehender Tabelle III ist diese Zunahme sowohl aus den Durchschnitts-, wie auch aus den Höchstwerten, die nach der Insulingabe erreicht wurden, berechnet.

Die Tatsache des zunehmenden Sauerstoffverbrauchs nach der Insulingabe steht also fest; nur fragt es sich, ob man das Recht hat, sie auch wirklich dem Insulin zuzuschreiben bzw. ob sie nicht durch andere Momente bedingt wurde.

Tabelle II. Insulinversuche.

Nr.	Anfang	Dauer	Atem-volumen pro Minute	O_2-Abnahme	CO_2-Zunahme	O_2-Verbrauch	CO_2-Ausgabe	$\frac{CO_2}{O_2}$	Körper-temperatur am Anfang und Ende des Versuchs	Arterieller Blutdruck	Bemerkungen
	des Versuchs			in der Ventilationsluft		pro Minute und kg Körpergewicht					
			ccm	%	%	ccm	ccm		° C	kg/mm	

2. VII. 1926. Hund 13. Körpergewicht 5380 g. Vorher gehungert 72 Stunden.

1	10h09′	20,20′	1280	3,73	2,89	8,85	6,92	0,78 (?)	38,2 / 38,2	120—156	Gegen Ende einige Muskel-zuckungen
2	11 53	19,00	1293	3,49	3,02	8,39	7,26	0,87	38,4 / 38,5	130—150	
3	12 25	19,68	1246	3,64	3,05	8,43	7,06	0,84	38,4 / 38,5	130—160	
4	2 02	20,47	1362	3,41	2,94	8,63	7,45	0,86	38,6 / 38,4	144—160	Um 1h25′ Blutzucker 0,083 % / Um 1h32′ 10 E. Insulin „Leo"
5	2 48	19,41	1351	3,90	3,21	9,53	7,83	0,82	38,7 / 38,5	120—136	
6	3 33	20,02	1360	3,99	3,50	10,09	8,85	0,88	38,4 / 38,3	70—110	Um 4h05′ Blutzucker 0,045 %. / Um 5h50′ verendet

30. VIII. 1926. Hund 20. Körpergewicht 8700 g. Vorher gehungert 48 Stunden.

1	10h06′	21,40′	1568	4.67	3,13	8,43	5,65	0,67	38,0 / 37,7	126—146	Gegen Ende starke Muskel-zuckungen
2	10 55	20,42	1574	4,70	3,34	8,50	6,05	0,71	38,3 / 38,1	130—146	
3	12 01	22,57	1501	4,87	3,34	8,41	5,77	0,69	38,3 / 38,1	136—146	Um 12h35′ Blutzucker 0,067 %. / Um 12h45′ 15 E. Insulin „A. B." / Brand

Tabelle II (Fortsetzung).

Nr.	Anfang	Dauer	Atem-volumen pro Minute	O₂-Abnahme in der Ventilationsluft	CO₂-Zunahme in der Ventilationsluft	O₂-Verbrauch pro Minute und kg Körpergewicht	CO₂-Ausgabe pro Minute und kg Körpergewicht	$\frac{CO_2}{O_2}$	Körper-temperatur am Anfang und Ende des Versuchs ⁰C	Arterieller Blutdruck kg/mm	Bemerkungen
	des Versuchs		ccm	⁰/₀	⁰/₀	ccm	ccm				
4	1ʰ35′	23,73′	1448	5,02	3,55	8,35	5,91	0,71	38,3 38,1	146—152	
5	2 30	21,70	1498	5,02	3,61	8,64	6,21	0,72	38,4 38,2	150—160	
6	3 40	20,13	1605	4,79	3,46	8,84	6,39	0,72	38,0 38,3	136—148	Um 3h25′Blutzucker 0,025 ⁰/₀
7	4 36	21,03	1557	5,00	3,54	8,95	6,33	0,71	38,2 38,2	140—150	
8	5 31	21,06	1590	5,14	3,68	9,40	6,73	0,72	38,3 38,1	138—148	
9	6 43	20,18	1617	5,16	4,12	9,59	7,66	0,80	38,4 38,4	100—170	Um 7h10′ verendet

25. IX. 1926. Hund 25. Körpergewicht 6500 g. Vorher gehungert 48 Stunden.

Nr.	Anfang	Dauer	Atem-volumen pro Minute	O₂-Abnahme	CO₂-Zunahme	O₂-Verbrauch	CO₂-Ausgabe	$\frac{CO_2}{O_2}$	Körper-temperatur ⁰C	Arterieller Blutdruck	Bemerkungen
1	11ʰ03′	21,78′	1491	2,98	2,29	6,83	5,24	0,77	38,2 38,4	120—140	Gegen Ende spärliche Muskel-zuckungen
2	11 44	21,10	1501	2,88	2,27	6,65	5,25	0,79	38,2 38,3	120—200	Gegen Ende starke Muskel-zuckungen
3	12 49	21,78	1444	3,05	2,34	6,77	5,19	0,77	38,2 38,3	120—160	
4	2 29	23,18	1375	3,54	2,68	7,49	5,67	0,76	38,1 38,3	110—124	Um 2h00′ Blutzucker 0,076 ⁰/₀. Um 2h05′ 9 E. Insulin „A. B.“ Brand

Tabelle II (Fortsetzung).

Nr.	Anfang	Dauer	Atem-volumen pro Minute	O_2-Abnahme	CO_2-Zunahme	O_2-Verbrauch	CO_2-Ausgabe	$\frac{CO_2}{O_2}$	Körper-temperatur am Anfang und Ende des Versuchs	Arterieller Blutdruck	Bemerkungen
	des Versuchs			in der Ventilationsluft		pro Minute und kg Körpergewicht					
			ccm	%	%	ccm	ccm		°C	kg/mm	
5	3h17′	21,87′	1439	3,73	2,81	8,26	6,21	0,75	38,5 / 38,6	90—110	
6	4 14	20,00	1498	3,47	2,63	7,99	6,06	0,76	38,5 / 38,5	76— 88	Um 4h37′ Blutzucker 0,041 %. Um 7h30′ verendet

11. X. 1926. Hund 29. Körpergewicht 7400 g. Vorher gehungert 36 Stunden.

Nr.	Anfang	Dauer	Atem-volumen pro Minute	O_2-Abnahme	CO_2-Zunahme	O_2-Verbrauch	CO_2-Ausgabe	$\frac{CO_2}{O_2}$	Körper-temperatur am Anfang und Ende des Versuchs	Arterieller Blutdruck	Bemerkungen
1	10h37′	21,75′	1469	4,27	3,23	8,48	6,42	0,76	38,7 / 38,6	106—166	Gegen Ende starke Muskel-zuckungen
2	11 14	21,00	1505	4,42	3,33	8,99	6,77	0,75	38,5 / 38,6	120—140	Spärliche Muskelzuckungen
3	11 55	19,50	1597	4,03	3,10	8,70	6,70	0,77	38,5 / 38,7	120—136	Um 1h30′ Blutzucker 0,089 %. Um 1h35′ 10 E. Insulin „A.B." Brand
4	1 50	21,50	1455	4,53	3,26	8,91	6,40	0,72	38,6 / 38,6	133—144	
5	2 48	21,78	1469	4,46	3,36	8,86	6,80	0,75	38,6 / 38,7	130—140	Spärliche Muskelzuckungen
6	3 40	20,53	1564	4,38	3,30	9,26	6,98	0,75	38,5 / 38,8	126—136	Stärkere Muskelzuckungen Um 4h15′ Blutzucker 0,047 %
7	5 19	21,02	1471	4,79	3,42	9,52	6,80	0,71	39,0 / 39,0	116—124	
8	6 30	21,02	1467	4,77	3,43	9,46	6,80	0,72	38,7 / 38,7	84—100	Um 7h35′ getötet

Tabelle II (Fortsetzung).

15. X. 1926. Hund 30. Körpergewicht 7400 g. Vorher gehungert 36 Stunden.

Nr.	Anfang	Dauer	Atem-volumen pro Minute	O_2-Abnahme	CO_2-Zunahme	O_2-Verbrauch	CO_2-Ausgabe	$\frac{CO_2}{O_2}$	Körper-temperatur am Anfang und Ende des Versuchs	Arterieller Blutdruck	Bemerkungen
	des Versuchs			in der Ventilationsluft		pro Minute und kg Körpergewicht					
			ccm	%	%	ccm	ccm		°C	kg/mm	
1	11h42'	19,06'	1630	3,04	2,38	6,69	5,24	0,78	38,0 / 38,0	130—144	
2	12 23	19,78	1583	3,24	2,54	6,91	5,43	0,78	38,2 / 38,0	150—164	Gegen Ende starke Muskel-zuckungen
3	1 27	20,00	1542	3,20	2,45	6,67	5,11	0,77	38,1 / 38,2	144—154	
4	2 25	20,58	1606	3,38	2,53	7,34	5,48	0,75	38,0 / 38,1	170—200	Um 3h38' Blutzucker 0,066 %. Um 3h43' 10 E. Insulin „A. B." Brand
5	4 12	21,97	1577	3,40	2,65	7,43	5,39	0,78	38,0 / 38,2	170—180	
6	5 12	20,75	1474	3,60	2,73	7,17	5,45	0,76	38,0 / 38,1	170—180	Um 6h03' Blutzucker 0,027 %
7	6 18	19,10	1618	3,38	2,53	7,40	5,55	0,75	38,3 / 38,1	170—180	Muskelzuckungen
8	7 10	21,10	1516	3,72	2,69	7,61	5,52	0,73	38,1 / 38,3	170—180	Muskelzuckungen; um 8h getötet

Tabelle II (Fortsetzung).

Nr.	Anfang	Dauer	Atem‑volumen pro Minute	O_2‑Abnahme in der Ventilationsluft	CO_2‑Zunahme in der Ventilationsluft	O_2‑Verbrauch pro Minute und kg Körpergewicht	CO_2‑Ausgabe pro Minute und kg Körpergewicht	$\dfrac{CO_2}{O_2}$	Körper‑temperatur am Anfang und Ende des Versuchs	Arterieller Blutdruck	Bemerkungen
	des Versuchs		ccm	$^0/_0$	$^0/_0$	ccm	ccm		^{0} C	kg/mm	
					22. X. 1926. Hund 32. Körpergewicht 6080 g. Vorher gehungert 36 Stunden.							
1	11h49′	20,03′	1547	3,32	2,74	8,25	6,97	0,83	38,2 / 38,2	120—134	Starke Muskelzuckungen
2	12 27	18,50	1606	3,22	2,61	8,51	6,89	0,81	38,1 / 38,1	124—140	
3	1 30	19,03	1565	3,24	2,63	8,34	6,76	0,81	38,3 / 38,2	146—186	Um 10h55′ Blutzucker 0,134 $^0/_0$. Um 2h00′ 8 E. Insulin „A.B." Brand
4	2 40	17,61	1665	3,07	2,47	8,41	6,76	0,80	38,4 / 38,5	144—160	
5	3 35	19,91	1530	3,49	2,60	8,78	6,55	0,74	38,1 / 38,1	136—140	Muskelzuckungen Um 4h55′ Blutzucker 0,044 $^0/_0$
6	5 03	19,90	1533	3,65	2,77	9,20	7,00	0,76	38,1 / 38,3	124—140	
7	6 10	26,08	1493	3,84	2,88	9,43	7,07	0,75	38,2 / 38,5	120—136	Geringe Muskelzuckungen
8	7 17	20,11	1527	3,58	2,72	8,99	6,83	0,76	38,0 / 38,3	120—134	Um 7h45′ getötet

Tabelle III.

Zunahme des O_2-Verbrauchs.

Tier	13	20	25	29	30	32
Mittelwert der Normalversuche, ccm	8,56	8,44	6,75	8,72	6,90	8,37
„ „ Insulinversuche . „	9,42	8,96	7,91	9,20	7,40	8,96
Höchstwert in den Insulinvers., „	10,09	9,59	7,99	9,52	7,61	9,43
Zunahme aus den Mittelwerten, %	**10**	**6**	**17**	**5½**	**7**	**7**
„ „ „ Höchstwerten, %	**18**	**14**	**18**	**9**	**10**	**13**

Die Bedenken, die *Reiss* und *Weiss*[1] bezüglich der Bewertung des nach Insulin gesteigerten O_2-Verbrauchs äußern, indem sie dieselbe nach der „von *Krogh* und *Rehberg*[2] ausgesprochenen Vermutung einer gesteigerten Muskeltätigkeit tonischer oder tetanischer, jedenfalls aber nicht wahrnehmbarer Natur, einer Muskeltätigkeit, zu der es in tiefer Narkose nicht kommt, zuschreiben", . . . sind für meine Versuche, in denen die gesamte Skelettmuskulatur durch Curare gelähmt war, gegenstandslos. (Die meistens nur spärlichen Zuckungen, die in der Tabelle II vermerkt sind, betrafen nie etwa eine ganze Extremität, sondern stets bloß kleinere Muskelgruppen.) Auch ist, wie aus Tabelle II zu ersehen, gelungen, den Blutdruck an fünf von den sechs Versuchstieren während der ganzen Versuchsdauer recht konstant zu erhalten (der Blutdruck wies nur an Tier Nr. 30 eine sinkende Tendenz auf). Hingegen hatte die Körpertemperatur aller sechs Tiere, wie aus nachstehender Tabelle IV zu ersehen ist, nach der Insulingabe, wenn auch

Tabelle IV.

Durchschnittliche Körpertemperaturen in ^{0}C.

Tier	13	20	25	29	30	32
Vor Insulin	38,4	38,1	38,4	38,6	38,1	38,2
Nach Insulin	38,5	38,3	38,5	38,7	38,1	38,3

nur um $0,1^0$, an einem Tiere um $0,2^0$ C, zugenommen. Berechnet man die Zunahme, die hieraus resultieren könnte, im Verhältnis, wie sie an den Tieren Nr. 3 und 7 durch eine Steigerung der Körpertemperatur um 2^0 C bewirkt wurde (S. 425), so ergeben sich auf diese Weise nicht mehr als etwa 2 %, also kaum mehr als den zulässigen Versuchsfehlern entspricht. Immerhin muß aber betont werden, daß an fast allen Tieren während der zweiten Hälfte der ganzen Versuchsdauer eine ausgesprochene *Tendenz* zur Zunahme der Körpertemperatur vorhanden war.

---

[1] Zeitschr. f. d. ges. exper. Med. **49**, 286, 1926.
[2] Zitiert nach *Reiss* und *Weiss*, l. c.

Nur dadurch, daß ich immer wieder die Decke des Thermostaten für kürzere oder längere Zeit emporhob, die Heizung des Thermostaten abstellte usw., gelang es, während der 15 bis 20 Minuten langen Versuchsdauer die aufwärtsstrebende Körpertemperatur auf die frühere herunterzudrücken. Doch ist es auch so fraglich, ob es dabei wirklich gelungen ist, größere, namentlich nach aufwärts gerichtete Temperaturschwankungen im *Körperinnern*, auf die es ja in erster Reihe ankommt, zu vermeiden, Schwankungen, die der Registrierung durch das in den Mastdarm eingelegte Thermometer entgangen sein konnten. Ich meine also, daß die an und für sich nicht bedeutende Steigerung des O_2-Verbrauchs *nicht sicher* bzw. nicht in seiner Gänze dem Insulin zugeschrieben werden darf.

Der respiratorische Quotient. Als ausschlaggebendes Moment bei der Beurteilung dessen, ob Kohlehydrate in erhöhter Menge verbrennen oder nicht, wird mit Recht das Verhalten des respiratorischen Quotienten erachtet, und es ist, wie eingangs erwähnt, in den Versuchen der Autoren, die gleichzeitig mit dem Insulin auch Kohlehydrate verabreicht haben, die Steigerung des Quotienten, aus dem sie auf eine erhöhte Kohlehydratverbrennung folgern konnten. Ich habe an meinen sechs Tieren die Durchschnittswerte vor und nach der Insulingabe berechnet und in nachfolgender Tabelle V zusammengestellt.

Tabelle V.

Der durchschnittliche respiratorische Quotient.

Tier	13	20	25	29	30	32
Vor Insulin	0,83	0,69	0,78	0,76	0,77	0,82
Nach Insulin	0,85	0,73	0,75	0,75	0,75	0,76

Die aus Tabelle V ersichtlichen Normalwerte entsprechen im großen und ganzen denen, die von Hungertieren zu erwarten sind, wenn auch zugegeben werden muß, daß 0,83 bzw. 0,82 an Tiere Nr. 13 bzw. 32 etwas zu hoch sind. Wie dem immer sei, von irgend einer Änderung des respiratorischen Quotienten, die auf eine Mehrverbrennung von Kohlehydraten zu beziehen wäre, ist, wie dies schon von *Bornstein* und *Holm*[1] betont wird, nichts zu sehen, so daß im Anschluß an die vorangehenden Erörterungen über den Sauerstoffverbrauch nur gesagt werden kann, daß die Umsätze nach starken Insulingaben vielleicht eine geringe Steigerung, jedoch *keinesfalls eine qualitative Änderung im Sinne einer erhöhten Kohlehydratverbrennung erfahren.* Damit ist natürlich keineswegs gesagt, daß im Kohlehydrathaushalt des Organismus

---

[1] Zeitschr. f. d. ges. exper. Med. **43**, 376, 1924.

keine Änderung eintreten würde; denn hiergegen spricht schon die sattsam bekannte Herabsetzung der Blutzuckerkonzentration nach erheblichen Insulingaben, wie sie auch an allen meinen Tieren zu konstatieren war. Auch der etwaige Einwand, daß an diesem negativen Ergebnis das Curare die Schuld habe, deren Einfluß auf den Kohlehydrathaushalt sich oft in Form einer Glucosurie äußert, wird angesichts der diesbezüglichen Erfahrungen von *P. Hári* hinfällig. Denn einerseits nach Einspritzung von Adrenalin[1], andererseits nach peroraler Einbringung von allerdings großen Traubenzuckermengen[2], konnte *Hári* an curaresierten Hunden eine beträchtliche Zunahme der respiratorischen Quotienten konstatieren.

D. Vergleich meiner Versuchsergebnisse mit denen früherer Autoren.

Zum Schluß muß noch erörtert werden, wie sich meine soeben mitgeteilten Versuchsergebnisse zu denen früheren Autoren verhalten, unter denen a) einige mit dem Insulin gleichzeitig auch Kohlehydrat, b) andere aber Insulin allein gaben.

a) Die erstgenannten Autoren fanden, wie erwähnt, den respiratorischen Quotienten deutlich gesteigert und schlossen hieraus auf eine gesteigerte Verbrennung von Kohlehydrat. Darin, daß sich in meinen Insulinversuchen derlei nicht fand, ist *kein* Widerspruch zu erblicken, denn die im Organismus gegebenen Bedingungen zum Zustandekommen der Insulinwirkung sind in beiden Fällen durchaus verschieden, und ist es ganz gut zu begreifen, daß sich das Hungertier, dessen Kohlehydratvorrat ein begrenzter ist, anders verhält als eines, das Kohlehydrat von außen zugeführt erhielt. Immerhin darf aber nicht verschwiegen werden, daß die nachfolgend unter b) ausgeführten Bedenken gegen die Ergebnisse der Autoren teilweise auch für die Fälle gelten mögen, in denen neben Insulin auch Kohlehydrat gegeben wurde.

b) Ein direkter Gegensatz besteht zwischen meinen Befunden und denen einiger solcher Autoren, die, wie ich, reine Insulinversuche (also ohne Kohlehydrat zu geben) ausgeführt und eine mehr oder minder starke Steigerung des respiratorischen Quotienten gefunden haben. Denn eine einfache, in nachfolgender Tabelle VI ausgeführte Berechnung ergibt, daß, wenn im Stoffumsatz bei unverändertem Energieumsatz Fett oder Eiweiß durch Kohlehydrat ersetzt wird, der O_2-Verbrauch bloß um 5 bzw. 17% *abnimmt,* hingegen die CO_2-Produktion aber um etwa 33 bzw. 5% *zunimmt,* und daß es hierdurch zu einem erhöhten respiratorischen Quotienten kommt.

---

[1] Diese Zeitschr. **38**, 23, 1911.
[2] Ebendaselbst **44**, 66, 1912.

Tabelle VI.

	CO_2-Produktion Liter	O_2-Verbrauch Liter	Energie umgesetzt kg-Cal	Bei einem Energieumsatz von 1 kg-Cal	
				CO_2-Produktion Liter	O_2-Verbrauch Liter
1 g Glykogen . .	0,83	0,83	4,2	0,20	0,20
1 g Fett.	1,42	1,99	9,4	0,15	0,21
1 g Eiweiß . . .	0,78	0,97	4,1	0,19	0,24

Da aber nur ausnahmsweise mehr als die Hälfte, meistens aber ein weit geringerer Anteil des Energieumsatzes durch Eiweiß bestritten wird, muß mit einem Übergang von *reiner* Eiweißverbrennung zu Kohlehydratverbrennung nicht gerechnet werden, und wird mit vollem Rechte gesagt werden können, daß, wenn die Erhöhung des respiratorischen Quotienten auf einer mehr als $5 + 17 = 11\%$ betragenden Abnahme des O_2-Verbrauchs beruht, *der herabgesetzte O_2-Verbrauch, und der hiedurch erhöhte respiratorische Quotient nicht durch vermehrte Kohlehydratverbrennung*, sondern indirekterweise durch eine schädigende Wirkung des Insulins hervorgebracht wird, die zu einem Abfall des Blutdrucks oder der Körpertemperatur oder beider führt. Leider enthalten die Mitteilungen dieser Autoren nur ausnahmsweise Daten über das Verhalten der Körpertemperatur und gar keine über das des Blutdrucks. (So berichten *Dickson, Eadie, Macleod* und *Pember*[1], daß an ihrem Tier Nr. 1 die Körpertemperatur nach der Insulingabe um 1°, an Tier Nr. 2 um 0,5°, an Tier Nr. 3 um 1,7°, an Tier Nr. 4 um 1,5°, an Tier Nr. 5 aber um 2,1° C abfiel.)

Um mich nur auf ein Beispiel zu berufen, will ich nachstehend die die krassesten Daten aufweisenden Versuche von *Hawley* und *Murlin*[2] anführen, in denen die außerordentlich hohen respiratorischen Quotienten sich viel eher durch einen, wenn auch von den Autoren nicht konstatierten Abfall der Körpertemperatur und des Blutdrucks als durch gesteigerte Kohlehydratverbrennung erklären lassen.

Ähnliche Bedenken lassen sich gegen die Versuche, die von *Reiss* und *Weiss*[3] an mit Urethan narkotisierten Kaninchen ausgeführt wurden, nicht anführen. Zwar war die Körpertemperatur in einigen dieser Versuche nach der Insulingabe mäßig abgefallen; doch war die Abnahme des Sauerstoffverbrauchs von einer Zunahme der Kohlendioxydproduktion begleitet, wie dies einer tatsächlichen, zunehmenden Kohlehydratverbrennung entspricht. Daher läßt sich auch gegen die

---

[1] Quarterly Journ. of exper. Physiol. **14**, 133, 1923/24.
[2] Amer. Journ. of Physiol. **75**, 112 bis 115, 1925/26.
[3] l. c.

Tabelle VII.

Tier			O_2-Verbrauch Liter	CO_2-Ausgabe Liter	R. Q.
F 9	Vor Insulin		1,86 1,86	1,33 1,35	0,73 0,74
	Nach Insulin		1,67 **1,17**	1,21 1,77	0,72 **1,01**
F 9	Vor Insulin		2,13 1,76	1,58 1,38	0,74 0,78
	Nach Insulin		2,00 **1,12**	1,39 1,47	0,69 **1,28**
N 1	Vor Insulin		1,77	1,28	0,74
	Nach Insulin		1,68 **1,26**	1,72 1,51	1,00 **1,23**
G 5	Vor Insulin		2,13	1,59	0,75
	Nach Insulin		2,18 **1,27** 1,76 1,78	1,64 1,73 1,32 1,35	0,75 **1,35** 0,75 0,76

Deutung des erhöhten respiratorischen Quotienten im Sinne einer erhöhten Kohlehydratverbrennung nichts einwenden. Trotzdem muß ich bei meinem obigen Schlusse bleiben, wonach in *reinen* Insulinversuchen (ohne Kohlehydratzugabe) der respiratorische Quotient *nicht* erhöht ist, d. h. keine vermehrte Kohlehydratverbrennung stattfindet, denn die *Reiss* und *Weiss*schen Versuche sind mit den meinigen nicht zu vergleichen. Da an den mit Urethan narkotisierten Kaninchen die Blutzuckerkonzentration vor der Insulingabe meistens gegen 0,2 % und darüber bis zu 0,36 % betrug, gehören diese Versuche eher zu solchen, in denen neben Insulin auch Kohlehydrat gereicht wird; in letzteren rührt der erhöhte Kohlehydratvorrat von außen, in den *Reiss* und *Weiss*schen Versuchen aber von dem Zucker her, der durch das Urethan mobilisiert wird. Daß aber ein erhöhter Kohlehydratvorrat für die Insulinwirkung abweichende Bedingungen schafft, habe ich S. 437 erörtert.

In vollem Einklang zu meinen Versuchsergebnissen stehen die von *Chaikoff* und *Macleod*[1] an hungernden Kaninchen (ihre Tabelle II), wenn auch die Schlüsse, die diese Autoren ziehen, teilweise anders lauten. Sie finden, wie ich, eine mäßige Steigerung des Sauerstoffverbrauchs, konstatieren jedoch auch eine Zunahme des respiratorischen Quotienten und errechnen hieraus eine Mehrverbrennung von Kohle-

---

[1] Journ. of biol. Chem. **73**, 725, 1927.

hydrat. Dieser ihrer Ansicht kann ich *nicht* beipflichten, denn von insgesamt fünf Versuchsreihen beträgt

a) in drei Versuchsreihen die durchschnittliche Zunahme des respiratorischen Quotienten keinesfalls mehr, sondern eher weniger als dem zulässigen Versuchsfehler entspricht: an Tier Nr. 1 (18. und 19. Oktober) von 0,760 auf 0,776, an Tier Nr. 2 (20. und 21. Oktober) von 0,778 auf 0,787, an Tier Nr. 3 (23. und 24. Oktober) von 0,716 auf 0,719;

b) in den beiden übrigen Versuchsreihen beträgt die Zunahme allerdings 3 bzw. $7\frac{1}{2}\%$; aber gerade im letzteren Falle, an Kaninchen Nr. 2 (19. und 22. November), sind die respiratorischen Quotienten in den insulinfreien Versuchen, die ja als Vergleichsbasis dienen sollen, selbst schwankend: zwischen dem minimalen Werte (0,678) und dem maximalen (0,769) besteht ein Unterschied von $13\frac{1}{2}\%$. Die mühsamen Versuche, die mit großer Umsicht und offenbar mit tadelloser Technik ausgeführt sind, sollen natürlich nicht bemängelt werden, denn an Tieren, die sich während einer vielstündigen Respirationsversuchsreihe im Kasten frei bewegen können, sind solche Unstimmigkeiten nicht zu vermeiden. Woran ich mich kehre ist nur, daß solch verhältnismäßig geringe Ausschläge, die, wie erwähnt, den zulässigen Versuchsfehler nur ausnahmsweise überschreiten, nicht im Sinne eines geänderten Stoffumsatzes gedeutet werden sollten.

Kurz zusammengefaßt, lassen sich die Ergebnisse meiner oben besprochenen Versuche, die auf Anregung und unter Leitung des Herrn Prof. *Paul Hári* ausgeführt wurden, wie folgt zusammenfassen. *An hungernden, curaresierten, künstlich atmenden Hunden, denen man Insulin einspritzt* (ohne jedoch ihnen, wie manche Autoren es tun, Kohlehydrat beizubringen), *findet eine mäßige Steigerung des Sauerstoffverbrauchs statt, die vielleicht dem Insulin zuzuschreiben ist; hingegen tritt keine Änderung des respiratorischen Quotienten ein, aus der auf vermehrte Kohlehydratverbrennung geschlossen werden könnte.*

Sonderdruck
aus ,,*Biochemische Zeitschrift*'', Bd. 199.
Julius Springer. Berlin.

Über das Verhalten
verschiedener Zuckerarten im Bangschen Mikroverfahren.

Von

Béla Róhny.

(Aus dem physiologisch-chemischen Institut der königl. ungar. Universität
Budapest.)

(Eingegangen am 25. Mai 1928.)

Tabellen, auf deren Grund das Ergebnis von verschiedenen
Reduktionsverfahren berechnet werden kann, sind von verschiedenen
Autoren zur quantitativen Bestimmung einer ganzen Anzahl von
Zuckerarten ausgearbeitet worden; doch nur für den Fall, daß von
der Zuckerlösung verhältnismäßig größere Mengen zur Verfügung
stehen. Der große Vorteil des *Bang*schen Mikroverfahrens, auch an
geringen Mengen gute Ergebnisse zu liefern, ließ es wünschenswert
erscheinen, festzustellen, ob bei Anwendung dieses Verfahrens ein
praktisch konstantes Verhältnis zwischen Reduktionsprodukt und
reduzierendem Prinzip auch für andere Zuckerarten, nicht nur für
die Glucose, besteht, bzw. inwieweit die Konstante von der für die
Glucose gefundenen verschieden ist.

Im *Bang*schen Verfahren entspricht 1 ccm der n/100 Thiosulfatlösung, die man benötigt, um das aus dem Jodat durch CuO in Freiheit
gesetzte Jod zu oxydieren, einer Glucosemenge von 0,357 mg, wenn
von dem im Zuckerversuch verbrauchten Thiosulfatvolumen das im
Blindversuch benötigte abgezogen wurde. Da Thiosulfat $\times$ 0,357
= Thiosulfat : 1/0,357 = Thiosulfat : 2,8, hat man jenes Thiosulfat-
restvolumen bloß mit 2,8* zu dividieren, um die gesuchte Glucosemenge

---

* Der Divisor 2,8 wird von *Bang* zur Berechnung des Endresultats
an einer Stelle (*I. Bang* und *R. Hatlehoel*, diese Zeitschr. **87**, 268, 1917/18)
einfach angeführt; kurz vorher (S. 267) dadurch angedeutet, daß „die
Reduktion pro 0,01 mg Zucker ... 0,028 n/100 Jodlösung ..." beträgt.
Die in der Tabelle (S. 268) angeführten Ergebnisse bestätigen bloß die
Übereinstimmung zwischen der zu erwartenden und der gefundenen Zuckerkonzentration, enthalten jedoch keine Angaben über den n/100 Thio-
sulfatverbrauch.

zu erhalten. Um von diesem allgemeinen Gebrauch nicht abzuweichen, bzw. um einen bequemen Vergleich zu ermöglichen, habe ich in den nachstehend beschriebenen, an verschiedenen Zuckerarten ausgeführten Versuchen nicht die Zahlen berechnet, die dem Faktor 0,357, sondern diejenigen, die dem Divisor 2,8 entsprechen.

Fructose, Galaktose und *Xylose* (*Kahlbaum*) wurde im Exsikkator über Schwefelsäure bis zur Gewichtskonstanz getrocknet.

Lactose wurde aus der heiß gesättigten, wässerigen Lösung mit dem fünffachen Volumen Alkohol gefällt, bei 100° C getrocknet, bei 130° C vom Kristallwasser befreit[1], endlich im Exsikkator bis zur Gewichtskonstanz getrocknet. Gereinigte Lactose soll auf 5 Moleküle 2 Moleküle Kristallwasser enthalten. Das von mir benutzte Präparat verlor durch Trocknen bei 130° C 2,05 % Wasser statt der berechneten 2,08 %, war also genügend rein, und konnte ich mich des oben beschriebenen Verfahrens zur Trocknung um so eher bedienen, da andere Verfahren weit langsamer oder gar nicht zum Ziele führen. So wird die Lactose im Exsikkator bei 98° C erst nach langer Zeit[2], bei 145 bis 150° C zwar weit rascher trocken, wird aber gleichzeitig zersetzt.

Maltose wurde aus Alkohol umkristallisiert[3], wobei auf jedes Molekül 1 Molekül Kristallwasser entfallen soll. An der Luft gibt die Maltose ihr Kristallwasser zwar bei 100 bis 110° C ab, doch findet gleichzeitig Zersetzung statt[4]; im Exsikkator über Schwefelsäure dauert diese Abgabe oft auch 6 Wochen lang. Rasche Entwässerung erfolgt binnen 6 Stunden bei 98° C, jedoch bloß im Hochvakuum (0,01 mm Hg). Ich habe es daher vorgezogen, die Versuche an kristallwasserhaltigem Material auszuführen und die Ergebnisse auf kristallwasserfreie Maltose umzurechnen.

Die Reinheit aller der von mir verwendeten Präparate habe ich nach dem *Bertrand*schen Verfahren kontrolliert (siehe auch die nachfolgende Mitteilung).

Nachstehend seien die Ergebnisse einer Reihe von Versuchen mitgeteilt, die an verschieden konzentrierten Lösungen der oben-

Tabelle I.

Kubikzentimeter n/100 Thiosulfat : Milligramm Zucker.

	0,05 %	0,075 %	0,10 %	0.15 %	0,20 %	0,25 %	0,30 %	0,40 %	0,50 %	Mittelwert
Glucose	—	—	2,74	—	2,76	—	2,75	2,77	2,82	2,77
Fructose	2,20	2,26	2,26	2,28	2,27	2,30	2,30	2,35	2,31	2,29
Xylose	—	—	2,55	2,53	2,60	2,58	—	2,63	2,55	2,57
Galaktose. . . .	—	—	1,95	1,90	1,92	1,93	—	1,94	1,91	1,93
Lactose	—	—	1,47	1,47	1,45	1,48	—	1,49	1,46	1,47
Maltose	—	—	1,36	1,39	1,48	1,44	—	1,42	1,39	1,41

---

[1] *Stohmann*, Journ. f. prakt. Chem. II, **31**, 288, 1885.
[2] *Camerer* und *Söldner*, Zeitschr. f. Biol. **33**, 535, 1896.
[3] *Ulrich*, Chem.-Ztg. **19**, 1523, 1895.
[4] *H. Ost*, Ber. d. Deutsch. chem. Ges. **24**, 1634, 1891.

genannten Zuckerarten ausgeführt wurden. Die in den Tabellen enthaltenen Zahlen sind dem von *Bang* für Glucose angegebenen Divisor 2,8
analog und stellen den Mittelwert von je mindestens drei Parallelbestimmungen dar.

Aus Tabelle I ist zunächst zu ersehen, daß der für Glucose von
mir gefundene Divisor bloß um etwa 1% von dem *Bang*schen verschieden ist; weiterhin aber auch, daß ein „Gang" dieser Konstante
mit der Zuckerkonzentration vorhanden ist, der von *Bang* nicht gefunden wurde; allerdings beträgt der „Gang" im obigen Konzentrationsbereich nicht mehr als 3% in Maximo. Ähnliches ist auch an einigen
anderen Zuckerarten zu beobachten.

Als wichtiges Ergebnis meiner Versuche ist hervorzuheben, daß
die für verschiedene Zuckerarten gültigen Divisoren voneinander sehr
verschieden sind, was ihrer bereits seit langer Zeit bekannten verschiedenen Reduktionsfähigkeit zuzuschreiben ist. Es dürfte diesbezüglich nützlich sein, die obigen von mir nach dem *Bang*schen Verfahren erhaltenen Werte mit denen von *Bertrand*[1] zu vergleichen, die
dieser Autor an denselben Zuckerarten nach seinem Verfahren erhielt,
wobei aber folgendes zu berücksichtigen ist. Nach *Bangs* Erfahrung
(die ich, wie oben erwähnt, nicht vollinhaltlich bestätigen kann) besteht
in dem von ihm angewandten Konzentrationsbereich von 0,010 bis
0,050 g Zucker eine strenge Proportionalität zwischen reduzierendem
Zucker und Reduktionsprodukt (verbrauchtes Thiosulfat), während
im *Bertrand*schen und in zahlreichen anderen Reduktionsverfahren
eine solche Proportionalität nicht vorhanden ist, was eben die An-
fertigung bzw. den Gebrauch der bekannten Tabellen nötig macht.
Die *Bertrand*schen Tabellen sind für Zuckerkonzentrationen zwischen
0,010 und 0,100 g Zucker ausgearbeitet; da jedoch meinerseits ein
Vergleich mit dem nach *Bang* erhaltenen Werten beabsichtigt ist,
und diese nur für den Bereich zwischen 0,010 und 0,050 gelten, wollen
wir auch von den *Bertrand*schen Daten nur die ersten fünf berücksichtigen.

Der *Bang*sche Divisor ist, wie erwähnt, gleich Kubikzentimeter
n/100 Restthiosulfat : Milligramm Zucker. Um einen Vergleich zu
ermöglichen, habe ich auch die *Bertrand*schen Zahlen, und zwar in
Milligramm Cu : Milligramm Zucker entsprechend umgerechnet, und zunächst in nachfolgender Tabelle II zusammengestellt.

Wie am Fuße der Tabelle II berechnet, weichen bei der Glucose
die bei verschiedenen Zuckerkonzentrationen erhaltenen Werte um

---

[1] *G. Bertrand* und *P. Thomas*, Guide pour les manipulations de chimie
biologique. Paris, Dunod et Pinat, 1910.

Tabelle II.

Cu-Milligramm : Zuckermilligramm.

Zucker g	Glucose (und Fructose)	Xylose	Galaktose	Lactose	Maltose
0,01	2,04	2,01	1,93	1,44	1,12
0,02	2,01	1,98	1,90	1,42	1,11
0,03	1,97	1,96	1,88	1,40	1,11
0,04	1,94	1,93	1,85	1,39	1,10
0,05	1,91	1,91	1,82	1,37	1,10
Mittelwert	**1,97**	**1,96**	**1,88**	**1,40**	**1,11**
Maximale Differenz in %	6,4	5,0	5,7	4,9	1,8

6,4 % im Maximo, bei den anderen Zuckern noch weniger voneinander ab; nimmt man also, wie wir es tun wollen, den Mittelwert, so begeht man einen Fehler von 3,2 % im Maximo an der Glucose, und einen noch geringeren an den anderen Zuckern.

Die vergleichende Beurteilung der Reduktionsfähigkeit der verschiedenen Zuckerarten im *Bang*schen und im *Bertrand*schen Verfahren wird aber erst möglich, wenn man sowohl den von mir an der Glucose nach *Bang* erhaltenen Divisor, wie auch den obigen für Glucose aus den *Bertrand*schen Daten errechneten Mittelwert Cu : Zucker gleich 100 setzt, und alle übrigen, auf andere Zuckerarten bezüglichen Werte auf diese 100 bezieht. Aus dieser Berechnung ergeben sich die in nachfolgender Tabelle III zusammengestellten Daten.

Tabelle III.

	Nach *Bang*	Nach *Bertrand*
Glucose	100	100
Xylose	92	99$\frac{1}{2}$
Fructose	82	100
Galaktose	69	95
Lactose	52$\frac{1}{2}$	71
Maltose	50	56

Aus Tabelle III ist ersichtlich, daß im *Bang*schen und mit alleiniger Ausnahme der Fructose auch im *Bertrand*schen Verfahren, Glucose als Vergleichsbasis angenommen, die Reduktionsfähigkeit aller übrigen Zuckerarten eine geringere ist; auch ist die Reihenfolge, nach der die

4*

Reduktionsfähigkeit der Zuckerarten abnimmt, mit alleiniger Ausnahme der Fructose, in beiden Verfahren dieselbe, der Grad der Abnahme allerdings ein teilweise sehr verschiedener.

Zusammenfassung.

Die Bang sche Zahl, die, mit der der verbrauchten Kubikzentimeter n/100 Thiosulfatlösung dividiert, die gesuchte Zuckermenge in Milligramm ergibt, wurde für Xylose, Fructose, Galaktose, Lactose und Maltose bestimmt; gleichzeitig auch ermittelt, wie sich die Reduktionsfähigkeit dieser Zuckerarten — Glucose als Vergleichsbasis angenommen — im Bang schen und im Bertrand schen Verfahren verhält.

Diese Arbeit wurde auf Anregung und unter Leitung des Herrn Prof. *Paul Hári* ausgeführt.

Sonderdruck
aus „*Biochemische Zeitschrift*", Bd. 199.
Julius Springer, Berlin.

Beiträge zur Reduktionsfähigkeit der Fructose im Bertrandschen Verfahren.

Von

Béla Róhny.

(Aus dem physiologisch-chemischen Institut der königl. ungar. Universität
Budapest.)

(Eingegangen am 25. Mai 1928.)

I. Eine irrtümliche Angabe über die Reduktionsfähigkeit der Fructose in den Bertrandschen Tabellen.

Das von *Bertrand* ausgearbeitete Reduktionsverfahren kann
füglich als das derzeit beste bezeichnet und als Kontrolle verwendet
werden, wenn es sich um die Verifizierung eines auf irgend eine andere
Weise erhaltenen Ergebnisses handelt. Dieser Umstand war es, der
mich in den vorangehend mitgeteilten Versuchen über das Verhalten
verschiedener Zuckerarten im *Bang*schen Mikroverfahren veranlaßt
hatte, die Konzentration der von mir verwendeten Lösungen nach
dem *Bertrand*schen Verfahren zu kontrollieren.

Nun ergab es sich, daß die nach *Bertrand* gefundene Konzentration
meiner Fructoselösungen nicht mit der übereinstimmte, die sich aus
der Menge der zu den Versuchen abgewogenen Zuckermenge errechnen
ließ.

Es könnte nun sein, daß die beiden von mir verwendeten Präparate,
*Kahlbaum*sche Lävulose (kristallisiert), nicht rein waren. Präparat I
habe ich 1926 direkt bezogen, Präparat II verdanke ich der Liebenswürdigkeit des Herrn Prof. *Zemplén* (wofür ich ihm auch an dieser
Stelle bestens danke), in dessen Besitz es sich seit mindestens 15 Jahren
befindet. Präparat I enthielt bloß 0,066 %, also keine irgend nennens-
werte Mengen Asche. Die Reinheit der Präparate habe ich auch auf
polarimetrischem Wege kontrolliert. Zu diesem Behuf dienten je drei
genau 2,00 % Fructose enthaltende, mit 0,1 %igem Ammoniak hergestellte Lösungen[1], deren Konzentration ich nach der von *Ost*[2] an-

---

[1] *Schulze, Tollens,* Liebigs Ann. d. Chem. **271**, 49, 1892.
[2] *Ost,* Ber. d. deutsch. chem. Ges. **24**, 1636, 1891.

gegebenen Formel $[\alpha]_D^{20} = -(91{,}9 + 0{,}111\,p)$ berechnete, wo p die Menge des in 100 g der Lösung anwesenden Zuckers bedeutet. Diese Berechnung ergab an

Präparat I %	Präparat II %
1,989	2,035
2,019	2,001
2,009	2,014
Mittelwert: 2,006	2,017

Also konnten beide Präparate als hinlänglich rein angesehen werden, und mußte die Ursache der erwähnten Unstimmigkeit anderswo gesucht werden. Es konnte sein, daß meine Bestimmungen mit Fehlern behaftet sind; jedoch auch, daß dem *Bertrand*schen Verfahren gewisse Fehler innewohnen: entweder bezüglich mehrerer Zuckerarten, darunter auch der Fructose (was sehr wenig wahrscheinlich war), oder aber (was eher möglich war) bezüglich der Fructose allein. Um Klarheit zu schaffen, habe ich einerseits von Fructose, andererseits von Glucose, Xylose, Galaktose, Lactose und Maltose Lösungen von genau bekannter Konzentration hergestellt und an ihnen unter genauer Einhaltung der *Bertrand*schen Vorschrift bestimmt, wieviel Cu durch verschiedene Mengen obiger Zuckerarten reduziert wird. Die Ergebnisse dieser Bestimmungen sind in nachstehenden Tabellen I und II enthalten.

Vergleichen wir die in Tabelle I berechneten Mittelwerte aus meinen Bestimmungen mit den entsprechenden Werten von *Bertrand*[1], so ergeben sich für Glucose, Xylose, Galaktose, Lactose und Maltose Unterschiede, die bloß 0,5, 0,2, 0,6, 0,4 und 0,7 % in maximo betragen, woraus in doppelter Richtung gefolgert werden kann: einerseits daß das *Bertrand*sche Verfahren nichts zu wünschen übrig läßt, andererseits aber auch, das die Art und Weise, wie ich sie ausführte, von Versuchsfehlern freizusprechen ist. Ganz andere Ergebnisse liefert nach Tabelle II die Fructose. Meine Versuchsergebnisse sind (vom Versuch an 10 mg Fructose abgesehen) erheblich niedriger, und zwar der Reihe nach um 4,99, 5,75, 5,68, 5,35, 4,96, 4,62, 4,13, 3,52, 3,15 %. Die Ursache dieser auffallenden Unstimmigkeit ist leicht zu finden und besteht in folgendem. Die in Tabelle II als *Bertrand*sche bezeichneten Werte beziehen sich eigentlich auf Glucose; doch schreibt hierüber *Bertrand* in wortgetreuer Übersetzung[2]: „... infolge der außerordentlichen

---

[1] *G. Bertrand* und *P. Thomas*, Guide pour les manipulation de chimie biologique. Paris, Dunod et Pinat, 1910.
[2] l. c., S. 73.

Tabelle I.

Cu in mg, reduziert durch

Zucker mg	Glucose		Xylose		Gelaktose		Lactose		Maltose	
	Eigene Versuche	Ber-trand	Eigene Versuche	Ber-trand	Eigene Versuche	Ber-trand	Eigene Versuche	Ber-trand	Eigene Versuche	Ber-trand
15	30,0 30,2 } Mittelwert **30,1**	30,2	—	—	—	—	—	—	—	—
20	—	—	—	—	—	—	28,3 28,6 } Mittelwert **28,5**	28,4	—	—
25	—	—	49,3 49,7 } Mittelwert **49,5**	—	—	—	—	—	—	—
30	59,3 59,0 } Mittelwert **59,2**	59,1	—	—	—	—	—	—	—	—
40	77,6 76,6 } Mittelwert **77,1**	77,5	—	—	73,3 73,7 } Mittelwert **73,5**	73,9	54,8 55,6 } Mittelwert **55,2**	55,4	44,6 44,2 } Mittelwert **44,4**	44,1
50	—	—	95,3 95,9 } Mittelwert **95,6**	95,4	—	—	68,3 67,8 } Mittelwert **68,1**	68,5	—	—
60	112,9 113,6 } Mittelwert **113,3**	112,8	—	—	—	—	—	—	—	—
70	—	—	—	—	—	—	—	—	—	—
80	146,1 145,3 146,4 146,2 } Mittelwert **146,0**	146,1	—	—	140,2 141,6 } Mittelwert **140,9**	141,3	105,8 106,4 } Mittelwert **106,1**	106,4	87,3 86,8 } Mittelwert **87,0**	87,0
90	—	—	—	—	—	—	—	—	—	—
100	—	—	180,5 179,9 } Mittelwert **180 2**	180,5	—	—	130,7 131,6 } Mittelwert **131,1**	131,4	—	—

Tabelle II.

Cu in mg, reduziert durch Fructose.

Zucker mg	Präparat I	Präparat II	Mittelwert aus I u. II	Bertrand
10	20,7, 19,9, 19,7	19,9, 20,3, 20,4, 20,6	**20,2**	20,4
20	37,8, 38,5, 38,0, 37,6	38,4, 37,6, 38,3, 38,5	**38,1**	40,1
30	56,2, 55,6	55,7, 55,2	**55,7**	59,1
40	73,1, 73,3, 72,9, 72,5	73,2, 72,9, 73,2, 73,8	**73,1**	77,5
50	90,2, 90,6	90,0, 90,4	**90,3**	95,4
60	107,2, 107,5	106,7, 107,4	**107,2**	112,8
70	124,0, 123,3	124,1, 123,9	**123,8**	129,8
80	140,3, 140,2, 139,8, 140,3, 140,0, 139,9, 140,2, 140,8, 139,9, 139,5,	140,1, 140,4, 141,0, 140,4	**140,2**	146,1
90	156,5, 155,9	156,0, 156,8	**156,3**	162,0
100	172,0, 173,0	172,2, 171,7	**172,2**	177,8

Übereinstimmung der auf die Glucose und auf den Invertzucker bezüglichen Tabellen konnte auf die Ausarbeitung einer speziell für Fructose gültigen Tabelle verzichtet werden ..." Ob und inwieweit diese außerordentliche Übereinstimmung richtig ist, bzw. ob die aus dieser Übereinstimmung von *Bertrand* über die Reduktionsfähigkeit der Fructose gezogenen Schlüsse richtig sind, soll im nächsten Abschnitt gezeigt werden.

II. Reduktionsfähigkeit des Invertzuckers und der invertierten Lactose im Vergleich zur Reduktionsfähigkeit eines Glucose-Fructose- bzw. Glucose-Galaktosegemisches.

Anscheinend schließen sich die beiden sub I. erwähnten Befunde: mein Befund, wonach die Reduktionsfähigkeit der Fructose und der Glucose voneinander erheblich verschieden ist, und *Bertrands* Angabe, wonach die Reduktionsfähigkeit des Invertzuckers und der Glucose daher auch der Fructose identisch seien, gegenseitig aus. Um diesen Widerspruch zu klären, habe ich nachfolgende Versuche ausgeführt.

Ich habe in zwei Versuchsreihen, I und II, von Saccharose, die erst bei 55⁰ C im Vakuum und dann über Schwefelsäure im Exsikkator bis zur Gewichtskonstanz getrocknet war, je genau 3,800 g abgewogen und, wie *Bertrand*, in 50 ccm 2 %iger Salzsäure gelöst, durch 15 Minuten gekocht, nach dem Abkühlen mit 5 %iger Natronlauge neutralisiert und auf 1 Liter aufgegossen. Die so angefertigten Lösungen enthielten infolge der Hydrolyse an Stelle von je einem Molekül Saccharose (342) je ein Molekül Glucose und Fructose (180 + 180), also statt der abgewogenen 0,380 g Saccharose 0,400 g Invertzucker. Von den Stammlösungen habe ich entsprechende Verdünnungen angefertigt und an diesen Reduktionsbestimmungen nach *Bertrand* vorgenommen. Die Ergebnisse dieser Bestimmungen sind in der Tabelle III enthalten.

Vergleicht man die in dieser Tabelle zusammengestellten Daten, so ergibt sich eine gute Übereinstimmung meiner am Invertzucker gefundenen Werte mit den Daten der *Bertrand*schen Tabellen, die sich auf Invertzucker einerseits, auf Glucose andererseits beziehen. Die Tatsache, daß sich der Invertzucker im *Bertrand*schen Verfahren wie Glucose verhält, läßt sich demnach nicht bezweifeln; doch ist sie unverständlich, da nach meinen in der vorangehenden Mitteilung beschriebenen Versuchen die Fructose, die zweite Komponente des Invertzuckers, ein von der Glucose abweichendes Reduktionsvermögen besitzt.

Man könnte vielleicht daran denken, daß im Invertzucker Glucose und Fructose entgegen der bisherigen allgemeinen Annahme nicht voneinander gänzlich unabhängig nebeneinander vorhanden, sondern auf irgend eine Weise aneinander gebunden sind, diesem Komplex aber ein Reduktionsvermögen zukommt, das verschieden ist von dem, das sich aus dem Reduktionsvermögen der beiden Komponenten berechnen läßt. Jedoch wird auch diese Annahme angesichts der einschlägigen Versuche von *Lippmann*[1], *Hönig* und *Jesser*[2], *Ost*[3], *Wohl*[4] hinfällig, denn diese Autoren fanden in der Lösung eines Gemisches, bestehend zu gleichen Anteilen aus Glucose und Fructose, dasselbe Reduktionsvermögen wie in der Lösung von Invertzucker. Ähnliche Versuche habe auch ich ausgeführt und ihre Ergebnisse in die Tabelle III eingetragen. Die Übereinstimmung im Reduktionsvermögen des Glucose-Fructosegemisches und des Invertzuckers ist eine meistens vollkommene.

Der oben konstatierte Widerspruch bleibt also bestehen und konnte, wie ich hier gleich vorwegnehmen will, auch durch weitere Versuche nicht geklärt werden Diese hatten den Zweck, zu ermitteln, ob das so merkwürdige Verhalten der Fructose — in Anwesenheit von Glucose anders zu reduzieren als in ihrer reinen Lösung — auch an anderen Zuckerarten angetroffen wird?

Ich habe in drei Versuchsreihen 2,375 bzw. 2,375 bzw. 3,800 g kristallwasserfreie Lactose mit der zehnfachen Menge 2 %iger Schwefelsäure am Wasserbad bei aufgesetztem Rückflußkühler 4 Stunden lang gekocht[5], nach dem Abkühlen mit 5 %iger Natronlauge neutralisiert,

---

[1] *E. O. Lippmann*, Ber. d. deutsch. chem. Ges. **14**, 1511, 1881.
[2] *M. Hönig*, *L. Jesser*, Monatsh. f. Chem. **9**, 562, 1888.
[3] *H. Ost*, Ber. d. deutsch. chem. Ges. **23**, 3008, 1890.
[4] *Wohl*, ebendaselbst **23**, 2090, 1890.
[5] *Ost*, Ber. d. deutsch. chem. Ges. **23**, 3006, 1890.

B. Róhny:

Tabelle III. Durch Zucker reduziertes Cu, mg.

Zucker mg	10	20	25	30	40	50	60	70	80	90	100
Eigene Versuche											
Invertzucker	21,1 (I)	40,6 (I)			77,1 (I)				146,2 (I)		
	20,7 (I)	41,5 (I)			76,5 (I)				146,7 (I)		
	20,8 (II)	40,8 (II)			77,8 (II)				145,2 (II)		
	20,6 (II)	40,2 (II)			77,5 (II)				145,6 (II)		
	20,8	**40,8**			**77,2**				**145,9**		
Glucose + Fructose zu gleichen Teilen	20,4 (I)	40,1 (I)		59,6 (II)	77,6 (I)	95,0 (I)	112,2 (II)		144,3 (I)	160,6 (I)	176,0 (I)
	21,0 (I)	40,5 (I)		58,7 (II)	77,2 (I)	95,4 (I)	113,2 (II)		145,2 (I)	161,2 (I)	176,7 (I)
	20,8 (I)	39,9 (I)			77,0 (I)	**95,2**	**112,7**		144,9 (I)	**160,9**	**176,4**
	20,1 (I)	40,4 (I)			76,4 (I)				145,4 (I)		
	20,2 (II)	39,7 (II)			77,9 (II)				144,5 (II)		
	21,1 (II)	40,0 (II)			77,1 (II)				144,9 (II)		
	20,6	**40,1**			**77,2**				**144,9**		
Invertierte Lactose			49,4 I		76,7 (III)	95,5 I		128,6 (II)	145,2 (III)		
			50,0 I		77,2 (III)	94,9 I		129,3 (II)	146,2 (III)		
			48,8 II		**77,0**	95,2 II		**128,9**	**145,7**		
			49,5 II			94,5 II					
			49,4			**95,0**					
Glucose + Galaktose zu gleichen Teilen			49,5		77,1	96,6			147,0		
			50,5		77,9	95,1			146,5		
			50,0		**77,5**	**95,9**			**146,8**		
Bertrand											
Invertzucker	20,6	40,4	49,8	59,3	77,7	95,4	112,6	129,2	145,3	161,1	176,5
Glucose	20,4	40,1	49,6	59,1	77,5	95,4	112,8	129,8	146,1	162,0	177,8
Galaktose			47,0		73,9	91,2		125,0	141,3		
Lactose			35,2		55,4	68,5		94,1	106,7		

Die fettgedruckten Zahlen sind Mittelwerte.

auf je 1 Liter aufgegossen und aus der Stammlösung entsprechende Verdünnungen angefertigt. Andererseits habe ich ein Gemisch aus gleichen Teilen reinster Galaktose und Glucose in Wasser gelöst und nun Reduktionsbestimmungen nach dem *Bertrand*schen Verfahren sowohl an der hydrolysierten Lactose, wie auch am Galaktose-Glucosegemisch ausgeführt. Aus den in Tabelle III zusammengestellten Daten dieser Versuche ergibt sich nun das folgende merkwürdige, zunächst jedoch ebenfalls unerklärte Ergebnis:

a) *Das Reduktionsvermögen des Invertzuckers und der invertierten Lactose ist beinahe identisch.*

b) *Demzufolge ist nicht nur das Reduktionsvermögen des Invertzuckers, sondern auch das der invertierten Lactose beinahe identisch mit dem der Glucose; jedoch verschieden von der ihrer anderen Komponente, der Fructose bzw. der Galaktose. Durch die Glucose wird das Reduktionsvermögen gleichzeitig mit anwesender, jedoch mit ihr nicht verbundener Fructose bzw. Galaktose derart verändert, wie wenn statt ihrer abermals Glucose in gleicher Menge vorhanden wäre.*

Diese Arbeit wurde auf Anregung und unter Leitung des Herrn Prof. *Paul Hári* mit Hilfe der vom ungarischen Landesfond zur Förderung der Naturwissenschaften bereitgestellten Mittel ausgeführt.

Sonderdruck
aus „Biochemische Zeitschrift", Bd. 201.
Julius Springer, Berlin.

Theoretisches und Praktisches über Apparate, in denen man die Menge eines im Apparate entwickelten Gases an der Höhe mißt, zu welcher eine Sperrflüssigkeit durch das Gas emporgetrieben wird.

Von

Max Schlesinger.

(Aus dem physiologisch-chemischen Institut der königl. ungar. Universität
Budapest.)

(Eingegangen am 14. Juli 1928.)

Mit 1 Abbildung im Text.

Um Gase, die bei gewissen Vorgängen in Freiheit gesetzt werden, zu bestimmen, wendet man für gewöhnlich Apparate an, in denen entweder das Volumen der Gase bei atmosphärischem Druck, oder aber ihr Partialdruck bei einem bestimmten Volumen unmittelbar gemessen wird, also in beiden Fällen Größen, welche mit der zu bestimmenden Gasmenge in einfachstem Zusammenhang stehen. Wesentlich unterscheiden sich von obigen einige besonders zu biochemischen Zwecken benutzte Apparate, wie die verschiedenen Gärungssaccharimeter, darunter das *Lohnstein* sche, ferner die von *Partos* und *Aszódi* angegebenen Apparate zur Bestimmung des Harnstoffs. Bei diesen drängt das entwickelte Gas eine Sperrflüssigkeit in ein vertikales Steigrohr, wodurch gleichzeitig das Volumen des Gasraumes zunimmt und der Druck in demselben ansteigt. Hier besteht also zwischen der unmittelbar zur Messung gelangenden Größe — der Niveauänderung der Sperrflüssigkeit im Steigrohr — und der Menge des entwickelten Gases ein komplizierterer Zusammenhang; insbesondere werden die Niveauänderungen im allgemeinen nicht proportional den Gasmengen sein. Die bei diesen Apparaten herrschenden Zusammenhänge zu beschreiben und aus ihrer Kenntnis Lehren für die praktische Anwendung zu ziehen, ist der Zweck der vorliegenden Arbeit.

Den Anstoß zu den hier mitgeteilten Überlegungen gab mir eine Anregung des Herrn Universitätsadjunkten Dr. *Zoltán Aszódi*, in Gemeinschaft mit ihm, durch Verwendung eines seinem Hämocarbamidometer[1] ähnlichen Apparates, eine einfache Methode zur Bestimmung der Bicarbonate im Blutplasma auszuarbeiten, eine Aufgabe, welche wir seitdem mit Hilfe der in vorliegender Arbeit entwickelten Prinzipien ausgeführt haben. Daß ich die Überlegungen, welche zu diesen Prinzipien führten, hier für sich und in allgemeiner Form mitteile, geschieht teils aus dem Grunde, weil ich glaube, daß vielleicht diese Betrachtungen an sich manchen, der einen ähnlichen Apparat benutzt, interessieren könnten; hauptsächlich aber, weil sie ermöglichen, Apparate (allerdings nur zur Bestimmung nicht zu großer Mengen von Kohlensäure) herzustellen, bei welchen die Niveauänderung der Sperrflüssigkeit — im praktischen Sinne des Wortes — proportional ist der entwickelten Gasmenge, und bei welchen die empirische Kalibrierung durch eine viel bequemere Berechnung ersetzt werden kann — Vorteile, welche vielleicht dazu anregen können, noch weitere gasometrische Bestimmungsmethoden durch Verwendung derartiger Apparate leichter und einfacher ausführbar zu gestalten.

In unseren Erörterungen wollen wir folgende Reihenfolge einhalten:

In Abschnitt A leiten wir die Formel ab, welche den Zusammenhang zwischen der Niveauänderung der Sperrflüssigkeit und der Menge des entwickelten Gases ausdrückt. Auf Grund dieser Formel erörtern wir

in Abschnitt B, wie die Empfindlichkeit des Apparates, und

in Abschnitt C, wie die Abweichung von der Proportionalität zwischen Niveauänderung und Gasmenge von der Dimensionierung des Apparats beeinflußt wird.

In Abschnitt D behandeln wir allgemein die praktische Anwendbarkeit unserer Ergebnisse, und nachdem wir

in Abschnitt E noch einige bis dahin vernachlässigte Faktoren in Rechnung gezogen haben, geben wir

in Abschnitt F die zweckmäßigste Art an, Apparate, in denen die Steighöhe der Gasmenge praktisch proportional ist, herzustellen und die mit ihrer Hilfe ausgeführten Bestimmungen zu berechnen.

Dann beschäftigen wir uns noch in einem

Anhang I mit dem Einfluß während des Versuchs eintretender Luftdruck- und Temperaturänderungen, und in einem

Anhang II mit den Fehlerquellen, die bei unseren Apparaten hauptsächlich in Frage kommen.

---

[1] Diese Zeitschr. **134,** 546, 1922.

A. Ableitung der Formel für die Menge des entwickelten Gases.

Der Apparat, auf den sich unsere Erörterungen unmittelbar beziehen, ist im wesentlichen ein U-Rohr, dessen Schenkel bis zu einer gewissen Höhe mit Quecksilber als Sperrflüssigkeit gefüllt sind. Der längere, offene Schenkel, mit einer Teilung versehen, stellt das Steigrohr dar, der kurze, verschließbare, ist zu dem Reaktionsgefäß erweitert. In diesem wird die zu untersuchende Flüssigkeit unmittelbar über das Quecksilber geschichtet und auf geeignete Weise das zur Gasentwicklung nötige Reagens hinzugefügt[1].

Das gesamte Volumen der Versuchsflüssigkeit (zu untersuchende Lösung plus Reagens) bezeichnen wir mit φ. Über dieser befindet sich im verschlossenen Reaktionsgefäß ein freier Raum, dessen Volumen im Augenblick des Reaktionsbeginns, da also noch kein neu entwickeltes Gas hinzutrat, wir v nennen. In diesem Augenblick ist der im bloß von Luft und Wasserdampf erfüllten Gasraum herrschende Druck noch gleich dem äußeren Luftdruck b. Der Partialdruck des Wasserdampfes ist gleich dem Dampfdruck der Versuchsflüssigkeit π, der Partialdruck der Luft daher $(b - \pi)$*.

Setzt nun die Bildung des Gases ein, so tritt ein Teil desselben in den Gasraum über. Der Druck in demselben wird erhöht und dementsprechend Quecksilber aus dem Reaktionsgefäß in das Steigrohr hinüber- und dort emporgetrieben; dabei wird selbstverständlich der Gasraum um das Volumen des verdrängten Quecksilbers vergrößert. Der Übertritt des Gases und damit das Ansteigen des Quecksilbers im Steigrohr dauert so lange an, bis der Partialdruck des Gases im Raume über der Flüssigkeit so weit gestiegen bzw. dessen Konzentration innerhalb der Flüssigkeit so weit gesunken ist, daß das Verhältnis von Partialdruck und Konzentration dem *Henry*schen Verteilungsgesetz entspricht.

Dieses Gleichgewicht sei bei einem Quecksilberanstieg um μ cm erreicht. Der im Gasraum nun herrschende, in Zentimeter Quecksilber gemessene Druck ist also gleich $(b + \mu)$. Das Volumen des gegen das Steigrohr abgetriebenen Quecksilbers, daher auch der Volumenzuwachs des Gasraumes ist (wenn q den lichten Querschnitt des Steigrohres bedeutet) $q\mu$; das neue Volumen des Gasraumes ist daher $(v + q\mu)$. Der Partialdruck des Wasserdampfes ist unverändert gleich π. Der Partialdruck der Luft ist entsprechend dem *Boyle*schen Gesetz in demselben Verhältnis kleiner als sein ursprünglicher Wert $(b - \pi)$ geworden, in dem das Volumen des Gasraums zugenommen hat; sein Wert ist also

$$(b - \pi) \frac{v}{v + q\mu} **.$$

Nunmehr können wir die Menge des entwickelten Gases, worunter wir dessen auf 0^0 und 76,0 ccm Quecksilber reduziertes Volumen verstehen, leicht berechnen. Sie setzt sich aus dem in den Gasraum übergetretenen und dem in der Flüssigkeit gelöst gebliebenen Anteil zusammen. Wenn P den Partialdruck des entwickelten Gases und C dessen *Ostwald*schen Ab-

---

[1] Siehe Absatz 1 in Anhang II.

* Siehe Absatz 2 und 3 in Anhang II.

** Bezüglich der in diesem Absatz gemachten Vernachlässigungen siehe Abschnitt E.

sorptionskoeffizienten für die Versuchsflüssigkeit bezeichnet, so beträgt der letztere Teil bekanntlich $\dfrac{P\,C\,\varphi}{76\,(1+\alpha t)}$ und der erste $\dfrac{P\,(v+q\,\mu)}{76\,(1+\alpha t)}$; daher die gesamte Gasmenge, die wir V nennen:

$$V = \frac{P\,(v+q\,\mu+C\,\varphi)}{76\,(1+\alpha t)}.$$

Den Wert von P aber erhalten wir leicht aus den Angaben des vorigen Absatzes, da wir wissen, daß die Summe der Partialdrucke in einem Gasgemisch gleich dem tatsächlich herrschenden Druck sein muß. Es ist also

$$\pi + (b-\pi)\,\frac{v}{v+q\,\mu} + P = b + \mu,$$

daher

$$P = b + \mu - \pi - (b-\pi)\,\frac{v}{v+q\,\mu}. \tag{1}$$

Diesen Ausdruck formen wir zweckmäßig etwas um:

$$P = \mu + \left[(b-\pi) - (b-\pi)\,\frac{v}{v+q\,\mu}\right] = \mu + \frac{(b-\pi)\,q\,\mu}{v+q\,\mu}.$$

Hieraus ist auch zu ersehen, daß der Partialdruck des neu entwickelten Gases größer ist als die durch den Quecksilberanstieg im Steigrohr angezeigte Druckzunahme, und zwar um einen Betrag größer, der — mit der Vergrößerung des Gasraumes in Zusammenhang stehend — gleich ist der Abnahme des Partialdruckes der Luft. Für die Menge des entwickelten Gases aber können wir schreiben:

$$V = \left[\mu + \frac{(b-\pi)\,q\,\mu}{v+q\,\mu}\right] \frac{v+q\,\mu+C\,\varphi}{76\,(1+\alpha t)}. \tag{2}$$

Durch diese Formel wird der gesuchte Zusammenhang zwischen der Steighöhe des Quecksilbers und der Menge des entwickelten Gases ausgedrückt.

B. Die Empfindlichkeit des Apparats.

Unsere nächste Aufgabe ist, zu untersuchen, wie die Empfindlichkeit des Apparats von dessen Dimensionen abhängt. Und zwar müssen wir, wie ein Blick auf Gleichung (2) lehrt, den Einfluß kennenlernen, den der lichte Querschnitt des Steigrohres (q) und das Anfangsvolumen des freien Gasraumes im Reaktionsgefäß (v) — dessen Größe von der Menge des als Sperrflüssigkeit verwendeten Quecksilbers abhängt — sowie die Menge der gebrauchten Versuchsflüssigkeit (φ) auf die Empfindlichkeit haben.

Die Empfindlichkeit des Apparats ist um so größer, ein je höherer Quecksilberanstieg einer je geringeren Gasmenge entspricht. Der Quotient $\dfrac{\text{Steighöhe}}{\text{Gasmenge}}$, also $\dfrac{\mu}{v}$, stellt somit ein Maß der Empfindlichkeit dar[1]. Diesen

---

[1] Da — wie wir sehen werden — die Empfindlichkeit von der Steighöhe (daher auch von der Gasmenge) nicht unabhängig ist, wäre es formell richtiger, dieselbe durch den Differentialquotienten $d\mu/dv$ zu definieren; μ/v bzw. E_R (siehe einige Zeilen weiter!) ist jedoch für unsere Untersuchungen viel geeigneter, einerseits, weil der entsprechende Ausdruck viel einfacher ist, andererseits, weil er in unmittelbarem Zusammenhange mit dem Werte steht, welchen wir S. 98 Apparatkonstante nennen.

Quotienten hätten wir durch die im vorigen Absatz aufgezählten Faktoren auszudrücken und dann den Einfluß jedes einzelnen Faktors auf den Wert des erhaltenen Ausdrucks zu bestimmen. Aus Zweckmäßigkeitsgründen legen wir aber unseren Untersuchungen einen Ausdruck zugrunde, welcher dem Quotienten μ/v umgekehrt proportional ist. Wir nennen diesen Ausdruck E_R, weil er ein reziprokes Maß für die Empfindlichkeit ist: nimmt sein Wert zu, so sinkt die Empfindlichkeit, und umgekehrt. Wir erhalten E_R durch Umformung von Gleichung (2), die wir nach Multiplikation mit $76\,(1 + a\,t)$ und Division durch μ schreiben:

$$76\,(1 + \alpha\,t)\,\frac{V}{\mu} = \left[1 + \frac{(b - \pi)\,q}{v + q\,\mu}\right](v + q\,\mu + C\,\varphi) = E_R \qquad (3)$$

und nach Ausführung der Multiplikation:

$$E_R = v + q\,\mu + (b - \pi)\,q + C\,\varphi + \frac{C\,\varphi\,(b - \pi)\,q}{v + q\,\mu}. \qquad (4)$$

Wir sehen, daß der Ausdruck für E_R die Höhe des Quecksilberanstiegs μ enthält. Dies bedeutet, daß die Empfindlichkeit für verschiedene Steighöhen, oder — klarer ausgedrückt — für Ablesungen, die in verschiedener Höhe über dem Nullstande des Quecksilbers gemacht werden, eine verschiedene ist. Im strengen Sinne dürfen wir daher nicht von der Empfindlichkeit des Apparats schlechthin sprechen, sondern nur von einer Empfindlichkeit in irgendeiner gegebenen Höhe μ über dem Nullniveau.

Der Einfluß von q und φ auf E_R läßt sich aus Gleichung (4) unmittelbar ablesen. Mit beiden Größen nehmen alle Glieder des Ausdrucks für E_R, in denen sie enthalten sind, und daher auch der Wert von E_R selbst zu, und zwar unabhängig von dem Werte der übrigen Größen, insbesondere auch dem von μ. Durch Verringerung des lichten Steigrohrquerschnitts und der verwendeten Menge von Versuchsflüssigkeit wird daher die Empfindlichkeit unter allen Umständen größer, und zwar längs des ganzen Steigrohres.

Um den Einfluß von v auf den Wert von E_R kennenzulernen, untersuchen wir, ob E_R, als Funktion der einzigen Variablen v betrachtet, bei irgend einem Werte von v einen extremen Wert, ein Maximum oder Minimum besitzt. Zu diesem Behufe differentiieren wir E_R nach v und erhalten:

$$\frac{dE_R}{dv} = 1 - \frac{(b - \pi)\,q\,C\,\varphi}{(v + q\,\mu)^2}. \qquad (5)$$

Setzen wir nun den auf der rechten Seite befindlichen Ausdruck gleich Null und lösen die erhaltene Gleichung nach v auf, so finden wir als ihre beiden Wurzeln:

$$v_1 = \sqrt{(b - \pi)\,q\,C\,\varphi} - q\,\mu; \quad v_2 = -\sqrt{(b - \pi)\,q\,C\,\varphi} - q\,\mu. \qquad (6)$$

Für beide so erhaltenen Werte wird der Differentialquotient von E_R gleich Null, daher kann E_R selbst einen extremen Wert haben; doch hat v_2 — ein negatives Volumen — keinen physikalischen Sinn, so daß für uns nur v_1 in Betracht kommt. Bilden wir den zweiten Differentialquotienten von E_R nach v, so erhalten wir

$$\frac{d^2 E_R}{dv^2} = \frac{d}{dv}\left[1 - \frac{(b - \pi)\,q\,C\,\varphi}{(v + q\,\mu)^2}\right] = \frac{2\,(b - \pi)\,q\,C\,\varphi}{(v + q\,\mu)^3}. \qquad (7)$$

Da der zweite Differentialquotient für alle (positiven) Werte von v, daher auch für v_1 positiv und endlich ist, wird E_R bei dem Werte v_1 ein Minimum. Durch Verringerung des Gasraumvolumens wird daher die Empfindlichkeit in einer Höhe μ nur so lange gesteigert, bis der Wert v_1 erreicht ist; durch eine weitere Verringerung nimmt die Empfindlichkeit wieder ab.

Um bei gegebener Menge der Versuchsflüssigkeit und gegebenem lichten Steigrohrquerschnitt in der Höhe μ die größtmögliche Empfindlichkeit zu erreichen, haben wir das Volumen des Gasraumes gleich

$$v = \sqrt{(b - \pi)\, q\, C\, \varphi} - q\, \mu \tag{8}$$

zu wählen[1].

C. Die Abweichung von der Proportionalität.

Proportionalität zwischen der Steighöhe des Quecksilbers und der Menge des entwickelten Gases würde bestehen, wenn das Verhältnis von Steighöhe zu Gasmenge — der Quotient μ/v — konstant wäre, also wenn die Empfindlichkeit des Apparats die gleiche wäre für Ablesungen in jeder Höhe über dem Anfangsniveau. Wenn die Empfindlichkeit für zunehmende Höhen abnimmt, so wächst die Steighöhe langsamer, wenn die Empfindlichkeit zunimmt, wächst die Steighöhe rascher als der Gasmenge proportional; die Abweichung von der Proportionalität ist um so größer, je schneller sich die Empfindlichkeit mit der Höhe ändert. Über das Verhalten des Zusammenhangs zwischen Steighöhe und Gasmenge zur Proportionalität erhalten wir daher vollen Aufschluß, wenn wir erfahren, wie sich die Empfindlichkeit für Ablesungen in zunehmender Höhe ändert. Zu diesem Zwecke haben wir den Verlauf von E_R als Funktion der einzigen Variablen μ zu untersuchen.

Wir bilden zunächst den ersten Differentialquotienten von E_R nach μ, der bekanntlich angibt, wie rasch sich E_R mit μ ändert, also das Maß der Abweichung von der Proportionalität darstellt. Wir erhalten

$$\frac{dE_R}{d\mu} = q - \frac{(b - \pi)\, q^2\, C\, \varphi}{(v + q\, \mu)^2}. \tag{9}$$

Wir setzen die rechte Seite gleich Null, lösen die erhaltene Gleichung nach μ auf und finden so für ihre beiden Wurzeln:

$$\mu_1 = \frac{\sqrt{(b - \pi)\, q\, C\, \varphi} - v}{q}; \quad \mu_2 = \frac{-\sqrt{(b - \pi)\, q\, C\, \varphi} - v}{q}, \tag{10}$$

---

[1] Daß der Differentialquotient von E_R nach v bei dem Werte v_1 gleich Null wird, bedeutet, daß eine kleine Änderung des Gasraumvolumens die Empfindlichkeit in der Höhe μ überhaupt nicht berührt, wenn das Volumen des Gasraumes gleich $\sqrt{(b - \pi)\, q\, C\, \varphi} - q\, \mu$ war. Dies ist auch praktisch von Bedeutung, da Änderungen des Gasraumvolumens — z. B. durch Verlust von Quecksilber bei der Reinigung des Apparats — leicht vorkommen können. Andererseits wird die Empfindlichkeit mit v um so rascher abnehmen, je weiter wir uns von dem Werte v_1 entfernen. Daraus, daß der Ausdruck (7) für $\dfrac{d^2 E_R}{d v^2}$ für kleine Werte von v sehr groß werden kann, läßt sich voraussehen, daß die Empfindlichkeit besonders rasch abnimmt, wenn man v stark unter v_1 vermindert. Dies geht auch aus der Tabelle auf S. 96 hervor.

von welchen aber nur μ_1 physikalischen Sinn besitzt[1]. Bilden wir noch den zweiten Differentialquotienten von E_R nach μ

$$\frac{d^2 E_R}{d \mu^2} = \frac{2\,(b - \pi)\,q^3\,C\,\varphi}{(v + q\,\mu)^3}\,, \tag{11}$$

so sehen wir, daß dieser für alle physikalisch möglichen Werte von μ positiv und endlich ist. E_R besitzt daher auch als Funktion von μ ein Minimum, und zwar bei dem Werte μ_1.

Auf Grund obiger Ergebnisse können wir den Verlauf von E_R als Funktion von μ folgendermaßen beschreiben: der Wert von E_R nimmt mit zunehmenden Werten von μ so lange ab, bis μ den Wert μ_1 erreicht, und nimmt zu, sobald μ diesen Wert überschritten hat; der Wert von E_R ändert sich mit zunehmenden Werten von μ um so langsamer, je näher μ an μ_1 herankommt, ändert sich gar nicht, während μ in unmittelbarer Nähe von μ_1 verläuft und ändert sich um so rascher, je mehr sich μ von μ_1 wieder entfernt.

Die Rechnung, auf deren Grund wir zur Kenntnis des eben beschriebenen Verlaufs von E_R gelangten, enthielt keine einschränkende Annahme bezüglich der Dimensionen des Apparats; der geschilderte Verlauf ist demnach für jeden Apparat gültig. Doch bezieht sich der *ganze* geschilderte Verlauf von E_R auf den Fall, daß μ die ganze Reihe seiner physikalisch möglichen Werte durchläuft. Bei den Apparaten aber, wie sie tatsächlich angefertigt werden, ändert sich μ immer nur zwischen verhältnismäßig engen Grenzen, und zwar zwischen dem Anfangsniveau des Quecksilbers, also der Höhe Null und dem höchsten Punkte der Steigrohrteilung, dessen Höhe wir mit a bezeichnen. Demgemäß ist auch an einem solchen Apparat immer nur ein kleiner Abschnitt des geschilderten Verlaufs von E_R verwirklicht, und zwar der Abschnitt, der sich auf die zwischen Null und a liegenden Werte von μ bezieht. Aus welchem Teil des ganzen Verlaufs der tatsächlich verwirklichte Abschnitt herausgeschnitten ist, erfahren wir für jeden Apparat von gegebenen Dimensionen leicht, wenn wir mit Hilfe der Gleichung (10) den Wert von μ_1 berechnen. Erhalten wir für μ_1 eine negative Zahl, so bedeutet das, daß μ_1 unter dem Anfangsniveau des Quecksilbers liegt, daß also schon am Anfangspunkt das Minimum von E_R überschritten ist. Wenn der Wert von μ_1 größer ist als a, so heißt dies, daß E_R längs des ganzen Steigrohres seinem Minimum zustrebt, es aber nicht erreicht. Nur wenn der Wert von μ_1 zwischen Null und a liegt, ist ein dem allgemeinen ähnlicher Verlauf von E_R tatsächlich verwirklicht.

Es wird also je nach den Dimensionen des Apparats bzw. je nach dem Verhältnis seiner Dimensionen die Abweichung von der Proportionalität zwischen Steighöhe und Gasmenge verschiedene Stärke

---

[1] Ein negativer Wert von μ hat die physikalische Bedeutung einer Senkung des Quecksilberniveaus. Auch eine solche ist im Widerspruch mit unseren Voraussetzungen; wir behandeln ja nur den Fall einer *Gasentwicklung*, während eine Niveausenkung nur durch Gasabsorption erfolgen kann. Physikalisch ohne Sinn wird aber erst ein so hoher negativer Wert von μ, für welchen $(v + q\,\mu)$ — also das Volumen des Gasraumes am Ende des Versuchs — negativ würde; dies wäre aber bei μ_2 der Fall, denn nach (10) ist $v + q\,\mu_2 = -\sqrt{(b - \pi)\,q\,C\,\varphi}$.

und verschiedene Richtung besitzen. Und zwar wird der Apparat sich bezüglich der *Richtung* der Abweichung auf eine der folgenden drei Arten verhalten.

1. Ist die relative Größe von q, v und φ so, daß

$$\frac{\sqrt{(b-\pi)\,q\,C\,\varphi}-v}{q} < 0$$

ist, so nimmt die Empfindlichkeit mit zunehmender Höhe ab, die Steighöhe ändert sich langsamer, als der Gasmenge proportional. Eine direkte Skala für die Gasmenge, an welcher der Abstand zweier Teilstriche immer die gleiche Gasmengendifferenz bedeutet, würde also den auf unserer Abb. 1* mit a bezeichneten Typus besitzen.

2. Ist

$$\frac{\sqrt{(b-\pi)\,q\,C\,\varphi}-v}{q} > a,$$

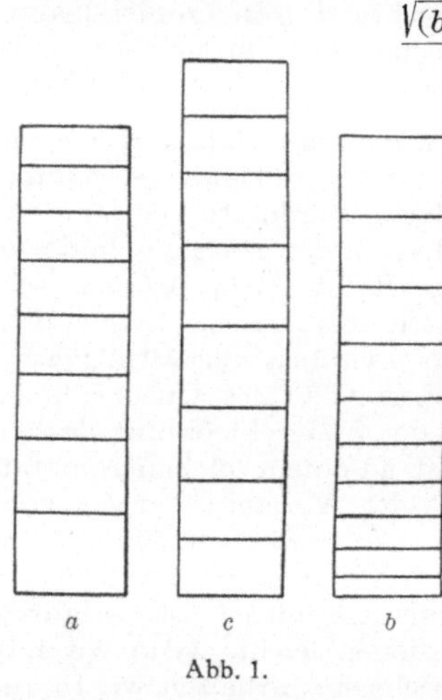

Abb. 1.

so nimmt die Empfindlichkeit mit der Höhe über dem Nullstande zu, die Steighöhe ändert sich schneller, als der Gasmenge proportional. Eine Skala hätte die mit b bezeichnete Form.

3. Ist

$$0 < \frac{\sqrt{(b-\pi)\,q\,C\,\varphi}-v}{q} < a,$$

so nimmt die Empfindlichkeit bis zu einem gewissen Punkte mit der Höhe zu, von diesem an wieder ab. Eine Skala wäre vom Typus der mit c bezeichneten.

Praktisch viel wichtiger als die Frage nach der Richtung ist die nach der *Stärke* des Abweichens von der Proportionalität. Diesbezüglich können wir folgendes aussagen:

Was den Einfluß der *absoluten Größe* der einzelnen Faktoren anbelangt, ist nur q von eindeutiger Wirkung; mit q erscheint nämlich — wie aus Gleichung (9) hervorgeht — der ganze Ausdruck für den Differentialquotienten $dE_R/d\mu$, den wir als das Maß der Abweichung von der Proportionalität bezeichnet haben, multipliziert. *Die Abweichung von der Proportionalität ist daher um so geringer, je kleiner der lichte Querschnitt des Steigrohres ist.*

Bezüglich des Einflusses, den das *Verhältnis der einzelnen Faktoren* auf die Stärke der Abweichung von der Proportionalität hat, wissen wir, daß es von diesem Verhältnis abhängt, welcher Abschnitt des auf S. 93 beschriebenen Verlaufs von E_R als Funktion von μ an einem Apparat verwirklicht ist, und daß die Änderung von E_R mit μ in diesem Abschnitt um so langsamer ist, je näher dieser verwirklichte Abschnitt dem Minimum

---

* Bezüglich des Maßes der Abweichung ist die Abbildung sehr stark übertrieben. Bezüglich der stärksten Abweichung bei b vgl. Tabelle auf S. 96.

von E_R liegt. *Die Abweichung von der Proportionalität ist daher um so geringer, je weniger der für μ_1 nach der Formel*

$$\frac{\sqrt{(b-\pi)\,q\,C\,\varphi} - v}{q}$$

berechnete Wert von den tatsächlich realisierten, zwischen Null und a liegenden Steighöhenwerten abweicht — genauer von der Mitte ihres Bereichs, also dem Werte $a/2$. Denn selbstverständlich ist auch in den einzelnen kleineren Teilen des verwirklichten Bereichs zwischen Null und a die Abweichung von der Proportionalität um so größer, je entfernter sie von dem Werte μ_1 liegen, und in jedem Falle, wo μ_1 nicht auf die Mitte zwischen Null und a fällt, ist die größte innerhalb des verwirklichten Bereichs bestehende Entfernung von μ_1 größer als $a/2$.

Auf Grund des letzten Absatzes wollen wir noch die spezielle Frage beantworten, wie bei gegebenen q und φ durch geeignete Wahl von v die geringste Abweichung von der Proportionalität erreicht werden kann. v ist zu diesem Zwecke offenbar so zu bestimmen, daß μ_1 auf die Mitte zwischen Null und a zu liegen kommt, daß also der Wert von v die Gleichung

$$\frac{a}{2} = \frac{\sqrt{(b-\pi)\,q\,C\,\varphi} - v}{q}$$

erfüllt. Durch Umformung dieser Gleichung finden wir, daß wir bei gegebenem lichten Steigrohrquerschnitt und gegebener Menge der Versuchsflüssigkeit die geringste Abweichung von der Proportionalität erreichen, wenn wir das Volumen des Gasraumes gleich

$$v = \sqrt{(b-\pi)\,q\,C\,\varphi} - q\,a/2 \tag{12}$$

wählen[1].

---

[1] Die Gleichung (12) ist mit Gleichung (8) auf S. 92 vollkommen identisch; μ bedeutet ja in (8) irgend eine willkürlich gewählte Höhe, ebenso, wie wir hier die Lage von μ_1 willkürlich auf $a/2$ verlegen. Durch dieselbe Wahl von v, durch welche wir für irgend eine Höhe die größte Empfindlichkeit erreichen, bewirken wir auch für die Umgebung derselben Höhe die geringste Abweichung von der Proportionalität. Dieser Umstand erklärt sich folgendermaßen: Zu (8) gelangten wir durch Nullsetzung des Differentialquotienten $\dfrac{dE_R}{dv}$, zu (12) durch Nullsetzung von $\dfrac{dE_R}{d\mu}$. Vergleichen wir nun die Formeln (5) und (9), so sehen wir, daß der Ausdruck für $\dfrac{dE_R}{d\mu}$ gleich dem mit q multiplizierten Ausdruck für $\dfrac{dE_R}{dv}$ ist. Die Gleichungen $\dfrac{dE_R}{dv} = 0$ und $\dfrac{dE_R}{d\mu} = q\dfrac{dE_R}{dv} = 0$ sind daher identisch, und hieraus erklärt sich die Identität der die Wahl von v betreffenden Resultate.

$\dfrac{dE_R}{dv}$ und $\dfrac{dE_R}{d\mu}$ werden gleichzeitig gleich Null für alle Wertepaare v und μ, welche die Gleichung (8) erfüllen. E_R als Funktion der beiden unabhängigen Variablen v und μ aufgefaßt — $\dfrac{dE_R}{dv}$ und $\dfrac{dE_R}{d\mu}$ bedeuten dann die beiden partiellen Differentialquotienten —, bleibt daher ein Minimum für alle diese Wertepaare und selbstverständlich im Betrage

D. Über die praktische Anwendbarkeit unserer Ergebnisse.

Indem wir uns nun der Frage zuwenden, ob und inwieweit die erlangte Kenntnis der bei unseren Apparaten obwaltenden Zusammenhänge von praktischem Nutzen sein kann, suchen wir diesen Nutzen nach drei Richtungen hin. Und zwar fragen wir:

1. Können wir durch Einhalten eines bestimmten Verhältnisses bei der Dimensionierung wesentliche Vorteile erreichen?

2. Lassen sich im voraus die Dimensionen angeben, bei welchen ein Apparat die gewünschte Empfindlichkeit bzw. den gewünschten Meßbereich besitzen wird?

3. Kann die empirische Kalibrierung der Apparate durch eine einfache Berechnung ersetzt werden?

Zu 1. Bezüglich der ersten Frage wissen wir aus den letzten Absätzen der Abschnitte B und C, daß die Wahl von v gleich

$$\sqrt{(b - \pi)\, q\, C\, \varphi} - q\, a/2,$$

welche sich durch entsprechende Bestimmung der Quecksilbermenge leicht bewerkstelligen läßt, folgende Vorteile in sich schließt: geringste Abweichung von der Proportionalität, größte Empfindlichkeit, geringste Fehler durch eine zufällige kleine Änderung des Gasraumes (z. B. Verlust von Quecksilber bei der Reinigung des Apparats[1]).

Daß der Einfluß von v — besonders auf die Abweichung von der Proportionalität — in der Tat sehr wesentlich ist, zeigt die Tabelle I.

Tabelle I.

Nummer des Apparats	I	II	III	IV	V
Gemeinsame Größen	$q = 0{,}030,\ \varphi = 2{,}0,\ b = 76{,}0,\ t = 20^0,\ C = 0{,}942,\ \pi = 1{,}74$				
Größe von v	0,549	1,149	1,749	2,349	2,949
Die Werte von $\dfrac{10\,E_R}{76\,(1 + \alpha t)}$ für die Steighöhen $\mu = 0{,}0$	1,509	1,094	1,014	1,012	1,041
$\mu = 4{,}0$	1,356	1,066	1,009	1,016	1,049
$\mu = 8{,}0$	1,254	1,046	1,007	1,021	1,057
$\mu = 12{,}0$	1,182	1,031	1,007	1,027	1,066
$\mu = 16{,}0$	1,131	1,020	1,009	1,034	1,075
$\mu = 20{,}0$	1,094	1,014	1,012	1,041	1,086
Größter Unterschied der Werte von $\dfrac{10\,E_R}{76\,(1 + \alpha t)}$ in % (des kleinsten Wertes)	37,9	7,9	0,7	2,9	4,3

konstant. Darum verschwindet auch aus dem Ausdruck für E_R gleichzeitig v und μ, wenn wir für v den Wert $\sqrt{(b - \pi)\, q\, C\, \varphi} - q\, \mu$ einsetzen [siehe Ausdruck (13) auf S. 97]. Der *Betrag* der größten Empfindlichkeit ist daher durch q und φ vollkommen bestimmt, während durch die Änderung von v die *Stelle*, an welcher größte Empfindlichkeit besteht und in deren Umgebung die Abweichung von der Proportionalität am geringsten ist, verschoben wird; durch die Wahl von v gleich $\sqrt{(b - \pi)\, q\, C\, \varphi} - q\, a/2$ wird diese Stelle gerade auf die Mitte des Steigrohres verlegt.

[1] Siehe Fußnote auf S. 92.

Sie bezieht sich auf fünf Apparate mit gemeinsamen Werten von q und φ, während v bei dem Apparat III der Formel (12) entspricht, hingegen bei den Apparaten II und I um 0,6 und 1,2 ccm weniger, bei IV und V um ebensoviel mehr beträgt. Die Vertikalkolonnen stellen die Werte des mit

$$\frac{10}{76\,(1 + a\,t)}$$ multiplizierten E_R (also die zehnfachen Werte der später „Apparatkonstante" genannten Größe) längs des 20 cm langen Steigrohres der einzelnen Apparate in Abständen von 4 cm dar. Berechnet sind die Werte für Kohlensäure und die in der Tabelle I angegebenen Daten.

Zu 2. Wenn wir die Absicht haben, v erst auf Grund der Kenntnis von q und φ entsprechend dem oben besprochenen Prinzip zu wählen, so kommt es bei der Beantwortung der zweiten Frage darauf an, ob wir imstande sind, bei bekannter Menge der Versuchsflüssigkeit die Größe des lichten Steigrohrquerschnitts so zu berechnen, daß bei dessen Verwendung — die Wahl von v gleich

$$\sqrt{(b - \pi)\,q\,C\,\varphi} - q\,a/2$$

vorausgesetzt — der Apparat die gewünschte Empfindlichkeit besitzt; d. h., daß durch Verwendung des voraus berechneten q bei diesem Apparat E_R den von uns gewünschten Wert erhält. Zu diesem Zwecke haben wir nur die Gleichung (4) auf S. 91 nach q aufzulösen, nachdem wir für v den Wert

$$\sqrt{(b - \pi)\,q\,C\,\varphi} - q\,a/2$$

eingesetzt haben. Wir erhalten demnach zunächst:

$$E_R = \sqrt{(b - \pi)\,q\,C\,\varphi} - q\,a/2 + q\,\mu + (b - \pi)\,q + C\,\varphi$$
$$+ \frac{(b - \pi)\,q\,C\,\varphi}{\sqrt{(b - \pi)\,q\,C\,\varphi} - q\,a/2 + q\,\mu}.$$

Wenn wir auf der rechten Seite für μ den Wert $a/2$ einsetzen, so erhalten wir den Wert von E_R, der für die Mitte des Steigrohres gilt:

$$E_R = (b - \pi)\,q + C\,\varphi + 2\,\sqrt{(b - \pi)\,q\,C\,\varphi}. \tag{13}$$

Aus dieser Gleichung ergibt sich der Wert von q mit Leichtigkeit. Aus

$$E_R = (b - \pi)\,q + C\,\varphi + 2\,\sqrt{(b - \pi)\,q\,C\,\varphi} = [\sqrt{C\,\varphi} + \sqrt{(b - \pi)\,q}]^2$$

folgt

$$\sqrt{E_R} = \sqrt{C\,\varphi} + \sqrt{(b - \pi)\,q};$$

hieraus aber

$$\sqrt{q} = \frac{\sqrt{E_R} - \sqrt{C\,\varphi}}{\sqrt{b - \pi}}$$

und

$$q = \frac{E_R + C\,\varphi - 2\,\sqrt{E_R\,C\,\varphi}}{b - \pi}\,*. \tag{14}$$

Wenn wir daher in Formel (14) für E_R den Betrag einsetzen, welchen wir bei unserem Apparat dem Werte von E_R zu geben wünschen, so können wir mit ihrer Hilfe den lichten Steigrohrquerschnitt berechnen, bei dessen

---

* Es läßt sich beweisen, daß nur diese Lösung eine physikalische Bedeutung hat.

98

Verwendung E_R gerade für die Mitte des Steigrohres jenen gewünschten Wert annimmt, der Apparat also für Ablesungen nahe der Mitte des Steigrohres eben die gewünschte Empfindlichkeit besitzt.

Zu 3. Daß wir mit Hilfe der Formel (2) auf S. 90 eine direkte Skala für die Gasmenge in jedem Falle berechnen und daher die empirische Kalibrierung im Prinzip immer entbehren könnten, ist selbstverständlich. In Beantwortung der dritten Frage wollen wir uns aber nur mit einem speziellen Falle beschäftigen, in welchem sich durch die Anwendung unserer Ergebnisse auch die Berechnung ganz besonders einfach gestaltet.

Auf S. 94 sahen wir nämlich, daß die Abweichung von der Proportionalität um so geringer ist, je kleiner der lichte Querschnitt des Steigrohres ist. Bei Apparaten, die zur Bestimmung kleiner Gasmengen dienen und daher ein enges Steigrohr besitzen, kann deshalb die Abweichung von der Proportionalität durch die geeignete Wahl von v vielleicht bis zu einem Grade weiter vermindert werden, daß wir praktisch von einem proportionalen Verlauf sprechen dürfen. Daß dies z. B. bei Apparaten zur Bestimmung von Kohlensäuremengen bis zu 2 ccm der Fall ist, geht aus unserer Tabelle I auf S. 96 hervor. Wir sehen dort aus der zum Apparat III gehörigen Vertikalkolonne, daß der maximale prozentuale Unterschied in der Empfindlichkeit längs des 20 cm langen Steigrohres 0,7 % beträgt[1]. Vereinigen wir die beiden extrem verschiedenen Werte zu einem Mittelwert und betrachten unseren Apparat nun so, als wäre dessen Empfindlichkeit konstant und von diesem Betrage, so begehen wir einen Fehler von 0,35 % in maximo.

Zur Bestimmung nicht zu großer Kohlensäuremengen[2] können wir daher Apparate mit praktisch proportionalem Verlauf herstellen, bei welchen also die Gasmenge berechnet werden kann, indem man die Steighöhe mit einer entsprechend bestimmten konstanten Zahl multipliziert. Wir erkennen leicht, daß diese Zahl, welche wir *Apparatkonstante* nennen und mit K bezeichnen wollen, gleich $\dfrac{E_R}{76\,(1 + at)}$ ist; wir schrieben ja in Gleichung (3) auf S. 91 $V/\mu\,76\,(1 + at) = E_R$, woraus sich ergibt:

$$V = \left[\frac{E_R}{76\,(1 + \alpha t)}\right]\mu = K\,\mu; \qquad K = \frac{E_R}{76\,(1 + \alpha t)}.$$

[1] Auch für $\mu = 10$ berechnet sich nämlich für $\dfrac{10_R}{76\,(1 + at)}$ der Wert 1,007. Bei einem Steighöhenbereich von 12 cm (mittlere drei Fünftel) betrüge der größte Unterschied nur 0,2 %; die größte Abweichung vom Mittelwert also 0,1 %.

[2] Im Prinzip gelten zwar unsere Ausführungen für jedes beliebige Gas, welches dem *Henry*schen Gesetz folgt. (Für Stickstoff bzw. Sauerstoff allerdings hätten wir im Abschnitt A nicht einfach mit „Luft" rechnen dürfen, sondern hätten z. B. im Falle einer Sauerstoffentwicklung statt mit dem Partialdruck der Luft mit dem des Stickstoffs zu rechnen und schließlich die anfangs eingeschlossene Sauerstoffmenge abzuziehen gehabt; durch geeignete Umformungen würden wir dann zu Ergebnissen gelangen, die den in Abschnitt B und C entwickelten vollkommen analog sind.) Um aber durch Anwendung unserer Ergebnisse mit praktisch genügender Annäherung Proportionalität erreichen zu können, darf $v = \sqrt{(b - \pi)\,q\,C\,\varphi} - q\,\mu$ nicht zu klein werden, der Absorptionskoeffizient C muß daher einen genügend großen Wert besitzen, was nur im Falle der Kohlensäure erfüllt ist.

Daß es uns möglich ist, Gasmeßapparate herzustellen, die mit der großen Einfachheit ihres Baues und ihrer Handhabung die größte Einfachheit der Berechnung der Bestimmungen vereinigen, dabei bezüglich ihrer Empfindlichkeit das Höchste leisten und von einer häufigen Fehlerquelle, dem Quecksilberverlust am wenigsten berührt werden — ist das wesentlichste praktische Ergebnis unserer Betrachtungen.

Die zweckmäßigste Art der Berechnung der Apparatkonstante, der Temperatur- und Barometerkorrektionen (ein bestimmter Wert von K gilt ja, wie ein Blick auf den Ausdruck für E_R lehrt, nur für einen bestimmten Wert von Temperatur und Druck) usw. werden wir aber erst erörtern, nachdem wir die in der Ableitung der Formel (2) der Einfachheit halber vernachlässigten Faktoren in Rechnung gezogen haben, welche unsere allgemeinen Ergebnisse nicht berühren, aber, bei der Berechnung tatsächlicher Bestimmungen außer acht gelassen, Fehler von 1 bis 2 % verursachen würden.

E. Einbeziehung der vernachlässigten Faktoren.

In unserer Erörterung der nach der Gasentwicklung im Apparat bestehenden Verhältnisse auf S. 89 haben wir weder den Wert des Gesamtdruckes, noch den des Partialdrucks der Luft vollkommen richtig angegeben. Wir setzten dort die Zunahme des Druckes im Gasraum einfach dem Quecksilberanstieg im Steigrohr gleich, obwohl mit diesem immer eine Niveausenkung im Reaktionsgefäß einhergeht, die mit dem Quecksilberanstieg im Steigrohr zusammen die gesamte Druckerhöhung ausmacht. Diese Niveausenkung kann auf einfache Weise nur bei zylindrischer Form des Reaktionsgefäßes ausgedrückt werden und beträgt in diesem Falle, wenn der lichte Querschnitt des Reaktionsgefäßes mit Q bezeichnet wird, $\mu\,q/Q$. Zweitens gilt als Maß des Druckes in strengem Sinne nur die Höhe einer Quecksilbersäule von 0^0, wir müssen also den Niveauunterschied des Quecksilbers $(\mu + q/Q\,\mu)$ mit einem Faktor β multiplizieren, welcher die Dichte des Quecksilbers von der Versuchstemperatur auf 0^0 reduziert. Der Wert des Gesamtdrucks beträgt daher (zylindrisches Reaktionsgefäß vorausgesetzt) genau: $b + \beta\,(1 + q/Q)\,\mu$.

Bei der Berechnung des Partialdrucks der Luft haben wir den Umstand außer acht gelassen, daß die Versuchsflüssigkeit zu Beginn mit Luft vom Partialdruck $(b - \pi)$ gesättigt war, daher aus der Flüssigkeit Luft in den Gasraum übertritt, sobald dort der Partialdruck der Luft sinkt; der Partialdruck nach der Gasentwicklung wird daher in Wahrheit etwas größer sein, als auf S. 89 angegeben. Sein genauer Wert läßt sich auf Grund des Umstandes ermitteln, daß zwar die Menge der im Gasraum befindlichen Luft sich ändert, aber die *gesamte* Menge der im Reaktionsgefäß enthaltenen Luft, also die Summe der gelösten und freien unverändert bleibt[1]. Zu Beginn wird das reduzierte Volumen der gesamten Luftmenge, wenn C_L den *Ostwald*schen Absorptionskoeffizienten für Luft bezeichnet, ausgedrückt durch

$$\frac{(b - \pi)\,(v + C_L\,\varphi)}{76\,(1 + \alpha\,t)}\;;$$

nach der Gasentwicklung, wenn P_L den neuen Partialdruck der Luft bedeutet, durch

$$\frac{P_L\,(v + q\,\mu + C_L\,\varphi)}{76\,(1 + \alpha\,t)}\,.$$

---

[1] Diesen Ansatz verdanke ich *Béla Rohny*.

Der Wert dieser Ausdrücke ist der gleiche:

$$\frac{P_L\,(v + q\,\mu + C_L\varphi)}{76\,(1 + \alpha\,t)} = \frac{(b - \pi)\,(v + C_L\,\varphi)}{76\,(1 + \alpha\,t)}.$$

Hieraus ergibt sich

$$P_L = (b - \pi)\,\frac{v + C_L\,\varphi}{v + C_L\,\varphi + q\,\mu}.$$

Konform unserem Vorgang auf S. 90 finden wir nunmehr die genaue Formel für die Menge des entwickelten Gases:

$$V = \left[\beta\left(1 + \frac{q}{Q}\right)\mu + \frac{(b - \pi)\,q\,\mu}{v + C_L\,\varphi + q\,\mu}\right]\frac{v + q\,\mu + C\,\varphi}{76\,(1 + \alpha\,t)}.$$

Hieraus ergibt sich der korrigierte Ausdruck für E_R durch Division durch

$$\frac{\mu}{76\,(1 + \alpha\,t)}:$$

$$\frac{V}{\mu}\,76\,(1 + \alpha\,t) = E_R = \left[\beta\left(1 + \frac{q}{Q}\right) + \frac{(b - \pi)\,q}{v + C_L\,\varphi + q\,\mu}\right]$$
$$[(v + C_L\,\varphi + q\,\mu) + (C - C_L)\,\varphi]$$

und nach Ausführung der Multiplikation[1]:

$$E_R = \beta\,(1 + q/Q)\,(v + C_L\,\varphi + q\,\mu) + (b - \pi)\,q + \beta\,(1 + q/Q)\,(C - C_L)\,\varphi$$
$$+ \frac{(b - \pi)\,q\,(C - C_L)\,\varphi}{v + C_L\,\varphi + q\,\mu}. \qquad (15)$$

Die Untersuchung dieses Ausdrucks für E_R führt auf dieselben allgemeinen Folgerungen, welche wir in den Abschnitten B und C durch Untersuchung des einfacheren Ausdrucks (4) auf S. 91 gefunden haben. Hier wollen wir nur noch die korrigierte Form jener Ausdrücke herleiten, welche wir bei der praktischen Berechnung zu benutzen haben. Und zwar finden wir den günstigsten Wert von v, indem wir, wie auf S. 91, E_R nach v differentiieren,

$$\frac{d\,E_R}{dv} = \beta\left(1 + \frac{q}{Q}\right) - \frac{(b - \pi)\,q\,(C - C_L)\,\varphi}{(v + C_L\,\varphi + q\,\mu)^2},$$

und die durch Nullsetzung der rechten Seite erhaltene Gleichung nach v auflösen:

$$v = \sqrt{\frac{(b - \pi)\,q\,(C - C_L)\,\varphi}{\beta\,(1 + q/Q)}} - C_L\,\varphi - q\,a/2. \qquad (16)$$

In (16) haben wir für μ schon die halbe Steigrohrlänge $a/2$ geschrieben. Indem wir für v den Ausdruck (16) in die rechte Seite der Gleichung (15) einführen (und auch dort $a/2$ für μ setzen), erhalten wir — analog Gleichung (13) auf S. 97 — den Wert, den E_R für die Mitte der Skala besitzt:

$$E_R = (b - \pi)\,q + \beta\,(1 + q/Q)\,(C - C_L)\,\varphi$$
$$+ 2\sqrt{\beta\,(1 + q/Q)\,(b - \pi)\,q\,(C - C_L)\,\varphi}. \qquad (17)$$

---

[1] $(v + q\,\mu + C\,\varphi)$ wurde durch die Einführung von $(C_L\varphi - C_L\varphi)$ umgeformt, weil so durch Ausführung der Multiplikation sich ein einfacherer Ausdruck ergibt.

F. Herstellung und Benutzung der Apparate mit proportionalem Verlauf.

Wie gehen wir nun am zweckmäßigsten bei der Herstellung und dem Gebrauch jener Apparate vor, welche die Benutzung der „Apparatkonstante" erlauben ?

1. Bezüglich der *Anweisungen, die wir dem Glastechniker geben*, sind nur zwei Punkte hervorzuheben:

a) Wir lassen dem Reaktionsgefäß zylindrische Form geben, damit die Formeln des vorigen Abschnitts genaue Geltung besitzen.

b) Zu Steigrohren lassen wir Röhren verwenden, welche annähernd den nach Formel (14) auf S.97 berechneten lichten Querschnitt besitzen. Hierdurch erhält der Apparat den gewünschten Meßbereich[1].

2. *Die Beschickung des Apparats mit Quecksilber* hat so zu erfolgen, daß über der Versuchsflüssigkeit noch ein freier Gasraum von der in Formel (16) angegebenen Größe übrigbleibt. Da bei zu ein und derselben Methode dienenden Apparaten die Menge und Art der Versuchsflüssigkeit die gleiche ist und wir auch für alle die gleichen Werte von Luftdruck und Temperatur zugrunde legen können, wird von den in Formel (16) vorkommenden Größen bei den einzelnen Apparaten allein der Wert von q — wenn auch in engen Grenzen — variieren[2]. Wir können also für eine bestimmte Methode aus Formel (16) einen Ausdruck berechnen, in den nur einfach der bei jedem einzelnen Apparat besonders zu bestimmende Wert von q einzusetzen ist, um auf die bequemste Weise den gesuchten Wert von v zu erhalten. Und zwar wird dieser Ausdruck die Form haben:

$$v = A_1 \sqrt{q} - B_1 q - C_1, \qquad (18)$$

wobei

$$A_1 = \sqrt{\frac{(b - \pi)(C - C_L)\,\varphi}{\beta\,(1 + q/Q)}}, \quad B_1 = a/2 \quad \text{und} \quad C_1 = C_L\,\varphi$$

auf ein für allemal berechnete Zahlen sind.

3. Zur *Ermittlung der Apparatkonstante* hätten wir eigentlich die beiden extrem verschiedenen Werte von E_R, also den Wert für den Anfang und für die Mitte des Steigrohres zu berechnen, den Mittelwert zu nehmen und durch $76\,(1 + a\,t)$ zu dividieren. Praktisch ist es aber vollkommen überflüssig, diese Mittelwertbildung bei jedem einzelnen Apparat auszuführen, da Unterschiede in der schon an sich minimalen Abweichung von der Proportionalität (bei zu derselben Methode dienenden Apparaten) überhaupt nicht mehr in Betracht kommen. Wir berechnen die Apparatkonstante am zweckmäßigsten aus dem Wert von E_R für die Mitte des Steigrohres und vergrößern sie um 0,1 bis 0,3%. Auch hier können wir so — wie im vorigen Absatz — einen Ausdruck berechnen, in dem wir nur den Wert

---

[1] Wenn wir z. B. an einem 20 cm langen Steigrohr Gasmengen bis 2 ccm zu messen wünschen, d. h., wenn wir für die Apparatkonstante ungefähr den Wert 0,1, also für E_R den Wert $0,1 \times 76\,(1 + a\,t)$ erreichen wollen, so haben wir Rohre von jenem lichten Querschnitt als Steigrohre verwenden zu lassen, der sich aus Formel (14) ergibt, wenn dort für E_R der Wert $7,6\,(1 + a\,t)$ eingesetzt wird.

[2] q/Q, das nur die Bedeutung eines Korrektionsgliedes hat, können wir praktisch ohne Fehler mit einem durchschnittlichen Wert konstant nehmen..

von q einzusetzen haben, um die Apparatkonstante zu erhalten. Dieser Ausdruck wird von der folgenden Form sein:

$$K = A_2 \sqrt{q} + B_2\, q + C_2. \tag{19}$$

Hier sind

$$A_2 = \frac{2{,}004}{76\,(1 + \alpha t)}\; \sqrt{\beta\,(1 + q/Q)\,(b - \pi)\,(C - C_L)\,\varphi}\,,$$

$$B_2 = \frac{1{,}002\,(b - \pi)}{76\,(1 + \alpha t)} \quad \text{und} \quad C_2 = \frac{1{,}002\,\beta}{76\,(1 + \alpha t)}\,(1 + q/Q)\,(C - C_L)\,\varphi$$

wieder auf ein für allemal berechnete Zahlen[1].

4. *Die Barometer- und Temperaturkorrektion.* Der auf die angegebene Weise ermittelte Wert der Apparatkonstante gilt, wie wir schon erwähnten, nur bei dem Luftdruck und der Temperatur, welchen entsprechend wir bei der Berechnung des Ausdrucks (19) b, t, C und π in Rechnung setzten. Um die Apparatkonstante auch bei einem anderen Temperatur- und Barometerstande benutzen zu können, müssen wir den Betrag kennen, um welchen sich ihr Wert für je 1 cm Unterschied im Luftdruck bzw. 1^0 Unterschied in der Temperatur ändert, und diesen Betrag bezeichnen wir mit γ bzw. δ und nennen sie die Barometer- und Temperaturkorrektion. Das Maß der Änderung einer Funktion mit der Veränderlichen ist aber bekanntlich der Differentialquotient, und so berechnen wir die Werte von γ und δ aus den Ausdrücken für die partiellen Differentialquotienten $\dfrac{\partial K}{\partial b} = \gamma$ und $\dfrac{\partial K}{\partial t} = \delta$. Zur Ermittlung dieser Differentialquotienten gehen wir von folgendem Ausdruck für K aus[2]:

$$K = \frac{(b - \pi)\,q + C\,\varphi + 2\sqrt{(b - \pi)\,q\,C\,\varphi}}{76\,(1 + at)}. \tag{20}$$

Durch Ausführung der Differentiation ergibt sich unmittelbar:

$$\gamma = \frac{\partial K}{\partial b} = \frac{q + \dfrac{q\,C\,\varphi}{\sqrt{(b - \pi)\,q\,C\,\varphi}}}{76\,(1 + \alpha t)}, \tag{21}$$

und (C und π sind Funktionen der Temperatur):

$$\delta = \frac{\partial K}{\partial t} = \frac{1}{76\,(1 + \alpha t)}\left[-q\,\frac{d\pi}{dt} + \varphi\,\frac{dC}{dt} + \frac{(b - \pi)\,q\,\varphi\,\dfrac{dC}{dt} - q\,C\,\varphi\,\dfrac{d\pi}{dt}}{\sqrt{(b - \pi)\,q\,C\,\varphi}} \right]$$
$$- \left[(b - \pi)\,q + C\,\varphi + 2\sqrt{(b - \pi)\,q\,C\,\varphi}\right]\frac{\alpha}{76\,(1 + \alpha t)^2}.$$

[1] Berechnet aus der Formel (17) auf S. 100 nach Division durch $76\,(1 + \alpha t)$ und vergrößert um $0{,}2\,\%$. Es scheint nämlich zweckmäßig, nicht ganz bis zum Mittelwert zu korrigieren und so einen kleineren Fehler auf den hauptsächlich gebrauchten mittleren Steigrohrbereich und einen größeren auf die seltenen äußersten Steighöhenwerte zu verlegen; praktisch kommt dies allerdings kaum in Betracht.

[2] Aus Formel (13) auf S. 97. Zur Berechnung von Korrektionen ist es praktisch überflüssig, von den Ausdrücken des Abschnitts E auszugehen.

Indem wir in diesem Ausdruck die mit $d\pi/dt$ und dC/dt multiplizierten Glieder trennen, finden wir:

$$\delta = -\frac{q + \dfrac{q\,C\,\varphi}{\sqrt{(b-\pi)\,q\,C\,\varphi}}}{76\,(1+\alpha t)}\frac{d\pi}{dt} + \frac{\varphi + \dfrac{(b-\pi)\,q\,\varphi}{\sqrt{(b-\pi)\,q\,C\,\varphi}}}{76\,(1+\alpha t)}\frac{dC}{dt}$$

$$-\left[(b-\pi)\,q + C\,\varphi + 2\sqrt{(b-\pi)\,q\,C\,\varphi}\right]\frac{\alpha}{76\,(1+\alpha t)^2}.$$

Wir beachten, daß hier das erste Glied gleich ist dem mit $d\pi/dt$ multiplizierten Ausdruck (21) für γ, das dritte Glied den vollständigen Ausdruck (20) für K enthält, und erhalten so, wenn wir noch im zweiten Glied für

$$\frac{(b-\pi)\,q\,\varphi}{\sqrt{(b-\pi)\,q\,C\,\varphi}} \quad \text{die Form} \quad \frac{\sqrt{(b-\pi)\,q\,\varphi}}{\sqrt{C}} \quad \text{schreiben:}$$

$$\delta = -\gamma\frac{d\pi}{dt} + \frac{\varphi + \dfrac{\sqrt{(b-\pi)\,q\,\varphi}}{\sqrt{C}}}{76\,(1+\alpha t)}\frac{dC}{dt} - \frac{\alpha}{76\,(1+\alpha t)}K. \tag{22}$$

Im Ausdruck (21) für γ schreiben wir statt

$$\frac{q\,C\,\varphi}{\sqrt{(b-\pi)\,q\,C\,\varphi}} \quad \text{die Form} \quad \sqrt{\frac{q\,C\,\varphi}{b-\pi}}$$

und bilden aus der so erhaltenen Formel:

$$\gamma = \frac{q + \sqrt{\dfrac{q\,C\,\varphi}{b-\pi}}}{76\,(1+\alpha t)}$$

einen Ausdruck

$$\gamma = A_3\sqrt{q} + B_3\,q, \tag{23}$$

wo $A_3 = \dfrac{\sqrt{\dfrac{C\,\varphi}{b-\pi}}}{76\,(1+\alpha t)}$ und $B_3 = \dfrac{1}{76\,(1+\alpha t)}$ wieder auf ein für allemal berechnete Zahlen sind. Um für δ auf die gleiche Art vorgehen zu können, müssen wir für dC/dt bzw. $d\pi/dt$ die Zahl nehmen, welche die durchschnittliche Änderung des Absorptionskoeffizienten bzw. des Dampfdrucks mit der Temperatur in jenem Temperaturbereich ausdrückt, in welchem unsere Apparate benutzbar sein sollen. Gehört also zur unteren Temperaturgrenze t_1 der Absorptionskoeffizient C_1, zur oberen Grenze t_2 aber C_2, so haben wir für dC/dt den Wert $\dfrac{C_2 - C_1}{t_2 - t_1}$ zu nehmen, der negativ ist, weil der Absorptionskoeffizient mit zunehmender Temperatur abnimmt; ebenso nehmen wir für $d\pi/dt$ den Wert $\dfrac{\pi_2 - \pi_1}{t_2 - t_1}$. Wir können dann für δ aus Formel (22) folgenden Ausdruck berechnen:

$$\delta = -[A_4\sqrt{q} + B_4\,K + C_4\,\gamma + D_4]. \tag{24}$$

Und zwar ist hier

$$A_4 = \frac{\sqrt{(b-\pi)\,\varphi}}{\sqrt{C}\,.\,76\,(1+\alpha t)}\cdot\frac{C_1 - C_2}{t_2 - t_1}, \qquad B_4 = \frac{\alpha}{76\,(1+\alpha t)}, \qquad C_4 = \frac{\pi_2 - \pi_1}{t_2 - t_1}$$

und

$$D_4 = \frac{\varphi\,\dfrac{C_1 - C_2}{t_2 - t_1}}{76\,(1+\alpha t)}.$$

Das negative Vorzeichen bedeutet, daß der Wert der Apparatkonstante mit zunehmender Temperatur abnimmt.

Wir berechnen selbstverständlich auch die Ausdrücke (23) und (24) mit denselben Werten von b, t, C und x, welche wir bei Berechnung von (18 und (19) verwendeten. Es ist klar, daß der so erhaltene Betrag der Korrektionen eigentlich ebenfalls nur für die bei der Rechnung zugrunde gelegten Werte von Luftdruck und Temperatur genau gilt, und die Genauigkeit um so mehr abnimmt, je weiter wir uns von diesen Werten entfernen. Bei der Barometerkorrektion, die gering ist[1], kommt dieser Fehler nicht in Betracht; bei der Bestimmung des Gültigkeitsbereichs der bedeutenderen Temperaturkorrektion aber haben wir auch noch den Umstand zu beachten, daß bei stark geänderter Temperatur — wegen des großen Einflusses der Temperatur auf den Absorptionskoeffizienten — auch der nach Formel (18) berechnete Wert von v sich schon merklich von jenem Werte von v unterscheidet, der bei der geänderten Temperatur am günstigsten wäre, also auch die Annäherung an die Proportionalität schlechter wird. Bei Verhältnissen, wie sie z. B. in der Tabelle auf S. 96 angenommen sind, kann man praktisch ohne Fehler wohl einen Gültigkeitsbereich von 10^0 (also 5^0 über und unter dem Grundwerte) annehmen.

Zusammenfassung.

Um einen Apparat gebrauchsfertig zu machen, gehen wir also am zweckmäßigsten folgendermaßen vor:

Zunächst bestimmen wir durch Auswägen mit Quecksilber den lichten Querschnitt des Steigrohres.

Indem wir den so erhaltenen Wert von q in die Ausdrücke (18), (19) und (23) einsetzen, finden wir die Werte von v, K und γ, und wenn wir nun auch K und γ in (24) einsetzen, erhalten wir δ.

Schließlich füllen wir das Reaktionsgefäß des Apparates vollkommen mit Quecksilber, wägen den Apparat in diesem Zustande und entfernen dann so viel Quecksilber, als dem Volumen der Versuchsflüssigkeit zusammen mit dem nach (18) berechneten Volumen v des Gasraumes entspricht[2].

---

[1] Sie beträgt etwa $0,8\%$ des Wertes von K pro Zentimeter Hg bei den in der Tabelle angenommenen Daten; die Temperaturkorrektion beträgt $1,6\%$ des Wertes von K pro Grad.

[2] Die zu entfernende Quecksilbermenge ist: $(\varphi + v)$ multipliziert mit der Dichte des Quecksilbers. Wir können also auch einen der Formel (18) konformen Ausdruck berechnen, der unmittelbar die zu entfernende Quecksilbermenge angibt, wenn der Wert von q eingesetzt wird. Es darf nicht außer acht gelassen werden, daß bei dem vollkommen mit Quecksilber gefüllten Apparat das Quecksilber im Steigrohr höher steht als nach Entfernung der berechneten Quecksilbermenge. Wir haben also vor und nach Entfernung dieser Menge den Stand des Quecksilbers im Steigrohr abzulesen und die dem Niveauunterschied entsprechende Quecksilbermenge noch zu entfernen.

Wir wollen nun noch die Berechnung der Bestimmungen an einem Beispiel erläutern:

Der Wert der Apparatkonstante ist 0,0954, berechnet für $t = 20^0$ und $b = 76{,}0$ cm Hg; die Korrektionen sind: $\gamma = 0{,}0008$ und $\delta = 0{,}0016$. Die beobachtete Steighöhe war $\mu = 9{,}15$ cm bei $23{,}2^0$ und $74{,}8$ cm Hg. Zu berechnen ist die Gasmenge:

Apparatkonstante 0,0954

$\qquad\qquad - 0{,}0016 \times 3{,}2 = - 0{,}00512$ . . . . $- 0{,}0051$

„ korrigiert auf $23{,}2^0$ 0,0903

$\qquad\qquad - 0{,}0008 \times 1{,}2 = - 0{,}00096$ . . . . $- 0{,}0010$

„ korrigiert auf $23{,}2^0$ und $74{,}8$ cm Hg . 0,0893

Korrigierte Apparatkonstante $\times$ Steighöhe . . . . . $9{,}15 \times 0{,}0893$

$\qquad\qquad$ = Gasmenge . . . . $= 0{,}817$ ccm

Anhang I.

Die Änderung von Temperatur und Luftdruck während des Versuchs.

Alle bisherigen Erörterungen bezogen sich auf den Fall, daß während der Versuchsdauer keine Änderung des Luftdrucks und der Temperatur eintritt, also, daß deren Werte bei der Ablesung des Anfangsniveaus des Quecksilbers im Steigrohr und bei der Ablesung der Quecksilbersteighöhe dieselben sind. Wenn aber die Reaktion, durch die das zu bestimmende Gas in Freiheit gesetzt wird, langsam verläuft, so können sich auch solche Änderungen einstellen. Eine Formel zur Berechnung der Gasmenge, welche auch diese Änderungen berücksichtigt, ergibt sich durch Betrachtungen, welche den in Abschnitt A angestellten ganz analog sind.

Zu Versuchsbeginn besteht die Temperatur t_1. Der im Gasraum herrschende Druck ist gleich dem äußeren Luftdruck b_1. Der Partialdruck des Wasserdampfes ist gleich dem Dampfdruck der Versuchsflüssigkeit bei t_1^0, gleich π_1. Der Partialdruck der Luft beträgt daher $(b_1 - \pi_1)$.

Zur Zeit der Ablesung der Quecksilbersteighöhe besteht die Temperatur t_2. Der im Gasraum herrschende Druck setzt sich zusammen aus der Quecksilbersteighöhe und dem äußeren Luftdruck b_2, ist also gleich: $(b_2 + \mu)$. Der Partialdruck des Wasserdampfes ist gleich dem Dampfdruck bei t_2^0, gleich π_2; der Partialdruck der Luft hat sich infolge der gleichzeitigen Änderung von Volumen und Temperatur entsprechend dem *Boyle-Gay-Lussac*schen Gesetz geändert und beträgt:

$$\frac{(b_1 - \pi_1)\, v}{v + q\,\mu} \cdot \frac{1 + \alpha t_2}{1 + \alpha t_1}.$$

Der Partialdruck des entwickelten Gases ist daher:

$$P = b_2 + \mu - \pi_2 - \frac{(b_1 - \pi_1)\, v}{v + q\,\mu} \cdot \frac{1 + \alpha t_2}{1 + \alpha t_1}. \tag{25}$$

Die Menge des entwickelten Gases setzt sich zusammen aus dem gelöst gebliebenen Anteil, für welchen der bei $t_2{}^0$ geltende Absorptionskoeffizient C_2 maßgebend ist und der $\dfrac{P\,C_2\,\varphi}{76\,(1 + a\,t_2)}$ beträgt und aus dem in den Gasraum getretenen Teil: $\dfrac{P\,(v + q\,\mu)}{76\,(1 + a\,t_2)}$. Die gesamte Menge des entwickelten Gases V ist also, wenn wir für P den Ausdruck (25) setzen:

$$V = \left[b_2 + \mu - \pi_2 - \frac{(b_1 - \pi_1)\,v}{v + q\,\mu}\,\frac{1 + a\,t_2}{1 + a\,t_1} \right] \frac{v + q\,\mu + C_2\,\varphi}{76\,(1 + a\,t_2)}. \tag{26}$$

Um den Einfluß einer während der Versuchsdauer eintretenden Luftdruck- und Temperaturänderung auf das Resultat kennenzulernen, wollen wir die Formel (26) mit folgendem Ausdruck vergleichen:

$$V' = \left[b_2 + \mu - \pi_2 - \frac{(b_2 - \pi_2)\,v}{v + q\,\mu} \right] \frac{v + q\,\mu + C_2\,\varphi}{76\,(1 + a\,t_2)}. \tag{27}$$

Es ist dies der auf die Werte t_2 und b_2 bezogene Ausdruck (2) auf S. 90, nur für P ist die ursprüngliche Form des Ausdrucks (1) beibehalten. Wir können ihn uns auch aus Formel (26) entstanden denken, indem dort für b_1, t_1 und π_1 die Werte b_2, t_2 und π_2 eingesetzt wurden. Die Formel (27) stellt daher die von der tatsächlich entwickelten Menge V verschiedene Gasmenge V' dar, welche denselben Quecksilberanstieg μ in jenem Falle hervorgerufen hätte, wenn die Werte b_2 und t_2 — welche sich in Wirklichkeit erst während der Versuchsdauer eingestellt haben — von Anfang an bestanden hätten. Durch Subtraktion der Formel (27) von (26) bilden wir den Ausdruck für den Unterschied der Gasmengen V und V'

$$V - V' = \left[\frac{(b_2 - \pi_2)\,v}{v + q\,\mu} - \frac{(b_1 - \pi_1)\,v}{v + q\,\mu}\,\frac{1 + a\,t_2}{1 + a\,t_1} \right] \frac{v + q\,\mu + C_2\,\varphi}{76\,(1 + a\,t_2)}.$$

Diesem Ausdruck haben wir nun eine Form zu geben, in welcher der Einfluß der Luftdruck- und Temperaturänderung, also der Differenzen $(b_2 - b_1)$ und $(t_2 - t_1)$ unmittelbar vor Augen tritt. Wir heben zu diesem Zwecke zunächst aus der eckigen Klammer $\dfrac{v}{v + q\,\mu}$ heraus und multiplizieren innerhalb der Klammer mit $(1 + a\,t_1)$, während wir außerhalb der Klammer durch $(1 + a\,t_1)$ dividieren. Wir können dann schreiben:

$$V - V' = \left[(b_2 - \pi_2)\,(1 + a\,t_1) - (b_1 - \pi_1)\,(1 + a\,t_2) \right]$$
$$\frac{v}{v + q\,\mu}\,\frac{v + q\,\mu + C_2\,\varphi}{76\,(1 + a\,t_2)\,(1 + a\,t_1)}. \tag{28}$$

In dem Ausdruck zwischen den eckigen Klammern führen wir nun

$$(b_2 - \pi_2)\,a\,t_2 - (b_2 - \pi_2)\,a\,t_2$$

ein; wir schreiben:

$$(b_2 - \pi_2)\,(1 + a\,t_1) - (b_1 - \pi_1)\,(1 + a\,t_2)$$
$$= (b_2 - \pi_2) + (b_2 - \pi_2)\,a\,t_1 - (b_1 - \pi_1) - (b_1 - \pi_1)\,a\,t_2$$
$$\qquad - (b_2 - \pi_2)\,a\,t_2 \qquad\qquad + (b_2 - \pi_2)\,a\,t_2$$
$$= (b_2 - \pi_2) - (b_2 - \pi_2)\,a\,(t_2 - t_1) - (b_1 - \pi_1) + a\,t_2\,[(b_2 - \pi_2) - (b_1 - \pi_1)]$$
$$= (b_2 - b_1) - (\pi_2 - \pi_1) + a\,t_2\,[(b_2 - b_1) - (\pi_2 - \pi_1)] - a\,(b_2 - \pi_2)\,(t_2 - t_1)$$
$$= (b_2 - b_1)\,(1 + a\,t_2) - (\pi_2 - \pi_1)\,(1 + a\,t_2) - a\,(b_2 - \pi_2)\,(t_2 - t_1).$$

Wenn wir diese letzte Form in den Ausdruck (28) einsetzen und die einzelnen Glieder getrennt schreiben, so erhalten wir:

$$V - V' = \frac{v\,(v + q\,\mu + C_2\,\varphi)}{(v + q\,\mu)\,76\,(1 + \alpha\,t_1)}\,(b_2 - b_1) \\[2mm] \left. - \frac{v\,(v + q\,\mu + C_2\,\varphi)}{(v + q\,\mu)\,76\,(1 + \alpha\,t_1)}\,(\pi_2 - \pi_1) \\[2mm] - \frac{v\,(v + q\,\mu + C_2\,\varphi)\,\alpha\,(b_2 - \pi_2)}{(v + q\,\mu)\,76\,(1 + \alpha\,t_2)\,(1 + \alpha\,t_1)}\,(t_2 - t_1). \right\} \qquad (29)$$

Das erste Glied zeigt den Einfluß der Luftdruckänderung, die Summe des zweiten und dritten den Einfluß der Temperaturänderung an. Was hier das Vorzeichen besagt — daß V' durch eine Erhöhung des Luftdruckes kleiner wird, durch eine Temperaturerhöhung größer wird als V, also eine Luftdruckerhöhung während des Versuchs die Steighöhe vermindert, eine Temperaturerhöhung aber erhöht — war von vornherein zu erwarten. Interessant ist hingegen, daß der Einfluß der Änderung von Luftdruck und Temperatur additiver Natur ist, ja, daß dessen Betrag für zunehmende Steighöhen etwas geringer wird, weil ja im Ausdruck (29) $q\,\mu$ im Zähler neben $(v + C_2\,\varphi)$ im Nenner nur neben v allein steht. Der prozentuale Fehler durch Außerachtlassung solcher Änderungen wird also um so größer, je kleinere Gasmengen zur Messung gelangen.

Wir können nun auch ohne weiteres die Korrektionen angeben, mit deren Hilfe auch für Methoden, die auf langsam verlaufenden Reaktionen beruhen, die Apparatkonstante benutzt werden kann. Es genügt hierzu — da ja in der Regel während der Versuchsdauer nur geringe Änderungen von Luftdruck und Temperatur eintreten —, den durchschnittlichen Wert der Ausdrücke, welche in Gleichung (29) mit $(b_1 - b_2)$ und $(\pi_2 - \pi_1)$ bzw. mit $(t_2 - t_1)$ multipliziert sind, für die betreffende Methode ein für allemal zu berechnen[1]. Nennen wir die Zahl, welche wir für den mit $(b_2 - b_1)$ und $(\pi_2 - \pi_1)$ multiplizierten Ausdruck erhalten haben, ε und die für den mit $(t_2 - t_1)$ multiplizierten erhaltene: η, so gestaltet sich die Berechnung der Gasmengen mit Hilfe von ε und η folgendermaßen:

Zunächst korrigieren wir die Apparatkonstante, wie in Abschnitt F angegeben, für t_2 und b_2, und erhalten dann durch Multiplikation mit der Steighöhe den Wert V'. Um hieraus den richtigen Wert V zu erhalten, haben wir zu dem Werte von V' den der Differenz $(V - V')$ zu addieren; wir addieren also zu V' entsprechend der Gleichung (29) $\varepsilon\,(b_2 - b_1)$ und subtrahieren $\varepsilon\,(\pi_2 - \pi_1)$ und $\eta\,(t_2 - t_1)$.

Der annähernd additive Charakter des Einflusses einer während des Versuchs eintretenden Temperatur- und Luftdruckänderung läßt es auch berechtigt erscheinen, neben dem zur Untersuchung verwendeten noch

---

[1] Wir nehmen also für q, v usw. durchschnittliche Werte. Für die in der Tabelle auf S. 96 angenommenen Maße ergibt sich $\varepsilon = 0{,}004$ ccm CO_2 pro 1 mm Luftdruckänderung und $\eta = 0{,}010$ ccm CO_2 pro 1^0 Temperaturänderung. Wenn man bedenkt, daß q bei für dieselbe Methode angefertigten Apparaten nicht zwischen sehr weiten Grenzen schwanken kann und sich durch Betrachtung von (12) und (29) davon überzeugt, daß der Wert von v und die Werte ε und η sich nur langsam mit q ändern, so zeigen diese Zahlenwerte, daß das Rechnen mit den durchschnittlichen Größen praktisch vollkommen genügt.

einen statt mit Versuchsflüssigkeit mit Wasser beschickten Apparat aufzustellen und die an diesem konstatierte Niveauänderung des Quecksilbers von der am anderen Apparat abgelesenen Steighöhe abzuziehen, bevor wir diese mit der auf b_2 und t_2 korrigierten Apparatkonstante multiplizieren.

Anhang II. Die Fehlerquellen.

1. Unter den Fehlerquellen steht an erster Stelle die mangelhafte Präzision der Vorrichtung, mit deren Hilfe das Reagens zur zu untersuchenden Lösung zugesetzt wird. Diese Vorrichtung muß nämlich — wenn es sich um eine rasch verlaufende Reaktion handelt — gestatten, das Reagens bei bereits geschlossenem Reaktionsgefäß zur Lösung hinzuzufügen. Dies wird z. B. beim *Aszódi*schen Hämocarbamidometer dadurch erreicht, daß man das Reagens in eine Bohrung des Stopfens von außen einfüllt, so zwar, daß es (Säure zur Entbindung von CO_2) erst, nachdem man den Stopfen herumgedreht hat, zu der Flüssigkeit in das nach wie vor verschlossene Reaktionsgefäß hinunterfließen kann. Mit der Umdrehung des Stopfens darf nun selbstverständlich nicht die geringste Verschiebung verbunden sein, denn die durch eine solche bedingte Änderung des Anfangsniveaus im Steigrohr bleibt unbemerkt, weil nach der Umdrehung sofort die Gasentwicklung beginnt und wird als Steighöhe mitgerechnet, wodurch be·deutende Fehler entstehen können.

2. Das Nullniveau des Quecksilbers im Steigrohr dürfen wir erst einige Zeit nach Verschluß des Reaktionsgefäßes ablesen, denn erst nach dem Verschließen sättigt sich der Gasraum vollkommen mit Wasserdampf, wodurch das Quecksilber im Steigrohr etwas ansteigt. Ließen wir diese Regel außer acht, so würden wir die durch den neugebildeten Wasserdampf verursachte Niveauerhöhung zugunsten des entwickelten Gases schreiben.

3. Aber auch, wenn wir das Nullniveau erst nach erfolgter Sättigung mit Wasserdampf ablesen, begehen wir einen kleinen Fehler, denn durch die Bildung des Wasserdampfes wurde erstens das Volumen des Gasraumes um das Volumen des verdrängten Quecksilbers größer als z. B. bei Berechnung der Apparatkonstante angenommen war, und zweitens der Druck um die verursachte Niveauänderung im Steigrohr höher als der atmosphärische. Das erste ist aber nach Fußnote auf S. 92 praktisch ohne Einfluß, um das zweite zu berücksichtigen, braucht man nur die nach dem Verschließen des Apparats eingetretene Niveauänderung zum äußeren Luftdruck zu addieren und so durch die Barometerkorrektion in Rechnung zu ziehen; man kann es aber auch nach Fußnote 1 auf S. 104 mit sehr geringem Fehler ganz vernachlässigen, da es sich ja nur um einige Millimeter Hg handelt.

4. Eine Änderung des Dampfdrucks und des Flüssigkeitsvolumens bei der Vermischung von Reagens und Lösung kommt wohl praktisch nicht in Frage.

5. Bezüglich des Verlustes von Quecksilber bei der Reinigung siehe Fußnote auf S. 92.

6. Ein bedeutender Fehler kann dadurch entstehen, daß der Apparat unmittelbar nach der Reinigung zu einer neuen Bestimmung benutzt wird. Durch das Spülen wird nämlich der Apparat immer abgekühlt — wegen des Verdunstens auch bei Verwendung von Wasser von Zimmer-

temperatur — und nimmt die Temperatur der Umgebung erst während der Gasentwicklung an. Über die Art des Fehlers siehe Anhang I.

Wir bemerken noch, daß die unter 1., 2. und 6. erwähnten Fehler additiver Natur sind, also für niedrigere Steighöhen prozentual viel größer. Hierdurch kann bei der empirischen Kalibrierung solcher Apparate eine Abweichung von der Proportionalität vorgetäuscht werden, die mit der im Abschnitt C behandelten nichts zu tun hat.

Ich habe dem Autor die Ausführung einiger zu obigen Erörterungen gehörender Versuche bereitwilligst gestattet und war ihm bei der Redigierung des Textes gern behilflich. Alle darin enthaltenen Überlegungen und Ableitungen sind sein ausschließliches geistiges Eigentum, für die er auch allein verantwortlich ist.

Prof. Paul Hári.

Sonderdruck
aus „Jahresbericht über die gesamte Physiologie 1926".
Julius Springer, Berlin.

Physiologie und Pathologie der Nieren.

Übersichtsreferat.

Von

Paul Hári, Budapest.

Die so überaus schwierige Frage der Harnbereitung, die ja identisch ist mit der der Nierenfunktion, ist trotz der mächtigen Förderung durch viele Jahrzehnte lange Arbeit noch weit davon entfernt, vollends geklärt zu sein. Wie in vielen anderen physiologischen Problemen hat es sich auch hier als nützlich, ja als unentbehrlich erwiesen, die Lösung auch anders als durch Methoden der reinen Physiologie zu versuchen, und es gingen dementsprechend gar manche Anregungen bzw. wichtige Ergebnisse aus klinischen, experimentell-pathologischen, toxikologischen Beobachtungen usw. hervor. Es dürfte daher angebracht sein, das Material der Berichtsjahre 1925 und 1926 zwanglos in einige Hauptgruppen einzuordnen, die sich auf folgendes beziehen:

Physikalisches und Chemisches; Zirkulationsverhältnisse in den Nieren; Ergebnisse bestimmter mechanischer und operativer Eingriffe; nervöse Beeinflussung der Nierentätigkeit; Verhalten der Nieren (bzw. des Organismus) gegenüber gewissen in den Kreislauf eingebrachten Farb- (und anderen) Stoffen; Sekretionsmechanismus der Nieren; Diurese; verschiedene Methoden der Funktionsprüfung der Nieren; experimentell erzeugte (toxische) Nephritiden.

A. Quellung, chemische Vorgänge (Schmerzempfindung).

Nach Lazarew[1] verhalten sich Nierenrinde und -mark verschieden in einer Lösung von milchsaurem Salz, deren Reaktion bei $p_\mathrm{H} = 2,6$ erhalten wird; an der Rinde finden sich Anzeichen der Quellung, im Inneren der Marksubstanz aber die einer Schrumpfung.

Der Traubenzuckergehalt der Nieren ist nach Welz[2] ein sehr geringer und beträgt etwa 0,01 % in maximo, während Glykogen überhaupt nicht enthalten ist. An Tieren, bei denen durch Phlorizin bzw. Adrenalin chronische Glucosurie erzeugt wurde, sind beide in weit größeren Mengen vorhanden. Andererseits wird nach Deterings[3] Versuchen von der überlebenden Froschniere eine gewisse Menge der in der Durchströmungsflüssigkeit gelösten Glucose teilweise verbraucht, teilweise aber wahrscheinlich zu Glykogen polymerisiert. Auf den Zuckerverbrauch der Nieren läßt sich auch aus den Versuchen von Creveld[4] schließen, der den Zuckergehalt des Blutes der Nierenarterie und -vene verglich; der Unterschied ist unabhängig von der jeweiligen Blutzuckerkonzentration und beträgt bis zu 0,13 %.

Mit Recht wird die Leber als die Stätte verschiedenster wichtigster chemischer Umwandlungen betrachtet, doch darf nicht vergessen werden, daß solche auch in den

[1] Lazarew, Zeitschr. f. d. ges. exp. Med. **52**, 57. 1926 (Berichte **39**, 89).
[2] Welz, Arch. f. exp. Pathol. u. Pharmakol. **115**, 232. 1926 (Berichte **39**, 708).
[3] Detering, Pflügers Arch. f. d. ges. Physiol. **214**, 757. 1926 (Berichte **39**, 706).
[4] van Creveld, Arch. néerland. de physiol. de l'homme et des anim. **10**, 397. 1925 (Berichte **35**, 117).

Nieren vor sich gehen. So findet Snapper[1], daß die überlebende Niere nicht nur, wie längst bekannt, aus Benzoesäure, sondern auch aus Phenylpropionsäure und Phenylvaleriansäure mit Glykokoll Hippursäure zu bereiten vermag; andererseits aber befähigt ist, β-Oxybuttersäure, die in der Leber entstanden ist, abzubauen, ohne daß dabei Azetessigsäure und Azeton entstünden. Der kranken Niere dürfte diese Fähigkeit teilweise abgehen[2].

Nach Artom[3] wird im Brei von Hundenieren im Verlaufe der Autolyse Ammoniak und Harnstoff gebildet, deren Menge aber durch Zusatz gewisser N-haltiger Stoffe nur wenig beeinflußt werden kann; namentlich wird weder aus zugesetztem Ammoniak Harnstoff, noch aber umgekehrt aus zugesetztem Harnstoff Ammoniak bereitet. Im Anschluß hieran muß auch der Erörterungen von Rabinowitch[4] gedacht werden, der aus dem Vergleiche der unter gewissen Umständen im Harn einerseits und im Blute andererseits vorhandenen Ammoniakmengen schließt, daß das Harnammoniak nicht vom Ammoniak des Blutes herrühren könne.

Eine rasch fortschreitende bedeutende Ablagerung von Kalzium in der Niere läßt sich nach Remesow[5] an Kaninchen erzeugen, wenn man die betreffende Niere durch Unterbindung ihrer Blutgefäße zur Nekrose bringt.

Füllt man nach Gubergritz und Istschenko[6] das Nierenbecken an Hunden mit 10 ccm Wasser an, so wird das Tier unruhig, zum Zeichen, daß es Schmerzen empfindet, während dies, wenn die Niere vorher entnervt wurde, nicht der Fall ist. Hieraus wird gefolgert, daß die Schmerzempfindungen in der Niere durch Dehnung des Nierenbeckens verursacht werden.

B. Blutzirkulation in den Nieren.

Eine sehr plausible Erklärung der großen Anpassungsfähigkeit der Nieren den jeweilig veränderlichen Bedürfnissen gegenüber ergibt sich aus der mikroskopischen Betrachtung der lebenden Froschniere durch Richards und Schmidt[7]. Diese Autoren sahen, daß die Blutzirkulation immer bloß in einem Teile der Glomeruli, und innerhalb eines Glomerulus nur in einem Teile der Blutkapillaren stattfindet; wenn aber die Niere durch ein Diuretikum zu erhöhter Tätigkeit angeregt wird, stellt sich der Kreislauf in einer weiteren großen Zahl der Glomeruli bzw. der Kapillaren eines Glomerulus ein. Dies wurde von Hayman und Starr[8] auch für die Kaninchenniere bestätigt. Auf diese Weise ist es nach Starr[9] auch erklärlich, warum eine ganze Reihe von Stoffen bzw. Einflüssen, die zu einer Verengerung der Nierenarterien führen, auch eine vorübergehende Albuminurie zur Folge haben können, indem man annehmen kann, daß die Wandungen der Glomeruli, in denen der Blutkreislauf allzulange stockte, für Eiweiß durchgängig werden. Die merkwürdige Erscheinung, daß durch kleine Adrenalindosen die Durchblutung der Glomeruli gesteigert, durch größere aber herabgesetzt wird, läßt sich nach Richards und Schmidt so erklären, daß durch erstere nur die empfindlicheren Vasa efferentia, durch letztere aber auch die weniger empfindlichen Vasa afferentia zur Verengerung gebracht werden. Die auf die Verengerung der Vasa efferentia

---

[1] Snapper, Verhandl. über Verdauungs- u. Stoffwechselkrankh. 1926, 92 u. 105 (Berichte 39, 708).

[2] Snapper, Wien. med. Wochenschr. 76, 50. 1926 (Berichte 35, 693).

[3] Artom, Boll. d. soc. di biol. sperim. 1, 120. 1926 (Berichte 37, 630). — Arch. internat. de physiol. 26, 389. 1926 (Berichte 39, 91).

[4] Rabinowitch, Journ. of biol. chem. 69, 283. 1926 (Berichte 39, 554).

[5] Remesow, Biochem. Zeitschr. 168, 239. 1926 (Berichte 35, 867).

[6] Gubergritz und Istschenko, Zeitschr. f. d. ges. exp. Med. 52, 619. 1926 (Berichte 39, 249).

[7] Richards and Schmidt, Americ. journ. of physiol. 71, 178. 1924 (Berichte 31, 272).

[8] Hayman and Starr, Journ. of exp. med. 42, 641. 1925 (Berichte 40, 261).

[9] Starr jr., Journ. of exp. med. 43, 31. 1926 (Berichte 35, 696).

bezüglichen Ergebnisse werden auch von Livingston und Wagoner[1] bestätigt, später aber von Richards[2] selbst dahin ergänzt, daß durch Reizung verschiedener Nerven eine Änderung in der Blutfülle der Glomeruli experimentell herbeigeführt werden kann.

Nach Helmholz und Milliken[3] scheint den Nieren eine Rolle als Bakterienfilter zuzukommen; denn in die Blutbahn eines Kaninchens eingebrachte Bakterien lassen sich in den Nieren nur später und spärlich, im Harne aber noch später nachweisen. Hieran wird nach Helmholz und Field[4] auch durch eine durch Diuretika herbeigeführte Harnflut nichts geändert; doch bemerken dieselben Autoren, daß es zu derlei Untersuchungen nötig ist, den Harn der kauterisierten Blase mittels einer Pipette, nicht aber einfach mit dem Katheter zu entnehmen. Der Undurchlässigkeit für Bakterien wird die Niere verlustig, wenn man ihre Arterie oder Vene für eine Zeit stranguliert. Nierengifte verhalten sich verschieden; durch Sublimat- und Uranvergiftung geschädigte Nieren bleiben undurchlässig für Bakterien; nicht aber, wenn die Schädigung durch Kantharidin verursacht ward. Die Undurchlässigkeit bleibt bestehen, wenn man auf der einen Seite durch Unterbindung des Ureters eine Hydronephrose erzeugt.

C. Mechanische, operative Eingriffe.

Quetschung. Walthard[5] verfolgte das funktionelle Verhalten einer Niere an der Ausscheidung von eingespritztem Indigokarmin, nachdem er die andere Niere gequetscht oder ihren Ureter oder ihre Gefäße ligiert hatte. Im ersteren Falle war eine ausgesprochene Schädigung der unberührten Niere nachzuweisen, die vom Autor dahin gedeutet wird, daß in der mißhandelten Niere Gewebszerfallprodukte gebildet und resorbiert werden, die dann schädigend auf die unberührte Niere einwirken.

Dekapsulation. Die Dekapsulation der Nieren wird nach Hülse und Litzner[6] von einer stark gesteigerten Durchblutung gefolgt, die noch weiter ansteigt, wenn man die Nieren quetscht (palpiert); dies macht die günstige Wirkung der Dekapsulation in manchen Nierenerkrankungen erklärlich.

Umkehrung der Blutzirkulation. Eine sehr interessante, vollständige Umkehrung der Blutzirkulation in der Niere ist Paunz[7] dadurch gelungen, daß er nach vorangehender Dekapsulation die großen Gefäße am Hilus durchschnitt und nun die Stümpfe verkehrt, d. h. Arterie mit Vene und Vene mit Arterie zur Vereinigung brachte. Die so behandelte Niere war so funktionstüchtig, daß sie nach Exstirpation der anderen Niere auch deren Funktion restlos ausüben konnte.

Transplantation. Transplantiert man eine Niere des Hundes in die Halsgegend desselben Tieres, wobei die Nierenarterie mit der Karotis, die Nierenvene aber mit der Jugularis vernäht wird, so beginnt nach Holloway[8] die Harnsekretion nach 24 Stunden und reagiert die transplantierte Niere, wie eine in situ befindliche auf Diuretika. Identische Resultate wurden von Williamson[9] erhalten. Eine andere Art von Nierentransplantation rührt von Lurz[10] her, nach der man die Niere von ihrem ursprünglichen Ort in die Milzgegend bringt, und ihre Gefäße mit den Milzgefäßen

[1] Livingston and Wagoner, Americ. journ. of physiol. **72**, 233. 1925 (Berichte **31**, 601).
[2] Richards, Journ. of urol. **13**, 283. 1925 (Berichte **35**, 117).
[3] Helmholz and Milliken, Americ. journ. of dis. of childr. **29**, 497. 1925 (Berichte **32**, 311).
[4] Helmholz and Field, Americ. journ. of dis. of childr. **29**, 506, 541, 645; **30**, 33. 1925; **31**, 693. 1926 (Berichte **38**, 714—715).
[5] Walthard, Schweiz. med. Wochenschr. **56**, 539. 1926 (Berichte **38**, 276).
[6] Hülse und Litzner, Zeitschr. f. d. ges. exp. Med. **52**, 84. 1926 (Berichte **38**, 713).
[7] Paunz, Zeitschr. f. d. ges. exp. Med. **52**, 548. 1926 (Berichte **38**, 709).
[8] Holloway, Journ. of urol. **15**, 111. 1926 (Berichte **36**, 181).
[9] Williamson, Journ. of urol. **16**, 231. 1926 (Berichte **39**, 89).
[10] Lurz, Dtsch. Zeitschr. f. Chir. **194**, 25. 1925 (Berichte **37**, 628).

vereinigt; die Leistungsfähigkeit einer solchen Niere bleibt deutlich, wenn auch nur wenig hinter der der normalen zurück. Entsprechend der Unterbrechung der Nervenbahnen wird gefunden, daß psychische oder solche Reize, die einen intakten Reflexbogen zur Vorbedingung haben, an der transplantierten Niere ohne Erfolg bleiben.

Einseitige Exstirpation. Nach Exstirpation der einen Niere des Kaninchens wurde von Furuya[1] wohl eine anfängliche Beeinträchtigung der Harnbereitung beobachtet, die jedoch nach wenigen Tagen wieder schwindet. Dies läßt sich nach Moise und Smith[2] leicht aus der kompensatorischen Hypertrophie der zurückgebliebenen Niere bis zu etwa der Hälfte ihrer ursprünglichen Masse erklären; an Ratten, die inzwischen trächtig geworden sind, ist diese Hypertrophie nach MacKay, MacKay und Addis[3] noch stärker. Sehr lehrreich ist aber die Beobachtung von Ambard[4], wonach eine sehr bedeutende Zunahme der Leistung der zurückgebliebenen Niere bereits vorhanden ist, ehe noch die Hypertrophie erfolgt ist, und da nach Benoit[5] in solchen Nieren auch mikroskopisch keine wesentliche Änderung gefunden werden kann, muß angenommen werden, daß die gesteigerte Funktionstüchtigkeit der verbliebenen Niere von einer erhöhten Zahl der durchbluteten Glomeruli (s. auf S. 569) herrührt. Für die Resistenzfähigkeit einer solchen Niere spricht auch der Umstand, daß nach Miller[6] Ratten, denen eine Niere exstirpiert wurde, selbst bei monatelang währender Ernährung mit einem 40 % (!) Eiweiß enthaltenden Futter keinerlei Schädigung an ihrer verbliebenen Niere erfahren (s. hierüber auch S. 585).

Partielle Exstirpation. Wird an Hunden eine sog. partielle Nierenexstirpation durchgeführt, d. h. die eine Niere ganz, die andere zur Hälfte entfernt, so daß insgesamt ein Viertel des Nierengewebes zurückbleibt, so zeigen sich nach Mark[7] anfangs starke Störungen in der Harnbereitung, die jedoch, da der Nierenrest hypertrophisch wird, bald weichen. Verfütterung größerer Eiweiß- (Fleisch-) Mengen führt aber stets zu erheblichen Nierenreizungs- und Insuffizienzerscheinungen. Diese Insuffizienz des Nierenrestes geht auch aus ähnlichen, von Anderson[8] ausgeführten Versuchen hervor, in denen eine fortdauernde Zunahme des Harnstoff- und des Kreatiningehaltes des Blutes zu beobachten war, namentlich nach eiweißreicher Nahrung. Mikroskopisch konnte allerdings bloß eine Hypertrophie des Nierenrestes konstatiert werden. Nach der Erfahrung von Schönbauer und Whitacker[9] bleiben aber so operierte Tiere länger am Leben, wenn am verbliebenen Nierenrest auch eine Entnervung durch Entfernung der Adventitia vorgenommen wird, was sich so erklären läßt, daß auf diese Weise der hemmende Einfluß der Splanchnikusfasern, der normalerweise auf die Harnausscheidung ausgeübt wird, entfällt (s. S. 573) und hierdurch die Diurese erhöht wird. Die Masse des Nierengewebes, die nach derlei Eingriffen noch übrigbleibt, ist für das weitere Schicksal des Tieres entscheidend; denn, wie Ullmann[10] findet, ist das Allgemeinbefinden von Hunden noch gut, wenn ihnen neben einer ganzen Niere ein Drittel der zweiten Niere exstirpiert wird, also ein Drittel des gesamten ursprünglichen Nierengewebes verbleibt; werden aber zwei Drittel der zweiten Niere exstirpiert, so daß nur mehr ein Sechstel des ursprünglichen Nierengewebes vorhanden ist, so treten

---

[1] Furuya, Japan. journ. of dermatol. a. urol. 25, 85. 1925 (Berichte 35, 299).
[2] Moise and Smith, Proc. of the soc. f. exp. biol. a. med. 23, 561. 1926 (Berichte 37, 159).
[3] MacKay, MacKay and Addis, Proc. of the soc. f. exp. biol. a. med. 22, Maiheft, S. 536. 1925 (Berichte 34, 218).
[4] Ambard, Cpt. rend. des séances de la soc. de biol. 94, 1375. 1926 (Berichte 37, 627).
[5] Benoit, Cpt. rend. des séances de la soc. de biol. 94, 1378. 1926 (Berichte 37, 627).
[6] Miller, Journ. of exp. med. 42, 897. 1925 (Berichte 37, 158).
[7] Mark, Zeitschr. f. d. ges. exp. Med. 46, 1. 1925 (Berichte 32, 788).
[8] Anderson, Arch. of internal med. 37, 297 u. 313. 1926 (Berichte 36, 508).
[9] Schönbauer und Whitacker, Wien. klin. Wochenschr. 38, 580. 1925 (Berichte 33, 147).
[10] Ullmann, Wien. med. Wochenschr. 76, 787. 1926 (Berichte 37, 630).

schwere Störungen auf, die den Eindruck machen, als wenn es an einem inneren Sekrete der Niere fehlte.

Ausschaltung einer Niere ohne sie zu exstirpieren. Eine einseitige Ausschaltung der Niere kann nach Hinman[1] auch dadurch bewirkt werden, daß man den Ureter dieser Seite in das Duodenum einpflanzt; die Bestandteile des in das Duodenum ergossenen Harns werden hier resorbiert und durch die andere Niere ausgeschieden. Ganz bedeutend sind die Regenerations- bzw. Reparationsvorgänge, die von diesem Autor beobachtet wurden, und bis zu einem gewissen Lebensjahre in der Neubildung, später aber bloß in einer Hypertrophie bereits vorhandener Glomeruli und Tubuli, bestehen. Wird z. B. auf der einen Seite durch Unterbindung des Ureters eine Hydronephrose erzeugt, so lassen sich an dieser Niere Regenerationsvorgänge wahrnehmen, wenn nicht später als nach 30 Tagen ihr Ureter wieder in die Blase eingepflanzt wird. Ja, diese Niere kann, wenn man an der anderen inzwischen hypertrophisch gewordenen Niere den Abfluß des Harns nicht ganz verhindert, sondern nur (durch einen Gummiring) erschwert, allmählich die Funktion beider Nieren übernehmen. Die Ausschaltung einer Niere, ohne sie zu exstirpieren, gelang Brücke[2] dadurch, daß er ihren Ureter in die Vena iliaca implantierte. Die Versuche, in denen es durch Thrombenbildung nicht zu einer Kommunikation zwischen Niere und Vene kam, boten nichts Besonderes und konnten den oben beschriebenen Fällen einer einseitigen Exstirpation zugezählt werden. Fand aber keine Thrombose statt, und kam es demzufolge zu einer regelrechten Kommunikation zwischen Niere und Vene, so starben die Tiere in wenigen Tagen, wo doch, wie die vielfache Erfahrung über einseitige Exstirpation zeigt, die intakte Niere für die andere hätte aufkommen müssen.

Exstirpation beider Nieren. Die Folgen dieses Eingriffes sind allbekannt; dort dürften die folgenden einschlägigen Befunde von Interesse sein. Wird ein Hund durch Exstirpation beider Nieren, (oder durch Vergiftung mit größeren Urandosen) urämisch gemacht und nun 2—3 Stunden hindurch eine gekreuzte Bluttransfusion mit einem normalen Hund vorgenommen, so findet man nach Nyiri[3], daß im nierenlosen Tier der anfänglich sehr hohe Rest-N-Gehalt rapid abfällt, am normalen Tier aber gar keine Zeichen einer Schädigung eintreten. Die Nieren des letzteren genügen daher vollständig, um beide Tiere von den Stoffwechselschlacken für die Dauer der Transfusion zu befreien. Wird die Tätigkeit beider Nieren durch Exstirpation (oder durch Vergiftung mit großen Urandosen) ausgeschaltet, so findet nach Beckmann, Bass, Dürr und Drosihn[4] eine Zunahme des Kationengehaltes im Blute, namentlich des Kaliums, in geringerem Grade auch des Natriums statt. Als Folgezustand der Exstirpation beider Nieren des Hundes sahen dieselben Autoren[5] eine sehr bedeutende Abnahme der Menge des Gesamtblutes bzw. des Plasmas durch Abströmen gegen die Gewebe, allerdings nur für die ersten 48 Stunden, nach welcher Zeit wieder ein Rückströmen stattfand. Wie bei Nephritis läßt sich nach MacKay und MacKay[6] auch nach Exstirpation der Nieren eine Vergrößerung der Nebennieren nachweisen, und ist es nach diesen Autoren[7] vielleicht gerade diesem Umstande zuzuschreiben, daß nierenlose Ratten Morphin gegenüber weit weniger empfindlich sind als normale.

---

[1] Hinman, Arch. of surg. **12**, 1105. 1926 (Berichte **39**, 249).
[2] Brücke, Wien. klin. Wochenschr. **39**, 1058. 1926 (Berichte **39**, 249). — Auszug des Vortrages, gehalten auf d. XII. Internat. Physiol.-Kongr. in Stockholm **1926**, S. 28 (Berichte **38**, 428).
[3] Nyiri, Arch. f. exp. Pathol. u. Pharmakol. **116**, 117. 1926 (Berichte **38**, 713).
[4] Beckmann, Bass, Dürr und Drosihn, Zeitschr. f. d. ges. exp. Med. **51**, 333. 1926 (Berichte **38**, 712).
[5] Beckmann, Bass, Dürr und Drosihn, Zeitschr. f. d. ges. exp. Med. **51**, 342. 1926 (Berichte **39**, 251).
[6] MacKay and MacKay, Proc. of the soc. f. exp. biol. a. med. **24**, 128. 1926 (Berichte **40**, 115).
[7] MacKay and MacKay, Proc. of the soc. f. exp. biol. a. med. **24**, 129. 1926 (Berichte **40**, 115).

D. Nervöse Beeinflussung des Sekretionsmechanismus.

Auch Kichikawa[1] fand, daß nach Entnervung der einen Niere die Harnmenge auf dieser Seite zunimmt, daneben aber Kreatinin, Phosphorsäure und Sulfate in geringerer Konzentration, jedoch in absolut größeren Mengen ausgeschieden werden. Aus Ellinger und Hirts[2] ausgedehnten Versuchen, in denen verschiedene die Nieren versorgende Nerven durchschnitten wurden, geht hervor, daß der Splanchnicus minor den Nieren hauptsächlich vasokonstriktorische Fasern zuführt, durch die Wassergehalt und Elektrolytkonzentration des Harns reguliert werden; durch die unteren Grenzstrangfasern wird hauptsächlich die H-Ionenkonzentration des Harns reguliert, und wirken dieser ihrer Funktion die Fasern des Splanchnicus major als Antagonisten entgegen; durch den Vagus endlich wird die Wasserausscheidung reguliert und die Stickstoffausscheidung gehemmt. Von Meyer-Bisch und Könnecke[3] wurde die nervöse Beeinflussung der Harnbereitung auf zweierlei Weise geprüft: an der entnervten Niere und nach Durchschneidung des Splanchnikus oder Vagus. Im ersteren Falle waren stets Unterschiede im Sekrete der beiden Nieren bezüglich verschiedener Harnbestandteile vorhanden, ohne aber eine Gesetzmäßigkeit erkennen zu lassen. Hingegen war nach Durchschneidung des Vagus stets eine höhere NaCl-Konzentration auf der operierten Seite nachzuweisen; woraus gefolgert wird, daß dem Vagus auch normalerweise eine Rolle in der NaCl-Ausscheidung zukommt. Durch den Splanchnikus dürften den Nieren nur hemmende Impulse vom Zentrum aus zugeführt werden. Es liegen ausgedehnte Untersuchungen von Dogliotti[4] über die Innervation der Nieren vor. Aus diesen ergibt sich, daß die Reizung des intakten Splanchnikus zu einer Vasokonstriktion an der Niere derselben Seite, dagegen zu einer Vasodilatation an der der anderen Seite führt. Werden jedoch sämtliche Nerven der einen Niere durchschnitten, und reizt man den Splanchnikus derselben Seite, so kommt es zu einer Vasodilatation in beiden Nieren usw. Daß im Plexus renalis sowohl vasokonstriktorische als auch dilatatorische Fasern enthalten sind, geht aus Versuchen von Bloch[5] hervor, in denen er beim Reizen des Plexus mit Strömen von hoher Frequenz eine Verringerung, bei Anwendung weniger frequenter Ströme aber eine Zunahme des Nierenvolumens, also der Durchblutung, konstatieren konnte. Wird durch Atropin der Vagus gelähmt, so kommt es nach Brogsitter und Dreyfuß[6] zu einer Retention von Wasser, NaCl, Harnsäure und Kreatinin, was aus der infolge des nunmehr überwiegenden Sympathikustonus bewirkten Gefäßverengerung erklärt werden kann. Unter ähnlichen Umständen wird nach denselben Autoren[7] auch die Zuckerausscheidung bei bestehender Phlorizinglucosurie eingeschränkt, nach Pilokarpin aber, umgekehrt, gefördert.

Auf Grund der Tatsache, daß durch den Sympathikus die Nierentätigkeit gehemmt, durch den Vagus aber gefördert wird, sowie auf Grund des an anderer Stelle (S. 584) berichteten Verhaltens der Ca-Ausscheidung durch gesunde und durch kranke Nieren ist es Glaser[8] in einigen Fällen gelungen nachzuweisen, daß beim Überwiegen des Sympathikustonus (durch Verabreichung von Atropin), bzw. bei erhöhtem Vagustonus (durch Pilokarpin) eine Verringerung bzw. Steigerung der Kalziumausscheidung erfolgt, was einen neuen Beitrag zur Lehre von der nervösen Beeinflussung der Nieren-

---

[1] Kichikawa, Biochem. Zeitschr. **166**, 362. 1925 (Berichte **36**, 182).

[2] Ellinger und Hirt, Arch. f. exp. Pathol. u. Pharmakol. **106**, 135. 1925 (Berichte **32**, 595).

[3] Meyer-Bisch und Könnecke, Zeitschr. f. d. ges. exp. Med. **45**, 343 u. 356. 1925 (Berichte **32**, 307).

[4] Dogliotti, Boll. d. soc. di biol. sperim. **1**, 84. 1926 (Berichte **38**, 268).

[5] Bloch, Sperimentale **79**, 895. 1925 (Berichte **34**, 529).

[6] Brogsitter und Dreyfuß, Arch. f. exp. Pathol. u. Pharmakol. **107**, 349. 1925 (Berichte **37**, 629).

[7] Brogsitter und Dreyfuß, Arch. f. exp. Pathol. u. Pharmakol. **107**, 371. 1925 (Berichte **37**, 629.)

[8] Glaser, Klin. Wochenschr. **5**, 1601. 1926 (Berichte **39**, 847).

sekretion bedeutet. Sehr bemerkenswert sind die Versuche von Tournade und Hermann[1], die zwar bestätigen konnten, daß infolge der Reizung eines Splanchnikus auch die Gefäße der anderen Niere sich verengern; da jedoch dies später, als auf der Seite der Reizung erfolgte, außerdem auch nicht ausblieb, wenn die zweite Niere entnervt wurde, wohl aber ausblieb, wenn die Nebenniere der gereizten Seite entfernt wurde, mußte gefolgert werden, daß die Gefäßverengerung auf der der Reizung entgegengesetzten Seite nicht direkt, sondern durch das Adrenalin bewirkt wird, das durch den Splanchnikusreiz aus der Nebenniere dieser Seite in das Blut und von dort aus auch zur anderen Niere gelangt. Nach Milliken und Karr[2] wird eingespritztes Indigokarmin von der entnervten Niere etwas rascher als von der intakten ausgeschieden; auch ist die Diurese auf der operierten Seite stärker und ist auch der Einfluß der Narkotika ein geringerer. Einen interessanten Beitrag zur nervösen Beeinflussung der Nierentätigkeit wird von Scott und Loucks[3] geliefert. Während nämlich nach Entfernung der Großhirnrinde die Harnbereitung sehr stark gehemmt ist, solange die Nieren selbst nicht berührt werden, sieht man die Diurese von seiten derjenigen Niere stark ansteigen, die man entnervt hat.

Von Jungmann und Bernhardt[4] wurde der Einfluß der Entnervung auf die erkrankte Niere geprüft und gefunden, daß, wenn man auf der einen Seite den Sympathikus durchschneidet, auf dieser Seite mehr Wasser als auf der anderen ausgeschieden wird; wird jedoch durch Uran außerdem eine beiderseitige Nierenentzündung verursacht, so ist die Schädigung der entnervten Niere größer als die der anderen.

E. Ausscheidung von eingespritzten Farbstoffen, Speicherung derselben in den Nieren und übrigen Körpergeweben.

Nach Schulten[5] ist das Ausscheidungsvermögen der Froschnieren für verschiedene Farbstoffe, die der Durchströmungsflüssigkeit zugesetzt werden, ein verschiedenes und hängt von deren Dispersitätsgrad ab. Bemerkenswert ist, daß sowohl in diesen Durchströmungsversuchen wie auch in einfachen Dialyseversuchen, die mit den Farbstoffen angestellt werden, durch Zusatz von Serum der Durchtritt des Farbstoffes sehr stark gehemmt wird, was aus einer Adsorption des Farbstoffes an das Eiweiß erklärt werden kann. Nach Lurje[6] hängt die verschieden rasche Ausscheidung verschiedener Farbstoffe von ihrer Löslichkeit in den Lipoiden der Nieren ab: solche, die in Lipoiden leichter löslich sind als die übrigen, werden langsamer an den Harn abgegeben. Goldberg und Seyderhelm[7] konnten in ihren mit dem sauren Farbstoff Trypanrot ausgeführten Versuchen einen verschiedenen Verlauf der Farbstoffausscheidung je nach der Reaktion des Harns konstatieren. War nämlich dieser stark sauer, so wurde weit mehr Trypanrot ausgeschieden als bei alkalischer Harnreaktion. Von Marshall und Crane[8] wird an der Froschniere nachgewiesen, daß sowohl Phenolrot (nach Einbringung von Phenolsulphophthalein) wie auch Harnstoff in den Tubuluszellen erst gespeichert und dann von ihnen durch aktive Sekretion ausgeschieden werden; an Säugetieren konnte dies nur bezüglich des Phenolrotes nachgewiesen werden. Die Frage, ob bei der Phenolsulphophthaleinprobe von Rowntree der Farbstoff durch Glomeruli oder Tubuli recti oder Tubuli contorti ausgeschieden wird, ist zur Zeit noch nicht sicher zu beantworten.

---

[1] Tournade et Hermann, Cpt. rend. des séances de la soc. de biol. **94**, 656. 1926 (Berichte **38**, 710).
[2] Milliken and Karr, Journ. of urol. **13**, 1. 1925 (Berichte **33**, 147).
[3] Scott and Loucks, Proc. of the soc. f. exp. biol. a. med. **23**, 795. 1926 (Berichte **38**, 710).
[4] Jungmann und Bernhardt, Verhandl. d. Dtsch. Ges. f. Inn. Med. **1925**, 231 (Berichte **35**, 299).
[5] Schulten, Pflügers Arch. f. d. ges. Physiol. **208**, 1. 1925 (Berichte **32**, 309).
[6] Lurje, Zeitschr. f. d. ges. exp. Med. **52**, 469. 1926 (Berichte **38**, 712).
[7] Goldberg und Seyderhelm, Zeitschr. f. d. ges. exp. Med. **45**, 154. 1925 (Berichte **31**, 603).
[8] Marshall jr. and Crane, Americ. journ. of physiol. **70**, 465. 1924 (Berichte **31**, 771).

Bieter und Hirschfelder[1] schließen sich wohl den Autoren an, die eine Verfärbung an den Tubuli contorti der Froschniere durch Phenolrot gefunden haben, weisen aber auf die Schwierigkeiten hin, die jedem Deutungsversuch im Wege stehen und von den verwickelten Zirkulationsverhältnissen in der Froschniere herrühren. Sie halten es[2] im Gegensatze zu vielen anderen Autoren als nicht bewiesen, daß eine Farbstoffausscheidung (an Phenolrot und indigoschwefelsaurem Natrium geprüft) von seiten des Tubulusepithels erfolgt. Von Kaiser[3] wird die Erfahrung der Kliniker, wonach gewisse Farbstoffe nach intraperitonealer Applikation rascher als nach subkutaner im Harne ausgeschieden werden, experimentell bestätigt. Über die Ausscheidung von Farbstoffen durch die Nieren liegen auch Untersuchungen von Brakefield und Schmidt[4] vor; sie fanden unter anderem, daß die Möglichkeit für halogenhaltige Farbstoffe, durch die Nieren ausgeschieden zu werden, an eine Höchstzahl der in ihnen enthaltenen Halogenatome gebunden ist. Gewisse Triphenylmethanfarbstoffe werden im normalen Organismus in die farblose Karbinolform überführt und können in den Epithelien der Tubuli, woselbst sie gebunden bzw. abgelagert werden, nachgewiesen werden. Bei der Stauungsniere ist die Karbinolbindungsfähigkeit des Tubulusepithels herabgesetzt; genau dasselbe läßt sich nach Paunz[5] künstlich durch kurzdauernde Strangulierung der zuführenden Arterie herbeiführen. Dauert jedoch die hierdurch gesetzte Ischämie längere Zeit an, so kommt es zur Nekrose und gleichzeitig wieder zu einer stark erhöhten Karbinolbindungsfähigkeit derselben Zellen. Wird nach demselben Autor[6] eine künstliche Hydronephrose erzeugt, so ist die Karbinolbindungsfähigkeit stets herabgesetzt, was dafür spricht, daß die Tubuluszellen eine Atrophie, jedoch keine Nekrose erlitten. Nach demselben Autor[7] wird wiederholt eingespritztes Kollargol in den hohen Zellen der Henleschen Schleifen gespeichert. Sehr bedeutend ist die Speicherung in den Geweben bezüglich des Kreatinins, wie dies von Hoesch und Tscherning[8] gezeigt wird; ein Parallelismus zwischen Kreatininkonzentration im Blute und dessen Ausscheidung durch die Niere besteht nicht. Durch Laktosebestimmungen im Blute und im Harne nach Einfuhr dieses Zuckers wird es von Bernheim und Schlayer[9] wahrscheinlich gemacht, daß die Laktose, die aus dem Blute verschwindet, nicht einfach in den Harn übertritt, sondern zu größeren Anteilen in den Geweben, darunter auch in den Nieren gespeichert wird. Auch bezüglich der Yatrens wurde, und zwar von Jochmann[10], eine Speicherung konstatiert; mit dem Unterschiede jedoch, daß, während beim Phenolsulphophthalein (und beim Milchzucker) die Ausscheidung von der Konzentration im Blut so gut wie unabhängig ist, die Ausscheidung des Yatrens einen gewissen Parallelismus mit seiner Konzentration im Blute aufweist.

F. Sekretionsmechanismus in den Nieren.

Eine ganze Anzahl wertvoller Arbeiten ist der alten Streitfrage der Filtrations- und Sekretionstheorie gewidmet, die durch Pütters[11] Dreidrüsentheorie noch erweitert wurde: durch die Glomeruli („Wasserdrüse") soll Wasser, durch die Tubuli contorti

---

[1] Bieter and Hirschfelder, Proc. of the soc. f. exp. biol. a. med. **23**, 798. 1926 (Berichte **37**, 629).
[2] Hirschfelder and Bieter, Journ. of pharmacol. a. exp. therapeut. **25**, 165. 1925 (Berichte **32**, 310).
[3] Kaiser, Monatsschr. f. Kinderheilk. **30**, 288. 1925 (Berichte **33**, 736).
[4] Brakefield and Schmidt, Proc. of the soc. f. exp. biol. a. med. **23**, 583. 1926 (Berichte **37**, 381).
[5] Paunz, Zeitschr. f. d. ges. exp. Med. **45**, 243. 1925 u. 535. 1925 (Berichte **31**, 769 u. **32**, 212).
[6] Paunz, Zeitschr. f. d. ges. exp. Med. **45**, 541. 1925 (Berichte **32**, 312).
[7] Paunz, Orvosképzés **15**, Sonderh., 246. 1925 (Berichte **36**, 182).
[8] Hoesch und Tscherning, Zeitschr. f. klin. Med. **104**, 277. 1926 (Berichte **39**, 93).
[9] Bernheim und Schlayer, Zeitschr. f. klin. Med. **102**, 369. 1925 (Berichte **35**, 866).
[10] Jochmann, Zeitschr. f. klin. Med. **104**, 255. 1926 (Berichte **39**, 93).
[11] Pütter, Die Dreidrüsentheorie. Berlin: Julius Springer 1926 (Berichte **39**, 551).

(„Stickstoffdrüse“) sollen die N-haltigen Stoffwechselschlacken, durch die dicken Schenkel der Henleschen Schleifen („Salzdrüsen“) die salzartigen Harnbestandteile abgesondert werden. Zwar wurde durch die älteren Methoden, in denen man die Funktion des Glomerular- und des Tubularapparates an dem Ausscheidungsort eingespritzter Farbstoffe erkennen wollte, Erhebliches geleistet; doch ist zu bedenken, daß man z. B. nach Hayman[1] dieselben Bilder erhält, ob ein Farbstoff durch intravenöse Injektion oder aber durch Einspritzung in die Bowmanschen Kapseln eingebracht wurde, daher der Nachweis von Farbstoffpartikelchen in den Zellen der Tubuli contorti weder im Sinne der Sekretion, noch aber in dem der Rückresorption verwertet werden kann.

Glomerulus- und Tubulusharn; Rückresorption. Starling und Verney[2] ist es auf folgende ingeniöse Weise gelungen, die getrennte und verschiedene Funktion des Glomerular- und Tubularapparates zu prüfen. Sie lassen defibriniertes Blut durch die Nieren zirkulieren, wobei in den Stromkreis auch ein Herzlungenpräparat eingeschaltet ist und dadurch dem Blute die toxischen, wie später durch Eichholtz und Verney[3] nachgewiesen wurde, auch vasokonstriktorisch wirksamen Eigenschaften benommen werden, die in ähnlichen Nierendurchblutungsversuchen sich stets geltend machen. Auf diese Weise erhielten die Autoren einen gegenüber dem Blute stark hypertonischen Harn. Versetzten sie aber das Blut mit ein wenig Zyannatrium, so wurden hierdurch die Tubuluszellen gelähmt, und das Sekret war nun reiner Glomerulusharn, der Chloride, Zucker und Harnstoff in genau derselben Konzentration als das Blut enthielt. Hierdurch war nicht nur bewiesen, daß der Glomerulusharn das Resultat eines reinen Filtrations- (bzw. Ultrafiltrations-) Vorganges ist, sondern auch, daß durch die Tubuli eine Rückresorption von Wasser, Traubenzucker und Chloriden sowie eine Sekretion von Harnstoff und Sulfaten erfolgt. Aus Versuchen, die Rehberg[4] an sich selbst durch Einfuhr von 5 g Kreatinin per os ausgeführt hatte, ließ sich berechnen, daß, wenn die Theorie von Cushny über die Filtration des Harns in den Glomerulis und Rückresorption in den Tubulis richtig ist, pro Minute 1 l Blut durch die Nieren strömen muß und 200 ccm Harn in den Glomerulis produziert werden müssen. Die Plausibilität dieser Daten spricht für die Richtigkeit der C.schen Theorie. Doch bedarf diese insofern einer Ergänzung bzw. Modifikation[5], als der Rücktritt solcher Harnbestandteile, die als Schwellensubstanzen bezeichnet werden, wohl auf dem Wege der Resorption erfolgt, die der Nichtschwellensubstanzen aber einfach durch Rückdiffusion in den unteren Tubulusanteilen. Diesbezüglich gehen Conway und Kane[6] noch weiter, indem sie zum Schlusse kommen, daß es überhaupt keine Rückresorption, nur eine Rückdiffusion gäbe. Zum Studium des Glomerulusharns bzw. der so verwickelten Frage der Rückresorption in den Tubulis gewinnen Wearn und Richards[7] durch Punktion einer Bowmanschen Kapsel Material. Auf diese Weise konnten sie feststellen, daß Glomerulusharn nur in dem Falle Eiweiß enthält, wenn die Zirkulation in ihm träge ist. Weiterhin konnten sie auch durch vergleichende Untersuchungen des Glomerulus- und Blasenharnes feststellen, daß in den Tubulis eine Rückresorption gewisser Harnbestandteile stattfinden muß. Mit Hilfe dieser Punktionsmethode haben aber Wearn und Richards[8] auch gefunden, daß der Glomerulusharn mehr Chloride als das Plasma enthält, was

---

[1] Hayman jr., Americ. journ. of physiol. **72**, 184. 1925 (Berichte **31**, 769).
[2] Starling and Verney, Proc. of the roy. soc. of London, Ser. B. **97**, 321. 1925 (Berichte **31**, 770).
[3] Eichholtz and Verney, Journ. of physiol. **59**, 340. 1924 (Berichte **31**, 771).
[4] Rehberg, Biochem. journ. **20**, 447. 1926 (Berichte **39**, 90).
[5] Rehberg, Auszug des Vortrages, gehalten a. d. XII. Internat. Physiol.-Kongr. **1926**, 139 (Berichte **38**, 711). — Biochem. journ. **20**, 461. 1926 (Berichte **39**, 90).
[6] Conway and Kane, Journ. of physiol. **61**, 595. 1926 (Berichte **39**, 94).
[7] Wearn and Richards, Americ. journ. of physiol. **71**, 209. 1924 (Berichte **31**, 273).
Wearn and Richards, Journ. of biol. chem. **66**, 247. 1925 (Berichte **35**, 696).

sich mit obiger Annahme, wonach der Glomerulusharn reines Filtrat wäre, kaum vereinigen läßt. (Nebenbei sei bemerkt, daß denselben Autoren[1] durch Neßlerisation gelungen ist, den Harnstoffgehalt solch winziger Flüssigkeitsmengen zu bestimmen, die einer Bowmanschen Kapsel durch Punktion entnommen werden können.) Versuche von O'Connor und McGrath[2] über die Lokalisation der Ausscheidung der Harnbestandteile sprechen eindeutig dafür, daß Harnstoff und Harnsäure durch die Tubuli ausgeschieden werden. Von Melczer[3] wird eine Methode mitgeteilt, mittels deren es gelingt, den Ort der Harnstoffausscheidung in den Nieren direkt mikroskopisch zu verfolgen. Es wird ein empirisch zusammengesetztes Gemisch von Merkurichlorid- und Silbernitratlösung injiziert, worauf nach einer komplizierten Behandlung des Präparates der Harnstoff in Form von lichtbrechenden Körnchen, jedoch normalerweise nur in den gewundenen Harnkanälchen und in den aufsteigenden Schenkeln der Henleschen Schleifen sichtbar wird. Nach Schmitz und Siwon[4] werden Aminosäuren ebenso wie Traubenzucker bereits im Glomerulusharn ausgeschieden; doch mit dem Unterschiede, daß Traubenzucker bis auf einen geringen Rest wieder rückresorbiert wird, während dies betreffs der Aminosäuren in geringerem Grade der Fall ist. Durch Wasserzufuhr wird die Menge der Aminosäuren im Harn vermehrt. Der bereits früher am Menschen erhobene Befund, wonach die Ausscheidung eines Stoffes durch die Nieren nur auf Kosten der Ausscheidung eines anderen Stoffes gesteigert werden kann, wird von Ucko[5] für die Froschniere bestätigt; zu den Versuchen wurden kuraresierte Frösche verwendet, an denen es nicht nötig ist, die Kloake zu unterbinden, indem sich der Harn aus der prall gefüllten Blase des gelähmten Tieres auspressen läßt.

Schwellenwert und Konzentrierungsarbeit. Der für das Verständnis der Nierenfunktion so fruchtbar gewordene Begriff des Schwellenwertes wird von Adolph[6] so erklärt, daß Stoffkonzentrationen, die den jeweiligen Schwellenwert übersteigen, auf die Nieren einen chemischen, erhöhte Sekretion bedingenden Reiz ausüben. Bleibt die Konzentration unterhalb des Schwellenwertes, so werden die Stoffe einfach in Harnwasser gelöst ausgeschwemmt. Bezüglich der Konzentrierungsarbeit der Nieren wurde aber Nachfolgendes ermittelt. Nach Addis und Foster[7] läßt sich am nierengesunden Menschen die Harnstoffkonzentration durch Einfuhr entsprechender Stoffmengen bis auf $4{,}9\%$, die Kochsalzkonzentration bis auf $2{,}3\%$ und die Phosphatkonzentration bis auf 2% steigern. Bezüglich des Kochsalzes wird von den Nieren ebenso wenig Konzentrationsarbeit geleistet wie bezüglich des Traubenzuckers. Dies geht aus Schürmeyers[8] Versuchen hervor, der Kochsalzlösungen von großer Konzentration in den Lymphsack von Fröschen spritzte und trotzdem nur eine geringe Zunahme der Kochsalzkonzentration im Harne fand. Hiermit im Einklang wurde von Carnot und Rathéry[9] auf Grund von Versuchen, in denen sie das ganze Blut eines anderen Hundes und die Hälfte des Blutes des Versuchshundes zur Durchblutung seiner Nieren verwendeten, gefunden, daß die Nieren bezüglich des Harnstoffes wohl Konzentrationsarbeit, bezüglich des Kochsalzes aber meistens eine Verdünnungsarbeit leisten. Aus vergleichenden Bestimmungen an Katheterharn und Blut des Frosches, die von Crane[10] ausgeführt wurden, ergab sich ebenfalls, daß bezüglich der Chloride, Bikarbonate und des Trauben-

[1] Wearn and Richards, Journ. of biol. chem. **66**, 275. 1925 (Berichte **35**, 696).
[2] O'Connor and McGrath, Journ. of physiol. **58**, 338. 1924 (Berichte **32**, 309).
[3] Melczer, Zeitschr. f. d. ges. exp. Med. **49**, 678. 1926 (Berichte **37**, 156).
[4] Schmitz und Siwon, Biochem. Zeitschr. **160**, 1. 1925 (Berichte **33**, 149).
[5] Ucko, Zeitschr. f. d. ges. exp. Med. **50**, 400. 1926 (Berichte **37**, 631).
[6] Adolph, Americ. journ. of physiol. **72**, 186. 1925 (Berichte **32**, 110). — Americ. journ. of physiol. **74**, 93. 1925 (Berichte **34**, 217).
[7] Addis and Foster, Arch. of internal med. **34**, 462. 1924 (Berichte **31**, 860).
[8] Schürmeyer, Pflügers Arch. f. d. ges. Physiol. **210**, 759. 1925 (Berichte **35**, 693).
[9] Carnot et Rathéry, Journ. de physiol. et de pathol. gén. **23**, 625. 1925 (Berichte **34**, 75).
[10] Crane, Americ. journ. of physiol. **72**, 189. 1925 (Berichte **31**, 601).

zuckers gar keine, bezüglich des Harnstoffs eine sehr starke Konzentrierungsarbeit von seiten der Nieren geleistet wird. Nach David[1] wird sowohl die Konzentrierungs- wie auch die Verdünnungsarbeit der Nieren durch Narkotika in reversibler Weise gehemmt. Hiermit in Zusammenhange sei auch erwähnt, daß nach David[2] durch Narkotika, wie Phenylharnstoff, Heptylalkohol usw., die Tätigkeit der Froschniere in Abhängigkeit von der verwendeten Konzentration des Narkotikums in verschiedener Weise beeinflußt wird, und zwar soll dies davon herrühren, daß durch geringe Konzentrationen eine Verengerung der Glomerulusgefäße, daher herabgesetzte Diurese eintritt; durch stärkere die Rückresorption aufgehoben wird, daher die Diurese gesteigert erscheint. Der scheinbare Widerspruch, daß nach noch stärker konzentrierten Narkoticis die Harnsekretion wieder versiegt, wird durch strukturelle Läsionen erklärt, die die Nieren erleiden. Nach Wankell[3] gibt es eine Reihe von stickstoffhaltigen Stoffen, die, wenn man sie der Durchströmungsflüssigkeit zusetzt, durch die Froschniere konzentriert werden; solche sind Hypoxanthin, Guanidin, Hippursäure, Lysin, Arginin, während durch Zusatz von Leucin die Nierensekretion aufhört.

Die Konzentrierungsfähigkeit der gesunden Nieren für Phenol, Kresol, Indikan ist nach Litzner[4] eine sehr bedeutende und nimmt nach Maßgabe der Nierenschädigung sehr schnell ab. Bezüglich Harnstoff, Sulfat und Phosphat wird durch die Nieren unter gewöhnlichen Umständen Konzentrationsarbeit geleistet; nach Havard und Reay[5] bezüglich der beiden ersteren auch in dem Falle, wenn durch Wassertrinken eine Diurese herbeigeführt wurde. Hingegen werden in diesem Falle Phosphate in geringerer Konzentration im Harne ausgeschieden, als sie im Blute gelöst enthalten sind, also nicht konzentriert. Bezüglich der Konzentrierung der Phosphate sei der interessanten Arbeit von Eichholtz, Robison und Brull[6] gedacht, die unter Wirkung des „Phosphatase" genannten Enzymes an überlebenden Froschnieren eine Konzentrierung der der Durchströmungsflüssigkeit zugesetzten anorganischen Phosphate nicht, wohl aber eine sehr bedeutende Zunahme der Phosphatkonzentrationen nachweisen konnten, wenn der Flüssigkeit Glyzerophosphat oder Hexosephosphat zugesetzt wurde.

Retention. In engem Zusammenhange mit der Sekretionsfrage steht die Retention gewisser, sonst leicht auszuscheidender Bestandteile durch die kranken Nieren. So ist es z. B. wichtig, daß sich nach Becher[7] die Fälle von Niereninsuffizienz, wie sie durch Glomerulonephritis und Stauungsniere einerseits, durch Schrumpfniere andererseits erzeugt werden, auch durch die Natur der Stoffe unterscheiden, die im Blute zurückbehalten den Rest-N daselbst erhöhen: bei der ersten Gruppe sind es Harnstoff und Harnsäure, bei der zweiten auch Darmfäulnisprodukte, darunter verschiedene Chromogene. Die nephritisch erkrankte Niere zeigt dem NaCl gegenüber ein verschiedenes Verhalten, wie dies von Blum und Caulaert[8] und von Blum, Delaville und Caulaert[9] ausgeführt wird. Entweder verhalten sich die Kranken wie Nierengesunde oder sie halten mehr Cl als Na, oder umgekehrt mehr Na als Chlor zurück. Im zweiten Falle besteht eine von Ambard so benannte „trockene Cl-Retention", im dritten aber die sog. „hydro-

[1] David, Pflügers Arch. f. d. ges. Physiol. **206**, 492. 1924 (Berichte **31**, 602).
[2] David, Pflügers Arch. f. d. ges. Physiol. **208**, 146. 1925 (Berichte **33**, 145).
[3] Wankell, Pflügers Arch. f. d. ges. Physiol. **208**, 604. 1925 (Berichte **33**, 146).
[4] Litzner, Verhandl. d. Dtsch. Ges. f. Inn. Med. **1926**, 350 (Berichte **38**, 569).
[5] Havard and Reay, Journ. of physiol. **61**, I. 1926 (Berichte **36**, 405). — Biochem. journ. **20**, 99. 1926 (Berichte **36**, 509).
[6] Eichholtz, Robison and Brull, Proc. of the roy. soc. of London, Ser. B. **99**, 91. 1925 (Berichte **35**, 695).
[7] Becher, Münch. med. Wochenschr. **73**, 1694. 1926 (Berichte **39**, 98).
[8] Blum et van Caulaert, Cpt. rend. des séances de la soc. de biol. **93**, 692 u. 694. 1925 (Berichte **33**, 734).
[9] Blum, Delaville et van Caulaert, Cpt. rend. des séances de la soc. de biol. **93**, 696, 697 u. 703. 1925 (Berichte **33**, 734 u. 735).

pische Cl-Retention". Im Falle der trockenen Retention ist der Cl-Gehalt des Blutes erhöht, sein Na-Gehalt herabgesetzt. Das gestörte Gleichgewicht zwischen Cl und Na kann in sekundärer Weise zu einer Veränderung des Gewebseiweißes führen, woraus sich nach Ansicht der Autoren auch die Urämie erklären läßt. Aus weiteren Untersuchungen von Blum, Delaville und Weiner[1] wie von Blum und Fusé[2] geht hervor, daß im Falle einer trockenen Cl-Retention der Cl-Gehalt der roten Blutkörperchen gesteigert, in Fällen einer hydropischen Cl-Retention aber herabgesetzt ist. Bezüglich des Entstehungsmechanismus der trockenen Cl-Retention meint Caulaert[3], daß es sich um eine Störung des Säure-Basengleichgewichtes handelt, derzufolge die Durchlässigkeit der Nieren für Na erhöht, für Cl aber herabgesetzt ist. Nach Yamada[4] erfolgt am schwangeren Kaninchen eine Retention von Wasser und Cl, hingegen werden Harnstoff, Harnsäure, Aminosäuren und Ammoniak (letzteres wohl infolge der Bildung abnormer Säure) in erhöhter Menge ausgeschieden. In einem von Aubel, Mauriac und Boutiron[5] untersuchten Falle von schwerer Nephritis mit Ödembildung bestand bezüglich p_H kein Unterschied zwischen Blutplasma und Ödemflüssigkeit, wohl aber war im Plasma sowie auch in den Geweben eine Verschiebung im Verhältnisse Na : Cl zugunsten des Na nachzuweisen.

G. Diurese.

Ein wichtiges Merkmal der normalen oder gestörten Nierenfunktion ergibt sich aus der in einer gewählten Zeiteinheit entleerten Harnmenge; daher es begreiflich ist, daß der Diurese große Aufmerksamkeit geschenkt und sie unter verschiedensten Umständen geprüft wurde.

Rhythmus der Harnsekretion. Fängt man den aus beiden Ureteren abfließenden Harn getrennt auf, so ergibt sich nach Ercole[6], daß normalerweise kein wesentlicher Unterschied in der Sekretionsgeschwindigkeit beider Nieren besteht. Der bereits seit langer Zeit bekannte Rhythmus der Harnbereitung hängt zum großen Teile, aber sicher nicht gänzlich, von der wechselnden Ruhe und Unruhe des Tieres ab. Auch ergab sich, daß durch schmerzhafte Reize der Rhythmus der Harnbereitung nicht merklich geändert wird, wenn das Tier dabei ruhig bleibt.

Körperlage. Nach Griffith und Hansel[7] wird die Harnausscheidung um die Hälfte vermehrt, wenn man an einer horizontal liegenden Person einen Druck von etwa 25 cm Wasser auf das Abdomen ausübt. White, Rosen, Fischer und Wood[8] sowie auch White und Clark[9] bringen ihren Befund, wonach nach Einfuhr von Wasser im Liegen weit mehr Harn als beim Stehen abgesondert wird, mit der besseren Durchblutung der Glomeruli in Zusammenhang. Dabei werden natürlich auch gelöste Harnbestandteile in erhöhter Menge ausgeschieden, doch ist die Zunahme bezüglich der einzelnen Stoffe eine sehr verschiedene, bezüglich der Bikarbonate und Chloride weit größer, als bezüglich des Harnstoffs, der Sulfate und Phosphate.

Muskelarbeit. Nach Weber[10] wird am Menschen die durch Wassereinfuhr und 1 g Diuretin verursachte Diurese durch starke Muskelarbeit (rasches Treppensteigen)

---

[1] Blum, Delaville et Weiner, Cpt. rend. des séances de la soc. de biol. **94**, 881. 1926 (Berichte **36**, 663).

[2] Blum et Fusé, Cpt. rend. des séances de la soc. de biol. **94**, 883. 1926 (Berichte **36**, 663).

[3] van Caulaert, Strasbourg. med. **2**, 99. 1925 (Berichte **37**, 385).

[4] Yamada, Journ. of biochem. **5**, 245. 1925 (Berichte **35**, 118).

[5] Aubel, Mauriac et Boutiron, Cpt. rend. des séances de la soc. de biol. **95**, 592. 1926 (Berichte **38**, 276).

[6] Ercole, Atti d. reale accad. naz. dei Linzei, rendiconti **33**, 202. 1924 (Berichte **35**, 300).

[7] Griffith and Hansel, Americ. journ. of physiol. **74**, 16. 1925 (Berichte **34**, 215).

[8] White, Rosen, Fischer and Wood, Proc. of the soc. f. exp. biol. a. med. **23**, 743. 1926 (Berichte **37**, 629). — Americ. journ. of physiol. **78**, 185. 1926 (Berichte **38**, 710).

[9] White and Clark, Americ. journ. of physiol. **78**, 201. 1926 (Berichte **38**, 711).

[10] Weber, Biochem. Zeitschr. **173**, 69. 1926 (Berichte **38**, 270).

37*

gehemmt, was vielleicht ebenfalls auf die wenn auch vorübergehende Schädigung der Nierenzellen, infolge Sauerstoffmangels zurückgeführt werden darf.

Temperatur. Werden Froschnieren mit einer kalten (+ 2, + 4°) bzw. warmen (etwa 30°) Lösung durchströmt, so wird nach David[1] im ersteren Falle die Menge der Durchströmungsflüssigkeit wie auch die des Harns verringert, im zweiten Falle aber erhöht. Durch Bäder, ob sie kalt oder warm genommen werden, findet nach Porak[2] eine Steigerung der Diurese statt, die allerdings von einer ganzen Reihe anderer Faktoren mit beeinflußt wird. Die Ausscheidungsgeschwindigkeit einer größeren Menge von Traubenzuckerlösung, die per os eingeführt wurde, läßt sich nach Rösler[3] durch ein kaltes Handbad erheblich verzögern, durch ein warmes Handbad aber beschleunigen.

Affekte. Starke Affekte wie Wutausbruch führen nach Dobreff[4] an Hunden zu einer starken Hemmung der Harnabsonderung.

Blutdruck. Nach Cruickshank und Takeuchi[5] wird die an einem Herz-Lungen-Nierenpräparat von der Katze die Harnbereitung erheblich eingeschränkt, wenn man den Blutdruck in den Nierenvenen steigert. Nach den Untersuchungen von Wiechmann und Paal[6] an Personen mit krankhaft geändertem Blutdrucke besteht kein gesetzmäßiger Zusammenhang zwischen Blutdruck und Harnabsonderung; insbesondere wird letztere nicht geändert, wenn im Schlaf eine Änderung des Blutdruckes eintritt. Nach den Untersuchungen von Hohl[7] an der überlebenden Froschniere ist von beiden Momenten, erhöhte Menge der Durchströmungsflüssigkeit und Steigerung ihres Druckes, die übrigens im Experiment schwer auseinandergehalten werden können, quoad Harnmenge letztere die wirksamere.

H-Ionenkonzentration der Durchströmungsflüssigkeit. Bei Variationen der H-Ionenkonzentration in der die überlebende Froschniere durchströmenden Flüssigkeit fand Detering[8], daß das Optimum für die Harnbereitung bei $p_H = 7{,}26$ liegt. Dabei ist der Harn stets saurer als die Durchströmungsflüssigkeit, was darauf beruht, daß von den Nieren Bikarbonat aus der Flüssigkeit zurückbehalten, hingegen Kohlensäure hinzusezerniert wird.

Elektrolyte bzw. deren Ionen. Von Misumi[9] wurden die Veränderungen geprüft, die sich im Harn von Kaninchen, bezüglich seiner Menge, Reaktion usw. zeigen, wenn man den Tieren Ringersche Lösung, oder Phosphate, oder Bikarbonat, oder Kalzium- bzw. Magnesiumchlorid intravenös beibringt. Vollmer und Serebrijski[10] finden an erwachsenen Personen große Verschiedenheiten, konnte aber immerhin nachweisen, daß KCl, HCl, Na_2HPO_4 und KH_2PO_4 stark diuretisch wirksam sind. Nach Becher und May[11] wird an Kaninchen auch durch Injektion von Natriumnitratlösung eine starke Diurese mit erheblicher Steigerung der absoluten Kochsalzausscheidung herbeigeführt. Ähnliche Untersuchungen liegen auch von Brull und Eichholtz[12] vor, die nach Eingießung einer isotonischen Lösung von KCl an Hunden die Diurese stärker als nach Eingießung von $NaCl$ erhöht fanden. Nach Stuber und Nathanson[13] wird

[1] David, Pflügers Arch. f. d. ges. Physiol. **208**, 529. 1925 (Berichte **33**, 146).
[2] Porak, Journ. de physiol. et de pathol. gén. **23**, 796. 1925 (Berichte **36**, 664).
[3] Rösler, Klin. Wochenschr. 4, 968. 1925 (Berichte **33**, 148).
[4] Dobreff, Pflügers Arch. f. d. ges. Physiol. **213**, 511. 1926 (Berichte **38**, 569).
[5] Cruickshank and Takeuchi, Journ. of physiol. **60**, 120. 1925 (Berichte **35**, 117).
[6] Wiechmann und Paal, Zeitschr. f. d. ges. exp. Med. **50**, 197. 1926 (Berichte **37**, 154).
[7] Hohl, Biochem. Zeitschr. **173**, 95. 1926 (Berichte **38**, 270).
[8] Detering, Pflügers Arch. f. d. ges. Physiol. **214**, 744. 1926 (Berichte **39**, 706).
[9] Misumi, Journ. of biochem. 5, 417. 1925 u. 441. 1925 (Berichte **37**, 154 u. **37**, 153).
[10] Vollmer und Serebrijski, Zeitschr. f. d. ges. exp. Med. **47**, 670. 1925 (Berichte **34**, 530).
[11] Becher und May, Klin. Wochenschr. 5, 1229. 1926 (Berichte **37**, 382).
[12] Brull and Eichholtz, Proc. of the roy. soc. of London, Ser. B. **99**, 57. 1925 (Berichte **35**, 694).
[13] Stuber und Nathanson, Dtsch. Arch. f. klin. Med. **146**, 47. 1925 (Berichte **31**, 101).

die Ausscheidung von vorher genossenem Wasser durch Zusatz von NaCl, noch mehr durch Zusatz von NaCl plus $NaHCO_3$ gehemmt, und kann diese Hemmung durch Koffein nicht behoben werden. Verwendet man zur Durchströmung der Froschnieren hypertonische bzw. hypotonische Lösungen, so ändert sich nach Deutsch[1] die Konzentration des Harns mit der der Durchströmungsflüssigkeit, jedoch nur, wenn die Hyper- bzw. Hypotonie innerhalb gewisser Grenzen bleibt. Die diuretische Wirkung mancher Mineralwässer kommt nach Daniel und Popescu-Buzeu[2] auf dem Wege der Anregung der Vorgänge in der Leber durch eingeführte Salzbestandteile zustande, indem der hier gebildete Harnstoff in größerer Konzentration im Blute erscheint, und als das eigentliche Diuretikum wirksam ist. Aus dem Gesichtspunkte der bekannten Ionenwirkungen dürfte die Mitteilung von Kempmann und Menschel[3] von Interesse sein, wonach in einem Falle von Glomerulonephritis nach Verabreichung von Natriumbikarbonat Wasserretention, nach Verabreichung von Kaliumkarbonat aber eine starke Diurese eintrat. Die Nierenfunktion läßt sich nach Eichholtz und Starling[4] durch einen geeigneten Elektrolytzusatz erheblich beeinflussen; dabei ist es aus dem Gesichtspunkte der bekannten Ionenwirkungen interessant, daß, wenn Kalium- und Kalziumchlorid der die Hundeniere durchströmenden Flüssigkeit gleichzeitig zugesetzt werden, eine erhebliche Diurese zustande kommt, sowie auch wenn erst das K- und 20—30 Minuten später das Ca-Salz folgt; weit weniger aber, wenn man nur eines der beiden Salze, oder erst Ca- und später das Ka-Salz zusetzt. Nach Freudenberg[5] wird die Diurese an Säuglingen von der Art der eingeführten Ionen beeinflußt. Von den Anionen wirkt das Phosphat hemmend, das Bikarbonat beschleunigend, von den Kationen wirkt Kalium stärker beschleunigend als Kalzium.

Organauszüge, Hormone. Zwei Stunden nach Injektion von 20 E. Insulin wird an Hunden von Collazo[6] ein etwa 1 Stunde dauernde Steigerung der Diurese beobachtet. Der von Richet[7] dargestellte (auf S. 379 dieser Jahresberichte 1924 besprochene) diuretisch wirksame Stoff, den man aus der Nierensubstanz durch Extraktion erhält, läßt sich nach diesem Autor in geeigneter Weise umfällen ohne seine Wirksamkeit einzubüßen. Nach Koref und Mautner[8] bleibt die bekannte, durch Hypophysenpräparate bedingte Hemmung der Diurese aus, wenn vorangehend Insulin gegeben wurde. Nach Labbé, Violle und Azérad[9] kommt sie im Schlafe nicht zustande; und nach Filinski und Fidler[10] nur, wenn die betreffende Versuchsperson vorangehend Wasser trinkt; auf diese Weise würde also der Organismus für die besagte Hemmung erst durch Wasser sensibilisiert werden. Die hemmende Wirkung wird aber von Stehle und Bourne[11] nur bezüglich der Stoffe gefunden, die gewöhnlich rasch ausgeschieden werden; an solchen, die gewöhnlich langsam ausgeschieden werden, findet eine beschleunigte Ausscheidung statt. Entfernt man die Hypophyse, so hört nach Brull und Eichholtz[12] die Ausscheidung der Phosphate vollständig auf, kehrt nach Einspritzung eines Vorderlappenauszuges nicht wieder, wohl aber wenigstens teilweise, wenn Hinter-

---

[1] Deutsch, Pflügers Arch. f. d. ges. Physiol. **208**, 177. 1925 (Berichte **33**, 146).

[2] Daniel et Popescu-Buzeu, Ann. de méd. **20**, 641. 1926 (Berichte **40**, 114).

[3] Kempmann and Menschel, Zeitschr. f. d. ges. exp. Med. **46**, 111. 1925 (Berichte **32**, 791).

[4] Eichholtz and Starling, Proc. of the roy. soc. of London, Ser. B. **98**, 93. 1925 (Berichte **33**, 148).

[5] Freudenberg, Zeitschr. f. Kinderheilk. **39**, 608. 1925 (Berichte **34**, 530).

[6] Collazo und Dobreff, Biochem. Zeitschr. **171**, 436. 1926 (Berichte **36**, 853).

[7] Richet fils, Cpt. rend. des séances de la soc. de biol. **92**, 486, 488. 1925 (Berichte **31**, 603). — Arch. internat. de physiol. **24**, 265. 1925 (Berichte **32**, 310).

[8] Koref und Mautner, Arch. f. exp. Pathol. u. Pharmakol. **113**, 124. 1926 (Berichte **37**, 630).

[9] Labbé, Violle et Azérad, Cpt. rend. des séances de la soc. de biol. **94**, 845. 1926 u. 848. 1926 (Berichte **36**, 663 u. **36**, 664).

[10] Filinski et Fidler, Cpt. rend. des séances de la soc. de biol. **95**, 906. 1926 (Berichte **39**, 553).

[11] Stehle and Bourne, Journ. of physiol. **60**, 229. 1925 (Berichte **33**, 736).

[12] Brull and Eichholtz, Proc. of the roy. soc. of London, Ser. B. **99**, 70. 1925 (Berichte **35**, 694).

lappenauszug eingebracht wird. Die Harnstoffkonzentrationsarbeit der Nieren wird durch Entfernung der Hypophyse nicht beeinträchtigt.

Giftstoffe bzw. Medikamente. An Säuglingen kommt dem Koffein und dem Diuretin nach Serebrijski und Vollmer[1] keine diuretische Wirkung zu. Hiermit im Zusammenhange dürfte es von Interesse sein, daß eine Quellung der Nierensubstanz durch Koffein nach Lazarew und Magath[2] nicht stattfindet. Die Ausscheidung des in großen Mengen eingeführten Wassers hängt nach Goldberger[3] von verschiedenen Umständen ab, wird aber wesentlich modifiziert unter Einwirkung gewisser nebenbei eingeführter Stoffe wie Atropin, Pilokarpin, usw. War das Wasser längere Zeit hindurch entzogen worden, so kann auch 1 l getrunkenes Wasser ohne Einfluß auf die Diurese bleiben. Wird eine Diurese durch intramuskuläre Injektion von Euphyllin erzeugt, so läßt sich nach Curtis[4] stets eine Zunahme der Cl-Konzentration im Blute nachweisen: wird aber gleichzeitig eine Rohrzuckerlösung in die Bauchhöhle injiziert, so unterbleibt sowohl die Diurese wie auch die Cl-Anreicherung im Blute, hingegen wird Cl reichlich in der Peritonealflüssigkeit gefunden. Hieraus folgert der Autor, daß die Euphyllindiurese durch die Zunahme der Cl-Konzentration im Blute ausgelöst wird, wobei allerdings bemerkt werden muß, daß nach den Untersuchungen von Hartwich[5] die Erhöhung des Cl-Gehaltes des Blutes, wenn man sie auf eine andere Weise, z. B. durch direkte Infusion von NaCl-haltigen Lösungen herbeiführt, zu keiner Diurese führt. Desgleichen bleibt interessanterweise nach Nakao[6] trotz erhöhter Cl-Konzentration im Blute die Euphyllindiurese aus, wenn am Versuchstiere Sauerstoffmangel und dadurch offenbar eine Schädigung der Nierenzellen gesetzt wird. Sehr bemerkenswert ist der Befund von Nakao[7], wonach die Euphyllindiurese erheblich geringer ausfällt, eine Erhöhung der Cl-Konzentration im Blute aber überhaupt nicht eintritt, wenn vorangehend beide Splanchnici retroperitonal durchschnitten werden.

H. Nierenfunktionsproben.

Eng an die vorangehend (S. 574) behandelte Frage der Ausscheidung gewisser in den Kreislauf eingebrachter Stoffe bzw. ihrer Speicherung in Nieren und in anderen Geweben schließen sich die verschiedenen Nierenfunktionsproben an.

Harnstoffproben. Die Tatsache, daß im Falle einer Nierenschädigung der Harnstoffgehalt des Blutes nach Einführung von 15 g Harnstoff einen weit höheren Wert als an Nierengesunden erreicht, und auch die Rückkehr zu normalen Wetten verzögert ist, wird von Archer und Robb[8] durchaus bestätigt. Die hierauf beruhende, von McLean vorgeschlagene Harnstoffkonzentrationsprobe besteht im folgenden: Nachdem die Versuchsperson vorangehend seit mindestens 6 Stunden keine Nahrung zu sich genommen hat, werden ihr 15 g Harnstoff beigebracht und wird in vorgeschriebenen Intervallen die Harnstoff konzentration im Harn (normalerweise soll sie 2—4 % betragen), außerdem auch im Blute festgestellt. Das Verhältnis zwischen den beiden Werten ist der sog. Harnstoffkonzentrationsfaktor, dem unter normalen Umständen ein bestimmter minimaler Wert zukommt. Wird dieser nicht erreicht, so muß eine schlechte Prognose gestellt werden. Steinitz[9] spricht sich für die Verwendbarkeit der McLeanschen Probe aus,

---

[1] Serebrijski und Vollmer, Arch. f. exp. Pathol. u. Pharmakol. **106**, 306. 1925 (Berichte **33**, 416).

[2] Lazarew und Magath, Zeitschr. f. d. ges. exp. Med. **45**, 475. 1925 (Berichte **32**, 310).

[3] Goldberger, Zeitschr. f. urol. Chir. **18**, 1. 1925 (Berichte **33**, 418).

[4] Curtis, Biochem. Zeitschr. **163**, 109. 1925 (Berichte **34**, 530). — Auszug des Vortrages, gehalten auf dem XII. Internat. Physiol.-Kongr. in Stockholm **1926**, 36 (Berichte **39**, 94).

[5] Hartwich, Biochem. Zeitschr. **167**, 329. 1926 (Berichte **36**, 183).

[6] Nakao, Biochem. Zeitschr. **173**, 41. 1926 (Berichte **38**, 269).

[7] Nakao, Biochem. Zeitschr. **178**, 342. 1926 (Berichte **39**, 552).

[8] Archer and Robb, Quart. journ. of med. **18**, 274. 1925 (Berichte **33**, 150).

[9] Steinitz, Dtsch. med. Wochenschr. **51**, 1616. 1925 (Berichte **33**, 735).

die aber auch ohne die Harnstoffbestimmung im Blute ausgeführt werden kann, indem
nach Ansicht des Autors die Harnstoffkonzentration im Harne an Gesunden stets 2,5 %
und darüber, an Nierenkranken aber immer weniger als 2 % beträgt. Hingegen liefert
nach Robertson[1] die McLeansche Probe keinen differentialdiagnostischen Behelf,
und ist prognostisch auch nur zu verwerten, wenn die Harnentleerung mechanisch be-
hindert ist. Wenn nämlich für obigen Faktor ein normaler Wert erhalten wird, so darf
sofort operativ eingeschritten werden; sonst aber nur, nachdem eine Blasenfistel angelegt
wurde, und die Nieren sich nach einer Zeit erholt haben. Von Jones und Cantarow[2]
wird die McLeansche Harnstoffkonzentrierungsprobe in einer nach Angabe der Autoren
verbesserten Form empfohlen, desgleichen auch von Kawahara, der statt der ursprünglich angegebenen Versuchsdauer von 24 Stunden eine solche von 72 Minuten anempfiehlt.
Eine andere Funktionsprüfung ist die von Bernhard, Jacobi und Jensen[3] für die
folgende Formel empfohlen wird: $\dfrac{\text{N im Blutharnstoff} \times \text{Gesamt-N im Harn}}{\text{N im Harnstoff des Harns}}$. An
Nierengesunden hat dieser Quotient den Wert von etwa 15—18, an Nierenkranken einen
um so größeren Wert, je stärker die Schädigung der Niere ist. Von einer ganzen Anzahl
von Nierenfunktionsproben, die Busch[4] einer vergleichenden Prüfung unterzog, findet
er die Addissche, in der das Verhältnis zwischen dem Harnstoff im Harn von 1 Stunde
und dem Harnstoff in 100 ccm Blut zur Beurteilung der Funktionstüchtigkeit der
Nieren verwendet wird, als die verläßlichste; nach ihr die Phenolsulphophthaleinprobe.
Bezüglich aller auf die Ausscheidung von Harnstoff gegründeten Proben wäre aber zu
beherzigen, daß nach Bourquin und Laughton[5] der Quotient des N, des im Harn
und des im Blute enthaltenen Harnstoffs zu Beginn einer Diurese etwas erhöht, beim
Abklingen der Diurese etwas herabgesetzt ist.

Phenolsulphophthaleinprobe nach Rowntree. Nach Lundsgaard und
Moeller[6] kann für normale gesunde Menschen angenommen werden, daß innerhalb
2 Stunden nach intravenöser Einbringung von Phenolsulphophthalein mindestens 70 %
des Farbstoffes wieder im Harne ausgeschieden werden. Läßt man die Versuchsperson
vor Beginn des Versuches 1 l Wasser trinken, so sichert man sich dadurch Unabhängig-
keit vor dem Einflusse einer aus anderer Ursache erhöhten oder herabgesetzten Harnausscheidung. Die Ausscheidung des Farbstoffes ist nicht verzögert in Nierenkrankheiten
ohne Gefäßalteration, wohl aber, wenn die Blutzirkulation in den Nieren gestört ist,
bzw. nach denselben Autoren[7] auch bei Leberkranken. Kompliziert werden diese Verhältnisse dadurch, daß an gesunden Menschen der Farbstoff teilweise auch durch die Galle
ausgeschieden wird, weit weniger aber an Leberkranken[8]. Für die Anwendbarkeit der
Probe spricht sich auch Shaw[9] aus, sowie auch Sugimura und Aomura[10], die allerdings die Wichtigkeit der vorangehenden Wasserdarreichung an die Versuchsperson
sowie eine Konstanz des Präparates betonen. Hingegen weist Bernheim[11] darauf hin,
daß infolge des Mißverhältnisses zwischen der Entleerung des Phenolsulphophthaleins
(als Phenolrot) im Harn und seinem Verschwinden aus dem Blute irgendwo in den Geweben eine Speicherung des Farbstoffes erfolgen müsse. An nichtnarkotisierten Tieren

---

[1] Robertson, Glasgow med. journ. **102**, 148 u. 222. 1924 (Berichte **31**, 604).
[2] Jones and Cantarow, Arch. of internal med. **38**, 581. 1926 (Berichte **39**, 553).
[3] Bernhard, Jacobi and Jensen, Journ. of laborat. a. clin. med. **11**, 854. 1926 (Berichte **37**, 381).
[4] Busch, Hospitalstidende, **69**, 1. 1926 (Berichte **37**, 628).
[5] Bourquin and Laughton, Americ. journ. of physiol. **74**, 436. 1925 (Berichte **35**, 302).
[6] Lundsgard et Moeller, Cpt. rend. des séances de la soc. de biol. **92**, 390. 1925 (Berichte **31**, 274).
[7] Moeller et Lundsgard, Cpt. rend. des séances de la soc. de biol. **92**, 1320. 1925 (Berichte **32**, 598).
[8] Moeller et Lundsgard, Cpt. rend. des séances de la soc. de biol. **92**, 1321. 1925 (Berichte **32**, 599).
[9] Shaw, Journ. of urol. **13**, 575. 1925 (Berichte **33**, 420).
[10] Sugimura and Aomura, Tohoku journ. of exp. med. **7**, 125. 1926 (Berichte **38**, 272).
[11] Bernheim, Zeitschr. f. klin. Med. **104**, 240. 1926 (Berichte **39**, 92).

ist die Farbstoffspeicherung vonseiten der Niere eine geringe, in Äthernarkose eine hochgradige. Zu einem ähnlichen Ergebnisse kommen auch Bernheim und Hitotsumatsu[1]. Da nämlich zu einer Zeit, wo noch nicht alles (wenn auch das meiste) verabreichte Phenolsulphophthalein als Phenolrot im Harne ausgeschieden ist, im Blute kaum welches mehr nachgewiesen werden kann, muß man annehmen, daß irgendwo im Organismus eine Speicherung des Farbstoffes stattfindet. Dies spricht nach den Autoren gegen die Verwendbarkeit des Ph. als Nierendiagnostikum. Um am Rinde diese Probe ausführen zu können, müssen nach Hewitt[2] aus dem Harne erst Sulfate und Phosphate durch Zusatz einer Lösung von $Ba(OH)_2$ entfernt werden.

Funktionsprüfung mittels anderer Farbstoffe. Die Indigokarminprobe wird durch Koike[3] auf Grund einer großen Zahl von Versuchen an gesunden Personen auf eine sichere Basis gestellt; so wurde die Menge des Farbstoffs, die unter gewissen Bedingungen zur Ausscheidung gelangt, der Kulminationspunkt der Ausscheidung usw. bestimmt. Von Karczag[4] wird der Umstand, daß das Karbinol eines Farbstoffes, z. B. des „Fuchsin S", früher im Harne erscheint, als der Farbstoff selbst, und dieser Zeitunterschied an Nierengesunden anders als an Nierenkranken ist, zu einer Funktionsprüfung der Nieren verwendet. Nach Bennhold[5] verschwindet ein geringer Anteil, etwa 11—29% des in den Blutkreislauf eingebrachten Kongorotes, binnen 1 Stunde aus dem Serum Gesunder bis zu 30—60% bei tubulären Nierenkrankheiten bis zu 100% bei Amyloiderkrankung, was vielleicht diagnostisch verwertet werden kann; denn offenbar handelt es sich in beiden letzteren Fällen um eine pathologisch gesteigerte Bindung des Farbstoffes an gewisse Körper- bzw. Blutbestandteile.

Andere Funktionsprüfungsmethoden. Bei der kryoskopischen Prüfung der Funktionstüchtigkeit der Nieren rät Jones[6], der Versuchsperson vorangehend das Wasser zu entziehen, weil es nur auf diese Weise gelingt, die Konzentrationsarbeit der Nieren gleichsam zu erzwingen. Tyrni[7] betont, mit welcher Vorsicht das Ergebnis des Wasser- und des Konzentrationsversuches an Menschen beurteilt werden muß, die als vasomotorisch überempfindlich bezeichnet werden und auf intravenös applizierte minimale Mengen von Adrenalin mit einer erheblichen Steigerung des Blutdruckes reagieren. Die Vorsicht ist darum geboten, weil diese Personen im Wasserversuch durch den durch das Wasser gesetzten Reiz bald mit einer Kontraktion, bald mit einer Dilatation der Nierengefäße, und damit in Verbindung mit einer gesteigerten bzw. verzögerten Harnabsonderung reagieren. Über verzögerte Ausscheidung des in der Belastungsprobe eingeführten NaCl durch Nierenkranke berichtet Rapinesi[8], sowie auch darüber, daß die NaCl-Belastung zu einer erhöhten N-Ausfuhr führt. Nach Glaser[9] ist die Kalziumprobe (siehe S. 575) geeignet, Aufschluß über eine etwa bestehende Nierenschädigung zu geben, da in solchen Fällen eine verzögerte Ca-Ausscheidung (nach Einbringung von 10 ccm 10 proz. CaCl-Lösung) zu beobachten ist. Allerdings kommt eine Ca-Retention auch in der Schwangerschaft und zur Zeit der Menstruation vor. Die altbekannte qualitative Funktionsprüfung mit Jod läßt sich nach Nyiri[10] zu einer quantitativen gestalten, wenn man nach intravenöser Applikation von 1 g NaI das Jod in der ersten 2-Stundenportion bestimmt. Bleibt diese Menge unter 0,15 g, so kann die Nierenfunktion als herabgesetzt betrachtet werden, und zwar in um so höherem Grade, je weniger Jod

---

[1] Bernheim und Hitotsumatsu, Zeitschr. f. klin. Med. 101, 331. 1925 (Berichte 33, 148).

[2] Hewitt, Journ. of laborat. a. clin. med. 11, 87. 1925 (Berichte 34, 531).

[3] Koike, Tohoku journ. of exp. med. 7, 278. 1926 (Berichte 38, 272).

[4] Karczag, Biochem. Zeitschr. 173, 279. 1926 (Berichte 37, 634).

[5] Bennhold, Sitzungsber. d. Ges. f. Morphol. u. Physiol., München 36, 93. 1925 (Ber. 34, 855).

[6] Jones, Journ. of urol. 16, 205. 1926 (Berichte 38, 571).

[7] Tyrni, Acta societatis medicorum Fennicae „Duodecim" 7, 1. 1926 (Berichte 39, 250).

[8] Rapinesi, Policlinico, sez. med. 33, 354. 1926 (Berichte 38, 276).

[9] Glaser, Münch. med. Wochenschr. 73, 1973. 1926 (Berichte 39, 707).

[10] Nyiri, Wien. Arch. f. inn. Med. 9, 511. 1925 (Berichte 32, 599).

ausgeschieden wurde. Die von Nyiri eingeführte Thiosulfatprobe besteht darin, daß man 1 g Natriumthiosulfat in 10 ccm Wasser gelöst intravenös beibringt, und nach angemessener Zeit die Menge des unveränderten Thiosulfates im Harne bestimmt. Normalerweise werden nur etwa 30% unverändert wiedergefunden, während der größere Rest zu Natriumsulfat oxydiert ausgeschieden wird. Nach Holboll[1] hängt aber das auf diese Weise erhaltene Ergebnis von zwei Faktoren, der Oxydationsfähigkeit des Organismus und dem Ausscheidungsvermögen der Nieren ab, ist also nicht charakteristisch für die Nierenfunktion. In der ursprünglichen Form wird diese Probe von Aprile[2], in je einer modifizierten Form von Aruga[3] und von Ryoji[4] warm empfohlen. Eine von den bisherigen abweichende Methode, die Funktionstüchtigkeit der Nieren zu prüfen, wird von Pregl[5] angegeben. Sie besteht darin, daß man den Harn beider Nieren getrennt auffängt, und einerseits aus dem spezifischen Gewichte den gesamten Trockensubstanzgehalt mittels des Häserschen Koeffizienten berechnet, andererseits eine Aschenbestimmung vornimmt. Letzteren Wert von der Trockensubstanz abgezogen, erhält man den Gehalt an organischer Substanz, und kann nun das Verhältnis zwischen anorganischer und organischer Substanz ermitteln. Ist dies Verhältnis auf beiden Seiten gleich, so sind die Nieren gesund; im entgegengesetzten Falle darf eine Schädigung der Nieren angenommen werden. Gegen die Verwendbarkeit dieser Methode spricht sich Ody[6] aus. Aus seinem Befunde, daß bei bestehender Niereninsuffizienz die Diastase von den Nieren verzögert ausgeschieden, daher im Blute in erhöhter Konzentration angetroffen wird, leitet Bettoni[7] eine Funktionsprüfungsmethode ab. Eine andere Funktionsprüfung wird von Cristol und Bonnet[8] angegeben und beruht darauf, daß Nierengesunde auf Einfuhr von 2 g Phosphorsäure in 400—500 ccm Wasser mit einer Polyurie und einem Anstieg des p_H im Harne und der Menge des im Harn ausgeschiedenen Ammoniaks, Nierenkranke aber in weit geringerem Grade oder gar nicht reagieren. Nach Bryan[9] ist die Natriumbenzoatprobe zur Nierenfunktionsprüfung sogar der Phenolsulphophthaleinprobe überlegen. Von gesunden Nieren werden, wenn des Morgens 2,4 g gegeben wurden, mindestens 70% innerhalb der nächsten 2 Stunden, von Nierenkranken entsprechend weniger ausgeschieden.

J. Toxische Nephritiden.

Alimentäre Schädigung der Nieren. Eine solche wird, wenn auch nur in Form einer Hypertrophie derselben, von Osborne, Mendel, Park und Winternitz[10] an Ratten nach Verfütterung stickstofffreier Nahrung, wie auch nach der von Harnstoff beschrieben, die aber nach MacKay, Lockard, MacKay und Addis[11] auf Zusatz von Phosphaten zum Futter noch stärker ist. Nach MacLean, Smith und Urquhart[12] vertragen Kaninchen ein 60% (!) Eiweiß und 12% Kohlenhydrat enthaltendes Futter ebensogut wie ein solches, in dem neben 60% Kohlenhydrat 11% Eiweiß enthalten sind,

[1] Holboll, Bibliotek for hæger 117, 149. 1925 (Berichte 32, 790). — Klin. Wochenschr. 4, 1636. 1925 (Berichte 33, 733).
[2] D'Aprile, Riv. ital. di ginecol. 4, 371. 1926 (Berichte 37, 845).
[3] Aruga, Japan. journ. of dermatol. a. urol. 25, 987. 1925 (Berichte 35, 119).
[4] Ryoji, Okayama Igakkai Zasshi 1926, 31. (Berichte 35, 694).
[5] Pregl, Wien. klin. Wochenschr. 38, 663. 1925 (Berichte 32, 789).
[6] Ody, Zeitschr. f. urol. Chir. 18, 300. 1925 (Berichte 34, 855).
[7] Bettoni, Osp. magg. (Milano) 13, 233. 1925 (Berichte 35, 118).
[8] Cristol et Bonnet, Bull. de la soc. des sciences méd. et biol. de Montpellier et du Languedoc méditerranéen 6, 401. 1925 (Berichte 34, 217).
[9] Bryan, Journ. of clin. investig. 2, 1. 1925 (Berichte 38, 711).
[10] Osborne, Mendel, Park and Winternitz, Americ. journ. of physiol. 72, 222. 1925 (Berichte 32, 312).
[11] MacKay, Lois Lockard, Eaton M. MacKay and Addis, Proc. of the soc. f. exp. biol. a. med. 24, 130. 1926 (Berichte 40, 110).
[12] MacLean, Forest Smith and Urquhart, Brit. journ. of exp. pathol. 7, 360. 1926 (Berichte 39, 847).

solange im ersten Falle die Tiere täglich wenigstens zwei frische Kohlblätter zugesetzt erhalten. Werden ihnen aber letztere entzogen, so erzeugt das eiweißreiche Futter eine schwere Nephritis. Da an verschiedenen Tierarten eine die Nieren schädigende Wirkung eiweißreicher Nahrung seit langer Zeit bekannt ist, konnte es von Interesse sein, zu prüfen, ob die Nieren auch durch Aminosäuren geschädigt werden oder nicht. Aus den Versuchen von Newburgh und Marsh[1] ergab sich von einer ganzen Reihe von Aminosäuren, daß sie unschädlich sind, während Lysin, Histidin, Tryptophan, Zystin und Tyrosin schwere Schädigung der Nieren herbeiführen können, von der teils die Tubuli, teils aber die Glomeruli betroffen sind.

  Nephritis durch Giftwirkung. Nach MacNider[2, 3] sind an den Nieren von Hunden, die lange Zeit hindurch mit Alkohol behandelt werden, keine Anzeichen einer Nierenschädigung wahrzunehmen, wohl aber an solchen Tieren, die mit dem Destillate eines vergorenen Gemisches von Mehl und Zucker behandelt wurden, woraus gefolgert wird, daß nicht der Alkohol, sondern andere Bestandteile des Destillates schädigend auf die Nieren einwirken, und zwar [4] im Sinne einer krankhaft erhöhten Durchlässigkeit der Glomeruli. Bei der Nephritis, die man durch Oxalsäure erzeugt, ist nach Dunn, Haworth und Jones[5] der Harnstoffgehalt des Blutes sehr stark vermehrt, und zwar etwa für die Dauer von 1 Monat; doch läßt sich die Harnstoffretention nach Dunn, Dible, Jones und Swiney[6] nicht aus einer mangelhaften Durchblutung der Nieren erklären. In einer weiteren Mitteilung werden von Dunn und Jones[7] die Einzelerscheinungen sowie die pathologisch-histologischen Befunde an den Nieren von Kaninchen, die durch Oxalsäure nephritisch gemacht worden sind, beschrieben. Nach Rose, Weber, Corley und Jackson[8] wird die Niere durch Dikarbonsäuren mit der C-Zahl 6—9 weit weniger geschädigt, als durch Glutarsäure, woraus folgt, daß der Abbau jener Säuren nicht durch β-Oxydation geschieht, weil ja aus den unpaaren Säuren hierbei Glutarsäure gebildet, und zu einer bedeutenden Nierenschädigung führen müßte. Aber auch die Glutarsäure selbst ist nach Corley und Rose[9] ungiftig, wenn sie in Form gewisser Substitutionsprodukte eingeführt wird, woraus hervorgeht, daß die Giftwirkung nicht an die Fünf-C-Zahl selbst gebunden ist. Schwere Formen von tubulärer Nephritis lassen sich nach Rose und Jackson[10] an Kaninchen durch größere Dosen der Polyoxy-Dikarbonsäure Schleimsäure erzeugen, nach Rose und Dimmit[11] jedoch nur, wenn man sie subkutan beibringt, während sie in sehr großen Dosen vertragen wird, wenn man sie per os reicht. Nach Jessen[12] läßt sich eine experimentelle Nephritis ohne alle Nebenerscheinungen am besten durch Uran erzeugen, das in minimalen Mengen monatelang gegeben und von den Kaninchen sonst gut vertragen wird. Nach Mauriac und Aubel[13] läßt sich eine hydropische Nephritis an Kaninchen künstlich erzeugen, wenn man sie erst durch Uran nephritisch macht und ihnen dann täglich irgendein Na-Salz mit der Schlundsonde einbringt. Nach Frandsen[14] läßt sich an Kaninchen eine chro-

---

[1] Newburgh and Marsh, Arch. of internal med. **36**, 682. 1925 (Berichte **35**, 498).
[2] MacNider, Journ. of pharmacol. a. exp. therapeut. **25**, 171. 1925 (Berichte **32**, 110).
[3] MacNider, Proc. of the soc. f. exp. biol. a. med. **23**, 52. 1925 (Berichte **35**, 867).
[4] MacNider, Journ. of pharmacol. a. exp. therapeut. **26**, 97. 1925 (Berichte **34**, 77).
[5] Dunn, Haworth and Jones, Journ. of pathol. a. bacteriol. **27**, 377. 1924 (Berichte **31**, 274).
[6] Dunn, Dible, Jones and McSwiney, Journ. of pathol. a. bacteriol. **28**, 233. 1925 (Berichte **32**, 790).
[7] Dunn and Jones, Journ. of pathol. a. bacteriol. **28**, 483. 1925 (Berichte **33**, 736).
[8] Rose, Weber, Corley and Jackson, Journ. of pharmacol. a. exp. therapeut. **25**, 59. 1925 (Berichte **31**, 602).
[9] Corley and Rose, Journ. of therapeut. a. exp. pharmacol. **27**, 165. 1926 (Berichte **36**, 405).
[10] Rose and Jackson, Journ. of laborat. a. clin. med. **11**, 824. 1926 (Berichte **37**, 629).
[11] Rose and Dimmit, Journ. of pharmacol. a. exp. therapeut. **25**, 65. 1925 (Berichte **31**, 603).
[12] Jessen, Hospitalstidende **68**, 656. 1925 (Berichte **35**, 119).
[13] Mauriac et Aubel, Cpt. rend. des séances de la soc. de biol. **95**, 593. 1926 (Berichte **39**, 553).
[14] Frandsen, Skandinav. Arch. f. Physiol. **46**, 193. 1925 (Berichte **31**, 102).

nische Nephritis sowohl durch Cantharidin wie auch durch Bichromat erzeugen, mit dem Unterschiede, daß im letzteren Falle bloß die Tubuli, im ersteren aber auch ein Teil der Glomeruli betroffen sind. Da aber in den Endstadien auch an den Bichromattieren die Glomeruli mitbeteiligt waren, ist bewiesen, daß eine reine tubuläre Nephritis in die sklerotische Form übergehen kann. An solchen an reiner tubulärer Nephritis erkrankten Tieren war nach demselben Autor[1] die Ausscheidung von Wasser und von Jodiden nicht gestört, wohl aber in sehr erheblichem Grade die der Chloride, und es bestand auch eine herabgesetzte Konzentrationsfähigkeit der Niere für Harnstoff. Ferner[2] wurde gefunden, daß solche Tiere zuweilen in ganz akuter Weise unter urämischen Erscheinungen erkranken und zugrunde gehen, wenn die Cl- bzw. N-Belastungsprobe allzulange protrahiert wird. Die durch Wismut gesetzte Schädigung der Nieren ist nach Brown, Saleeby und Schamberg[3] im Blute an der Retention von Harnstoff, später auch von anderen N-haltigen Bestandteilen zu erkennen. Nach Dunn und Polson[4] läßt sich an Kaninchen durch einmalige intravenöse Injektion größerer Mengen von harnsaurem Lithium eine schwere Schädigung der Nieren erzeugen, die jedoch auf die Tubuli contorti 2. Ordnung beschränkt bleibt.

Nephritis durch Medikamente. Von Tocco-Tocco[5] wurden die Veränderungen an den Nieren von mit Koffein vergifteten Exemplaren von Rana esculenta geprüft. Lunding[6] berichtet über die Schädigung der Nieren, die durch längere Sanokrysinbehandlung gesetzt werden, und mittels Funktionsprüfung sowie auch auf Grund der mikroskopischen Untersuchungen der Nieren konstatiert werden konnten.

Nach den Untersuchungen von Kellaway, Davies und Williams[7] stammt das Eiweiß, das in Fällen von experimenteller Nephritis ausgeschieden wird, nicht, bzw. nicht alles, vom Blute, sondern vielleicht von zerfallenden Zylindern und Epithelien her. Anschließend hieran sei der Befund von Munk, Benatt und Flockenhaus[8] erwähnt, die fanden, daß, wenn sie die überlebende Hundeniere mit einem Gemisch von Serum und Ringerlösung durchströmen ließen, durch das sie vorangehend elektrischen Strom durchleiteten, der von der Niere abgeschiedene Harn eiweißhaltig war. Die Autoren meinen, daß das Serumeiweiß durch den durchgeleiteten elektrischen Strom eine Änderung seines Dispersitätsgrades im Sinne einer Vergröberung erlitten hat, und dadurch reizend auf die Nierenelemente wirkt; auch suchen sie gewisse Formen der pathologischen Albuminurien auf eine analoge Änderung der Eiweißkörper im Blutplasma zurückzuführen.

---

[1] Frandsen, Skandinav. Arch. f. Physiol. **46**, 203. 1925 (Berichte **31**, 102).
[2] Frandsen, Skandinav. Arch. f. Physiol. **46**, 223. 1925 (Berichte **31**, 102).
[3] Brown, Saleeby and Schamberg, Journ. of pharmacol. a. exp. therapeut. **28**, 165. 1926 (Berichte **39**, 98).
[4] Dunn and Polson, Journ. of pathol. a. bacteriol. **29**, 337. 1926 (Berichte **38**, 713).
[5] Tocco-Tocco, Arch. di farmacol. sperim. e scienze aff. **38**, 258. 1924 (Berichte **31**, 418).
[6] Lunding, Ugeskrift f. Læger **88**, 30. 1926 (Berichte **36**, 664).
[7] Kellaway, Davies and Williams, Austral. journ. of exp. biol. a. med. science **2**, 139. 1925 (Berichte **34**, 853).
[8] Munk, Benatt und Flockenhaus, Klin. Wochenschr. **4**, 863. 1925 (Berichte **32**, 312).

Sonderdruck
aus „Jahresbericht über die gesamte Physiologie 1926“.
Julius Springer, Berlin.

Harnchemie.

Übersichtsreferat.

Von

Paul Hári, Budapest.

Der zu behandelnde Stoff bildet schon vermöge seiner Natur kein organisch zusammenhängendes Ganzes, muß daher, um wenigstens eine leichte Übersicht zu gewähren, in möglichster Anlehnung an die auch sonst übliche chemische Systematik in eine ganze Anzahl von Absätzen geteilt werden; was sich übrigens auch in den vorangehenden Referaten (1920, 1922 und 1924) bewährt hat. Diese Absätze sind: 1. Allgemeines und Physikalisch-Chemisches. 2. Anorganische Harnbestandteile. 3. Stickstofffreie organische Verbindungen. 4. Stickstoff und stickstoffhaltige organische Verbindungen. 5. Chromogene und Farbstoffe. 6. Spezifisch wirksame Stoffe unbekannter Zusammensetzung (Enzyme usw.). 7. Vergleichend-Physiologisch-Chemisches.

1. Allgemeines und Physikalisch-Chemisches.

Konservierung.

Für so manche Zwecke wird es erwünscht sein, den Harn für kürzere oder längere Zeit aufzubewahren, ohne daß in ihm die sonst unvermeidliche ammoniakalische Gärung einträte. Nach Töttermann und Utter[1] bleibt der Harn, an seiner p_H beurteilt, bei Verwendung von Chloroform oder Toluol ebensolange Zeit hindurch unzersetzt, wie bei Verwendung von Thymol als Konservierungsmittel; nur muß im ersteren Falle, da jene Stoffe flüchtig sind, die betreffende Flasche luftdicht verkorkt sein, während dies beim Thymol nicht nötig ist. Auch Brandt und Stokstad[2] haben die Wirksamkeit obiger Konservierungsmittel geprüft; außerdem aber gefunden, daß die ammoniakalische Gärung eines Harnes, dem gar nichts zugesetzt wird, durch 24 Stunden unmerklich bleibt, wenn er stärker sauer ist, als $p_H = 5,2 - 5,0$ entspricht. Von allen Konservierungsmethoden am einfachsten ist es, dem Harn so viel HCl bzw. H_2SO_4 zuzusetzen, daß in ihm p_H unter 5,0 gebracht wird. Einen Apparat, verschiedene Körperflüssigkeiten, darunter auch Harn, unter Paraffinöl aufzubewahren und dadurch vor CO_2-Verlust und auch andersartigen Zersetzungen zu verhüten, hat Bohn[3] angegeben.

Sediment.

Auf die Tatsache, daß die kolloiden Farbstoffe (Kongorot und Trypanblau) in lebende intakte Zellen nicht einzudringen vermögen, gründet Seyderhelm[4] eine Methode, um bei gewissen entzündlichen Prozessen, z. B. bei Cystitis, ein Aufflackern bzw. das Abklingen des Prozesses zu erkennen. Je frischer nämlich der Prozeß ist, in um so größerer Anzahl werden sich Leukozyten finden, die den Farbstoff nicht aufnehmen und umgekehrt. In den verschiedenen Formen von toxischer Nephritis kann man nach Terada[5],

---

[1] Töttermann und Utter, Skandinav. Arch. f. Physiol. **48,** 72. 1926 (Berichte **37,** 154).

[2] Brandt und Stokstad, Norsk magaz. f. lægevidenskaben **85,** 456. 1924 (Berichte **37,** 632).

[3] Bohn, Biochem. Zeitschr. **179,** 220. 1926 (Berichte **40,** 111).

[4] Seyderhelm, Dtsch. med. Wochenschr. **51,** 180. 1925 (Berichte **31,** 275).

[5] Terada, Transact. of the Japan. pathol. soc., Tokyo **14,** 92. 1924 (Berichte **38,** 426).

je nachdem die Nephritis durch Uran oder durch Sublimat oder aber durch Chrom erzeugt wurde, Nierenepithelien verschiedenen Ursprunges im Sedimente finden. Im Falle des Urans rühren sie vorwiegend vom Hauptstück der Tubuli, bei Sublimatnephritis hauptsächlich von den Henleschen Schleifen her; während man bei der Chromnephritis anfangs Bilder zu sehen bekommt, die der Uran-, später solche die der Sublimatnephritis gleichkommen. Addis[1] hatte an einer großen Anzahl von gesunden jungen Männern die Zahl der im 12-Stundenharn enthaltenen Epithelien, Leukozyten, roten Blutkörperchen und hyalinen Zylindern festgestellt; sodann[2] dasselbe nach erhöhter Eiweißzufuhr, Muskelarbeit usw. wiederholt, und gefunden, daß unter diesen Versuchsbedingungen keine wesentliche Änderung eintritt.

Harnsteine.

Für das Entstehen von Konkrementen ist es nach Nakano[3] nicht nötig, einen sog. „steinbildenden Katarrh" anzunehmen, denn den natürlichen ganz ähnliche Harnsteine bilden sich auch im Experiment um einen beliebigen mit dem Harn in Berührung kommenden Fremdkörper, und der organische Anteil läßt sich als aus Eiweiß bestehend denken, das gleichzeitig mit dem Auskristallisieren der anorganischen Substanz zur Ablagerung kommt. Die vielfach verbreitete Annahme, daß durch den Genuß von „hartem" Wasser einer Steinbildung Vorschub geleistet wird, konnte durch Myers[4] nicht bestätigt werden. Die zuweilen günstige Wirkung von Glycerin beim Vorhandensein harnsaurer Konkremente läßt sich nach Hansen und Kamm[5] vielleicht aus der Löslichkeit von Ca-Salzen in Glycerin erklären; da diese oft das Gerüste für harnsaure Steine darstellen, muß es, wenn sie gelöst werden, zum Zerfallen der Steine kommen.

Reaktion, Acidität.

Bezüglich der Reaktion des Harnes haben sich unsere Ansichten in ähnlichem Sinne geändert wie bezüglich des Blutes, wodurch vieles, früher kaum Erklärliches unserem Verständnisse nähergerückt wurde. So fand Pi Suñer[6], daß das Pufferungsvermögen des Harnes ein ganz bedeutendes ist, größer als das des Blutes, und daß es für je einen Menschen einen recht charakteristischen Wert aufweist.

Über p_H im Harn liegen bemerkenswerte Mitteilungen vor, die die Wichtigkeit dieser Frage beleuchten, obwohl Lematte[7] der Meinung ist, daß Bestimmung der einzelnen an der Acidität des Harn beteiligten Faktoren, wie der sauren Phosphate, der sauren Urate, der Kohlensäure, der Farbstoffe und der Aminosäuren dem Kliniker mehr brauchbare Resultate an die Hand gibt, als die Bestimmung der Gesamtacidität oder -alkalinitiät oder des p_H. Bezüglich der Methodik ist zu erwähnen, daß nach Gesell und Hertzman[8], die Reaktion, wie im Blute durch Einlegen einer Mangandioxydelektrode in die Blutgefäße, auch im Harn durch Einlegen derselben Elektrode in den Ureter fortlaufend registriert werden kann. Auch wäre zu beherzigen, daß nach Muntwyler[9] bei der kolorimetrischen Bestimmung von p_H infolge der Verdünnung des Harns Fehler verursacht werden können, die sich kaum vermeiden lassen. Endlich ist zu beachten, daß zur Entfärbung von bluthaltigen Harnen, in denen p_H nach der Indikatorenmethode bestimmt

---

[1] Addis, Journ. of clin. investig. **2**, 409. 1926 (Berichte **38**, 573).
[2] Addis, Journ. of clin. investig. **2**, 417. 1926 (Berichte **38**, 574).
[3] Nakano, Dtsch. med. Wochenschr. **51**, 769. 1925 (Berichte **32**, 791).
[4] Myers, Journ. of infect. dis. **36**, 566. 1925 (Berichte **33**, 738).
[5] Hansen und Kamm, Biochem. Zeitschr. **173**, 327. 1926 (Berichte **37**, 382).
[6] Pi Suñer, Auszug des Vortrages, gehalten auf dem XII. Intern. Physiologen-Kongreß in Stockholm, 3.—6. VIII. 1926, 134. 1926 (Berichte **39**, 96).
[7] Lematte, Evolution méd.-chir. **6**, 335. 1925 (Berichte **38**, 272).
[8] Gesell and Hertzman, Proc. of the soc. f. exp. biol. a. med. **23**, 360. 1926 (Berichte **36**, 661).
[9] Muntwyler, Norris und Myers, Proc. of the soc. f. exp. biol. a. med. **23**, 826. 1926 (Berichte **37**, 846).

werden soll, nach Cristol[1] manche Kohlen nur nach Entfernung der aus Karbonaten und Sulfiden bestehenden Verunreinigungen mittels Salzsäure verwendet werden können.

Bekanntermaßen ist die Reaktion des Harns auch unter physiologischen Umständen nicht konstant. Im Säuglingsharn schwankt nach Robinson, Stearns und Daniels[2] p_H zwischen 5,2 und 8,6; wird nach Eiweißzufuhr nicht verändert, wohl aber herabgesetzt, wenn man Kuhmilch durch Ziegenmilch ersetzt, bzw. erhöht nach Einfuhr von Vegetabilien. An Erwachsenen schwankt nach Rannenberg[3] p_H bei verschiedenartiger Ernährung zwischen 7,96 und 4,98, nach Randall und Muschat[4] zwischen 5,5 und 6,5. Die beiden Maxima für p_H werden im Harne Gesunder von Rannenberg am Morgen und am Nachmittag gefunden, und sollen nach Fleisch- oder Fleischfettnahrung sowie im Hunger fehlen, während nach Muschat[5] sowie auch nach Randall und Muschat die beiden Maxima auf die Mittagsstunde und auf 8 Uhr abends fallen, und unabhängig von der Nahrungsaufnahme sind. Zu den Beobachtungen über physiologische Schwankungen gehört die von Hubbard[6] über einen zwischen Volumen und p_H bestehenden, allerdings nicht immer nachweisbaren Zusammenhang in dem Sinne, daß p_H mit steigender Harnmenge zunimmt; ferner die von Simpson[7], wonach p_H nach dem Erwachen zunimmt. Durch kurz andauernde schwere Muskelarbeit wird nach Wilson, Long, Thompson und Thurlow[8] die Titrationsazidität, wie auch die H-Ionenkonzentration im Harn erhöht (Menge und Chloridgehalt aber herabgesetzt) gefunden, offenbar weil Wasser (und Chloride) in erhöhter Menge aus dem Blute gegen die Muskeln abströmen. Jedoch darf hierbei auch der Milchsäure nicht vergessen werden, deren Menge bei starker Muskelarbeit nach Liljestrand und Wilson[9] bis zu 1,37 g im Harn betragen kann. Eine Änderung des Säure-Basenverhältnisses im Harn kann auch künstlich hervorgerufen werden. So wird die Titrationsacidität bzw. -alkalinität des Harns nach Benatt und Händel[10] durch perorale, nach Hetényi und Holló[11] durch intravenöse Applikation von KCl bzw. $CaCl_2$ in dem Sinne geändert, daß nach K-Einfuhr die Basen-, nach Ca-Einfuhr aber die Säureäquivalente im Harn zunehmen. Nach Muschat[12] sowie auch nach Randall und Muschat läßt sich eine Säuerung des Harns leicht durch einige Tage lang fortgesetzte Zufuhr von NH_4Cl erreichen; nach Hendrix und Calvin[13] nimmt p_H nach Einfuhr stark hypertonischer Lösungen von $NaNO_3$, NaCl, Na_2SO_4 und Harnstoff zu.

Nach Rogozinski und Starzewska[14] ist an Wiederkäuern auch der frisch entleerte Harn entschieden alkalisch; seine Alkalinität kann aber nach Starzewska[15] durch Einfuhr verschiedener Salze bedeutend erhöht werden.

Bezüglich des Verhaltens der Harnreaktion unter pathologischen Umständen ist zu bemerken, daß Goebel und Hillenberg[16] den von anderer Seite behaupteten Zusammenhang zwischen Harnazidität einerseits und der geänderten Muskelerregbarkeit

---

[1] Cristol, Bull. de la soc. des sciences méd. et biol. de Montpellier et du Languedoc méditerranéen **6**, 107. 1925 (Berichte **34**, 216).

[2] Robinson, Stearns und Daniels, Americ. journ. of dis. childr. **28**, 727. 1924 (Berichte **31**, 605).

[3] Rannenberg, Pflügers Arch. f. d. ges. Physiol. **212**, 601. 1926 (Berichte **37**, 383).

[4] Randall und Muschat, Journ. of urol. **6**, 515 u. 553. 1926 (Berichte **40**, 263).

[5] Muschat, Journ. of clin. investig. **2**, 245. 1926 (Berichte **38**, 273).

[6] Hubbard, Americ. journ. of physiol. **74**, 111. 1925 (Berichte **34**, 216).

[7] Simpson, Journ. of biol. chem. **63**, XXXII. 1925 und **67**, 505. 1926 (Berichte **31**, 772 u. **36**, 509).

[8] Wilson, Long, Thompson and Thurlow, Journ. of biol. chem. **65**, 755. 1925 (Berichte **35**, 301).

[9] Liljestrand and Wilson, Journ. of biol. chem. **65**, 773. 1925 (Berichte **35**, 301).

[10] Benatt und Händel, Klin. Wochenschr. **3**, 1621. 1924 (Berichte **31**, 274).

[11] Hetényi und Holló, Zeitschr. f. d. ges. exp. Med. **52**, 595. 1926 (Berichte **39**, 554).

[12] Muschat, Journ. of urol. **15**, 375. 1926 (Berichte **39**, 96).

[13] Hendrix and Calvin, Journ. of biol. chem. **65**, 197. 1925 (Berichte **34**, 75).

[14] Rogozinski et Starzewska, Bull. de l'acad. polon. des sciences et des lettres, classe de sciences mathém. et natur. Ser. B. **1925**, 493 (Berichte **36**, 309).

[15] Starzewska, Bull. de l'acad. polon. des sciences et des lettres, classe des sciences mathém. et natur. Sér. B. **1924**, 777 (Berichte **36**, 309).

[16] Goebel und Hillenberg, Arch. f. Kinderheilk. **78**, 1. 1926 (Berichte **37**, 387).

andererseits wohl bestätigen konnten, ohne jedoch die Verwertbarkeit dieser Beziehungen für die Diagnose einer bestehenden Sympathiko- oder Parasympathikotonie zuzugeben. Die Zunahme von p_H im Morgenharn, die, wie obenerwähnt, am Gesunden nie vermißt wird, ist nach McCorvie[1] um so geringer, je schwerer die Nieren geschädigt sind. Die von Hasselbalch im Harn von Gesunden statuierte Konstanz des Wertes $p_H \cdot \dfrac{\text{Ammoniak}-\text{N}}{\text{Gesamt}-\text{N}}$ ist im Harn von Epileptikern oft nicht vorhanden, und es wurde versucht, diesen Umstand diagnostisch zu verwerten; demgegenüber fand aber Rafflin[2], daß die Schwankungen auch im Harn von Epileptikern nicht größer sind als in anderen Harnen.

Oberflächenspannung.

Die Harnkolloide, aus denen nach Ernst[3] die eigentümlichen bläschenförmigen Gebilde im Inneren der Harnkanälchen bestehen, sind es, die zur Herabsetzung der Oberflächenspannung des Harns führen. Dies geht aus folgendem einfachen Versuch von Pi Suñer[4] hervor: am nativen Harn wird bei zunehmendem Säurezusatz die O.S. des Harnes zunehmend geändert; hat man aber aus demselben Harn die Kolloide durch Adsorption an Kohle entfernt, so wird eine Änderung der O. S. durch Säurezusatz nicht bewirkt. Nach Hahn[5] besteht zwischen O. S. einerseits, sowie spezifischem Gewicht, Farbstoffgehalt und Linksaktivität normaler Harne andererseits ein Zusammenhang, der auch in weiteren Mitteilungen[6] neben einer Reihe neuerer Angaben erörtert wird. In ihnen wird vorgeschlagen, einschlägige Ergebnisse nicht in „Oberflächenspannung", sondern in deren reziprokem Werte, der „Oberflächenaktivität" auszudrücken und als deren Einheit ein „Graham" zu verwenden, d. i. die Oberflächenaktivität eines gelösten Stoffes, der die Oberflächenspannung um $1\,^0/_0$ herabgesetzt. Daß der Ausscheidungsrhythmus der Kolloide für je einen Menschen charakteristisch sei, konnte Hahn ebensowenig bestätigen, wie den von anderer Seite statuierten Zusammenhang zwischen Oberflächenspannung und Blutkörperchensenkungsgeschwindigkeit.

Was das Verhalten der Harnkolloide unter pathologischen Umständen anbelangt, sei erwähnt, daß deren Tagesschwankungen nach Adlersberg und Sugár[7] in vorgeschrittenen Fällen von Carcinom oder Tuberkulose usw. weit geringer sind als an Gesunden. In einem Falle von paroxysmaler Hämoglobinurie fand Hahn[8] die Oberflächenspannung des Harns auch in der anfallsfreien Zeit, besonders aber nach dem künstlichen Auslösen eines Anfalles stark herabgesetzt.

2. Anorganische Harnbestandteile.

Kalium, Natrium, Ammonium, Calcium, Magnesium, Wismut, Arsen.

Da bei der Veraschung des Harns, die der Bestimmung von K und Na vorangeschickt werden muß, kaum ein Verlust an Alkalimetallen zu vermeiden ist, schlägt Dehn[9] vor, die Veraschung auf nassem Wege mittels konz. HNO_3 vorzunehmen. Zur Bestimmung des Ammoniaks, richtiger des an Säuren gebundenen Ammoniums, schlägt Yovanovitch[10] vor, das NH_3 durch Lithiumcarbonat in Freiheit zu setzen, sodann mit Wasserdampf überzudestillieren. Die Neutralisation der bei schwerem Diabetes in ab-

---

[1] McCorvie, Journ. of clin. investig. **2**, 35. 1925 (Berichte **39**, 95).
[2] Rafflin, Bull. de la soc. de chim. biol. **8**, 294. 1926 (Berichte **38**, 273).
[3] Ernst, Virchows Arch. f. pathol. Anat. u. Psychol. **254**, 751. 1925 (Berichte **31**, 418).
[4] Pi Suñer, Auszug des Vortrages, gehalten auf dem XII. Internat. Physiol. Kongr. **1926**, 135 (Berichte **39**, 96).
[5] Hahn, Kolloidzeitschr. **38**, 136. 1926 (Berichte **35**, 865).
[6] Hahn, Biochem. Zeitschr. **178**, 245, 254, 262, 265, 277 u. 282. 1926 (Berichte **39**, 709).
[7] Adlersberg und Sugár, Zeitschr. f. d. ges. exp. Med. **46**, 466. 1925 (Berichte **33**, 417).
[8] Hahn, Münch. med. Wochenschr. **72**, 1104. 1925 (Berichte **34**, 77).
[9] v. Dehn, Hoppe-Seylers Zeitschr. f. physiol. Chem. **144**, 178. 1925 (Berichte **32**, 313).
[10] Yovanovitch, Cpt. rend. des séances de la soc. de biol. **92**, 520. 1925 (Berichte **31**, 416).

normen Mengen gebildeten Säuren durch Ammoniak gelingt dem Organismus nach Odin und Petrén[1] in manchen Fällen vollkommen, in anderen weit weniger gut und zwar unabhängig von der Schwere des Falles, vom Alter, von der etwaigen Behandlung mit Insulin. Werden 10 ccm 10%iger $CaCl_2$-Lösung injiziert, so erfolgt nach Hetényi und Nógrádi[2] die Ca-Ausscheidung nach drei Typen: an Gesunden erreicht die Ausscheidung ihr Maximum in 30—40 Minuten, an Nephritisrekonvaleszenten in etwa 2 Stunden, und ist überhaupt nicht erhöht in malignen Fällen von Nephrosklerose. Was die Genauigkeit der Kationenbestimmungsmethoden überhaupt anbelangt, findet Whelan[3], daß nach den Verfahren von Kramer und Tisdall Na, K und Ca mit einem Fehler von 3—5, Mg aber mit einem solchen bis zu 15% bestimmt werden. Zur Bestimmung des Wismuts im Harn wird von Marcozzi[4] ein elektrolytisches, von Hill[5] ein kolorimetrisches Verfahren empfohlen. Nach Bang[6] rührt das bis zu $^1/_2$ mg pro 24stündigen Harn ausgeschiedene Arsen von der Nahrung, und zwar von Fischfleisch her, das Arsen in verhältnismäßig großen Mengen enthält.

Chlor, Jod, Sulfate, Phosphate, organischer Phosphor, Nitrite, Gase.

Die seit langer Zeit her bekannte Cl-Retention in Fällen von Pneumonie wird nach Holten[7] so erklärt, daß organische Säuren unbekannter Natur gebildet werden, die an Kationen gebünden ausgeschieden werden, daher es dem Cl an den zu seiner Ausscheidung nötigen Kationen fehlt. Eine Cl-Retention kommt nach Engelhard und Sielmann[8] auch nach Röntgenbestrahlung des Stammes oder der Extremitäten zustande, jedoch ohne gleichzeitige Wasserretention und ohne eine Änderung der Cl-Verteilung zwischen Plasma und Formelementen des Blutes. Ein Versuch von Ambard und Chrétien[9], nach Einverleibung größerer Kochsalzmengen das Cl-Isotop mit dem kleineren Atomgewichte (35) im Harn nachzuweisen, führte zu keinem positiven Ergebnisse.

Zur Bestimmung von Jod wird von Bodó[10] ein Titrations-, von Yoshimatsu und Sakurada[11] ein kolorimetrisches, zur Bestimmung der Sulfate von Ignatov[12] ein Titrations-, von Yoshimatsu[13] ein kolorimetrisches, von Lorber[14] ein nephelometrisches Verfahren angegeben.

Wird der Harn mit Blutkohle (2 Eßlöffel voll auf 100 ccm) geschüttelt, so werden aus ihm nach Becher[15] nicht nur Harnsäure, Kreatinin, Farbstoffe usw., sondern auch die Produkte der Darmfäulnis, wie Phenol- und andere Ätherschwefelsäuren, entfernt.

Die Menge der im Harn entleerten Phosphate wurde von Tsuchiya[16] nicht verändert gefunden an Epileptikern, auf das Mehrfache erhöht an Neurasthenikern, wesentlich erhöht in beiden Stadien von zirkulärem Irresein. Experimentell lassen sich nach demselben Autor[17] analoge Erscheinungen an Kaninchen mit dem Serum eines Meerschweinchens erzeugen, das mit Kaninchenhirn gespritzt wurde. Im Gegensatz zu den

[1] Odin et Petrén, Rev. méd. de l'est 53, 285. 1925 (Berichte 33, 419).
[2] Hetényi und v. Nógrádi, Klin. Wochenschr. 4, 1308. 1925 (Berichte 33, 418).
[3] Whelan, Americ. journ. of physiol. 76, 233. 1926 (Berichte 37, 632).
[4] Marcozzi, Arch. di scienze biol. 7, 326. 1925 (Berichte 34, 852).
[5] Hill, Lancet 209, 1281. 1925 (Berichte 35, 866).
[6] Bang, Biochem. Zeitschr. 165, 364 u. 377. 1925 (Berichte 35, 496).
[7] Holten, Skandinav. Arch. f. Physiol. 46, 319. 1925 (Berichte 33, 418).
[8] Engelhard und Sielmann, Dtsch. Arch. f. klin. Med. 149, 168. 1925 (Berichte 35, 694).
[9] Ambard et Chrétien, Bull. de la soc. de chim. biol. 8, 1103. 1926 (Berichte 40, 112).
[10] Bodó, Biochem. Zeitschr. 160, 386. 1925 (Berichte 33, 417).
[11] Yoshimatsu und Sakurada, Tohoku journ. of exp. med. 8, 107. 1926 (Berichte 40, 111).
[12] Ignatov, Žurnal eksperimental'noj biologii i mediciny 1926, 26. 1926 (Berichte 36, 663).
[13] Yoshimatsu, Shun-Ichi, Tohoku journ. of exp. med. 7, 119. 1926 (Berichte 37, 633).
[14] Lorber, Biochem. Zeitschr. 163, 476. 1925 (Berichte 34, 852).
[15] Becher, Münch. med. Wochenschr. 73, 1561. 1926 (Berichte 39, 98).
[16] Tsuchiya, Zeitschr. f. d. ges. Neurol. u. Psychiatrie 90, 235. 1924 (Berichte 31, 772).
[17] Tsuchiya, Zeitschr. f. d. ges. Neurol. u. Psychiatrie 90, 248. 1924 (Berichte 31, 773).

Befunden anderer Autoren gibt Simpson[1] an, daß die Menge der im Schlafe entleerten Phosphate nicht vermehrt, sondern eher verringert ist. Fleury und Sutu[2] bestimmten den organisch gebundenen Phosphor nach einer von Youngburg und Pucher angegebenen Methode und finden seine Menge entschieden erhöht in Fällen von Tuberkulose.

In einer sehr gründlichen Arbeit wird es von Salén[3] sehr wahrscheinlich gemacht, daß der positive Ausfall der Guajacreaktion in manchen blut- bzw. jodidfreien Harnen ohne Zusatz von Terpentinöl auf der Anwesenheit von Nitriten beruht.

Von Gasen fanden Buckmaster und Hickman[4] 0,23—0,63 Volumenprozente Sauerstoff, 3,77—13,96 Kohlendioxyd und 0,84—1,53 Stickstoff.

3. Stickstofffreie organische Verbindungen.

Acetonkörper.

Nach Goldblatts Erfahrungen[5] ist von den verschiedenen Methoden Acetessigsäure und β-Oxybuttersäure zu bestimmen, das Lublinsche am besten geeignet, denn der Verlust durch Abspaltung von Essigsäure aus der Acetessigsäure ist hierbei am geringsten. Zum Nachweis des Aceton ist nach Engfeldt[6] die Legalsche Probe in der Modifikation von Rothera, wobei an Stelle der Lauge Ammoniak verwendet wird, am empfindlichsten. Auch zur quantitativen kolorimetrischen Bestimmung läßt sich die Reaktion in dieser Form anwenden, während Sitsen[7] zum selben Behufe sich noch der alten Reaktion mit Natronlauge bedient.

Behre und Benedict[8] haben die Salicylaldehydreaktion des Acetons zu einer kolorimetrischen Bestimmungsmethode ausgearbeitet; Fleury und Awad[9] aber ein Verfahren auf die Tatsache gegründet, daß Aceton mit Neßlerschem Reagens einen Niederschlag bildet, in dem das Aceton jodometrisch bestimmt werden kann.

Fettsäuren, Fett.

Das von Palmer und van Slyke angegebene Verfahren zur Bestimmung der organischen Säuren im Harn, das auch in nachstehend referierten Arbeiten zur Verwendung kam, wird von Palmer[10] in einer verbesserten Form empfohlen. Unter normalen Umständen zeigt die Ausscheidung organischer Säuren im Harn nach Hottinger[11] recht konstante Werte; so werden pro 1 kg Körpergewicht in 24 Stunden von Säuglingen Mengen ausgeschieden, die 10,1 ccm, an älteren Kindern, die 12,5 ccm und von Erwachsenen, die 8,2 ccm n/10-Säure entsprechen. Ihre Menge wird durch Fetteinfuhr verringert, nach Eiweißnahrung, im Hunger erhöht gefunden, kann unter pathologischen Zuständen verändert sein: so z. B. erhöht in Fieber, bei Rachitis, herabgesetzt bei Durchfällen, in Tetaniefällen. Auch Brock[12] findet, daß die Ausscheidung organischer

---

[1] Simpson, Auszug des Vortrages, gehalten auf dem XII. Internat. Physiologen-Kongreß 1926, 153 (Berichte 38, 571).

[2] Fleury et Sutu, Journ. de pharmacie et de chim. 4, 491 u. Cpt. rend. des séances de la soc. de biol. 95, 976. 1926 (Berichte 39, 711 u. 40, 111).

[3] Salén, Acta med. scandinav. 63, 369. 1926 (Berichte 37, 386).

[4] Buckmaster and Hickman, Journ. of physiol. 61, XVII und Auszug des Vortrages, gehalten auf d. XII. internat. Physiologen-Kongreß S. 29. 1926 (Berichte 37, 155 u. 38, 571).

[5] Goldblatt, Biochem. journ. 19, 626. 1925 (Berichte 36, 510).

[6] Engfeldt, Biochem. Zeitschr. 159, 257. 1925 (Berichte 32, 596).

[7] Sitsen, Pharmac. weekbl. 62, 622. 1925 (Berichte 35, 119).

[8] Behre and Benedict, Journ. of biol. chem. 70, 487. 1926 (Berichte 39, 556).

[9] Fleury et Awad, Cpt. rend. des séances de la soc. de biol. 94, 570; Bull. de la soc. de chim. biol. 8, 550 u. Journ. de pharm. et de chim. 3, 406 u. 449. 1926 (Berichte 37, 384; 39, 253 u. 40, 113).

[10] Palmer, Journ. of biol. chem. 68, 245. 1926 (Berichte 39, 554).

[11] Hottinger, Monatsschr. f. Kinderheilk. 30, 497. 1925 (Berichte 35, 301).

[12] Brock, Zeitschr. f. Kinderheilk. 41, 378. 1926 (Berichte 37, 385).

Säuren durch Fett nicht, wohl aber durch eiweißreiche Nahrung erhöht wird, und zwar an Säuglingen weit stärker als an Erwachsenen. Eine gesteigerte Ausscheidung findet nach Goiffon[1] infolge der Zufuhr erheblicher Mengen von $NaHCO_3$ statt.

Nach starker Muskelarbeit (Sport) wurden von Flößner und Kutscher[2] 1,59 g Milchsäure in 1 l Harn gefunden. Aus dem Kot von Menschen mit Oxalurie gelang es Piccininni und Lombardi[3] sowie Lombardi[4] einen sog. Bacillus coli oxaligenes zu isolieren, der aus Kartoffelstärke Oxalsäure bildet, und Menschen ohne Oxalurie beigebracht, an diesen oft die Erscheinungen der Oxalurie herbeizuführen imstande ist.

Nach den Bestimmungen von Faerber[5] ist der Harn gesunder Kinder als praktisch fettfrei anzusehen. Auch die Angaben über den Fettgehalt des Harns Erwachsener bedürfen einer Nachprüfung.

Kohlenhydrate.

Glucose. Die Schwierigkeiten, die einer genauen Bestimmung kleiner Zuckermengen im Harne im Wege stehen, machen es namentlich bei der Beurteilung der besonders wichtigen Grenzfälle begreiflich, daß immer wieder neue Methoden bzw. die alten in „verbesserter" Form auftauchen. Citron[6] schlägt vor, die Zuckerkonzentration eines Harnes aus dem spezifischen Gewicht vor und nach erfolgter Vergärung zu bestimmen. Szymanowitz[7] weist auf die falschen Resultate hin, die man bei der Gärungsprobe infolge der Bildung von gasförmigem N aus Ammoniak oder Aminosäuren unter Einwirkung der Nitrite im Harn erhalten kann. Von Rosenthaler[8] wird eine auf der bekannten Reaktion des durch Zucker reduzierten Kupfersalzes mit Zyaniden beruhende Bestimmungsmethode, von Folin und Svedberg[9] eine Verbesserung der Folinschen Methode, von Sumner[10] die Dinitrosalicylmethode in verbesserter Form empfohlen, von Power und Wilder[11] aber angegeben, daß das Hagedorn und Jensensche Verfahren auch im Harn angewendet werden kann, wenn man die Bestimmung an 10 ccm des 10fach verdünnten Harnes vornimmt. Auf die Eigenschaft des Bacterium coli comm., in der Lösung verschiedener Zuckerarten nach verschieden langer Zeit mit Lackmus nachweisbare Säure zu bilden, gründen Klein und Soliterman[12] eine Methode, verschiedene Zuckerarten im Harne voneinander zu unterscheiden. Die Klärung eines Harnes, der auf seinen Zuckergehalt hin geprüft werden soll, darf nach alter Vorschrift nicht mit Kohle vorgenommen werden, da durch sie Zucker adsorbiert wird und für die Bestimmung verlorengeht. Nun hat aber Kolthoff[13] gefunden, daß es so manche Stoffe gibt, die den Zucker aus der adsorbierenden Kohlenoberfläche verdrängen, und daß dies auch bezüglich des Harnfarbstoffes der Fall ist. Ein Zuckerverlust läßt sich also vermeiden, wenn viel Farbstoff vorhanden ist und man wenig Kohle verwendet.

Bekanntlich werden auch von Gesunden mehr als Spuren von Zucker, der zum Teil auch vergärbar ist, ausgeschieden; über seine Natur sind aber die Meinungen sehr geteilt. Nach manchen Autoren soll es sich nicht um gewöhnliche d-Glucose handeln:

---

[1] Goiffon, Presse méd. **33**, 1316. 1925 (Berichte **36**, 182).
[2] Flößner und Kutscher, Münch. med. Wochenschr. **73**, 1434. 1926 (Berichte **38**, 429).
[3] Piccinini und Lombardi, Klin. Wochenschr. **5**, 260. 1926 u. Rif. med. **41**, 726. 1925 (Berichte **36**, 184 u. **39**, 97).
[4] Lombardi, Rif. med. **42**, 867. 1926 (Berichte **39**, 557).
[5] Faerber, Hoppe-Seylers Zeitschr. f. physiol. Chem. **154**, 302. 1926 (Berichte **36**, 856).
[6] Citron, Dtsch. med. Wochenschr. **50**, 1606. 1925 (Berichte **31**, 417).
[7] Szymanowitz, Journ. of laborat. a. clin. med. **10**, 671. 1925 (Berichte **32**, 596).
[8] Rosenthaler, Arch. d. Pharmazie u. Ber. d. dtsch. pharmazeut. Ges. **263**, 518. 1925 (Berichte **34**, 852).
[9] Folin and Svedberg, Journ. of biol. chem. **70**, 405. 1926 (Berichte **39**, 555).
[10] Sumner, Journ. of biol. chem. **65**, 393. 1925 (Berichte **34**, 216).
[11] Power and Wilder, Journ. of pharmacol. a. exp. therapeut. **27**, 255. 1926 (Berichte **37**, 155).
[12] Klein und Soliterman, Dtsch. med. Wochenschr. **52**, 959. 1926 (Berichte **37**, 846).
[13] Kolthoff, Biochem. Zeitschr. **168**, 122. 1926 (Berichte **35**, 865).

denn einerseits wollen Pucher[1] sowie Patterson[2] ein Osazon dieses Zuckers dargestellt haben, das in allen seinen Eigenschaften von dem gewöhnlichen Glucosazon verschieden ist; andererseits wollen Lund und Wolf[3], die normalen Harn im Barcoftschen Differentialapparat vergären ließen, gar kein CO_2-Gas erhalten haben. Hingegen fanden Austin und Boyd[4], die allerdings nicht normalen Harn untersuchten, daß der von hungernden Phlorizinhunden ausgeschiedene Zucker polarimetrisch und durch Reduktionsproben bestimmt, übereinstimmende Werte ergibt, daher er sich nicht von gewöhnlicher Glucose, der einige Zeit lang gelöst gestanden hatte, unterscheidet. Was die Menge des normalen Harnzuckers anbelangt, fanden Kingsbury[5] in über 90% von 53,000 Harnen weniger als 0,2%, Blatherwick, Bell, Hill und Long[6] an Versuchspersonen, die gemischte Nahrung erhielten, 0,4—0,5 g Gesamtzucker im 24stündigen Harn, wovon etwa die Hälfte vergärbar war. Im Anschluß an den Zuckergehalt normaler Harne sei ihrer Reduktionsfähigkeit gedacht, die nach Barrenscheen und Popper[7] durch den Farbstoffgehalt bedingt ist, diesem sich genau parallel ändert und nichts mit dem Jodbindungsvermögen zu tun hat. Reduzierende Stoffe anderer Art sind es, die nach Leas[8] im Harne nach größeren Gaben von salicylsaurem Natrium oder Cinchophen usw. auftreten, linksaktiv sind, und mit Phenylhydrazin keine Osazone bilden.

Der Schwellenwert für Traubenzucker wird von Nakayama[9] am gesunden Menschen nach kohlenhydratreicher Diät niedriger (0,13—0,18) als nach kohlenhydratarmer (0,18—0,25), vom selben Autor[10] in der Schwangerschaft herabgesetzt gefunden. Bezüglich des letzteren Falles rät John[11], wenn $2^1/_2$ Stunden nach Kohlenhydratbelastung mehr als 0,16% Blutzucker gefunden werden, den Fall wie einen Diabetes anzusehen. Von Shim[12] wurde der Schwellenwert für Traubenzucker an gesunden wie an diabetischen Menschen in Zuckerbelastungsproben nach Atropingaben erhöht gefunden, desgleichen nach demselben Autor[13] an Kaninchen, an denen durch Adrenalin eine Zuckermobilisation stattgefunden hatte. Bemerkenswert ist, daß die Zuckertoleranz von Ratten nach Cori[14] wesentlich größer ist als an anderen häufiger untersuchten Tierarten. An atrophischen der Dekomposition nahen Kindern ist die Zuckertoleranz nach Banu, Negresco und Heresco[15] herabgesetzt.

Der Entscheid, ob es sich um eine einfache Glucosurie oder aber um Diabetes handelt, läßt sich nach Kulcke[16] erbringen, indem man einmal 100 g Glucose per os, ein zweites Mal aber 15 g Glucose in 40 ccm Wasser intravenös einbringt; wenn im ersten Falle der Blutzucker nicht mehr als auf das Doppelte ansteigt und nach 2 Stunden auf den Normalwert zurückkehrt, im zweiten Fall aber der Normalwert in etwa 80 Minuten wieder erreicht wird, so ist kein Diabetes vorhanden. Nach Schur und Kornfeld[17] soll es auch bei schweren Diabetikern eine renale Glucosurie geben: werden sie nämlich

[1] Pucher, Proc. of the soc. f. exp. biol. a. med. **23**, 473. 1926 (Berichte **37**, 156).
[2] Patterson, Biochem. journ. **20**, 651. 1926 (Berichte **38**, 572).
[3] Lund and Wolf, Biochem. journ. **19**, 538. 1925 (Berichte **35**, 302).
[4] Austin and Boyd, Journ. of biol. chem. **63**, XXII. 1925 u. Americ. journ. of physiol. **76**, 627. 1926 (Berichte **34**, 76 u. **37**, 384).
[5] Kingsbury, Journ. of biol. chem. **67**, XVIII. 1926 (Berichte **36**, 662).
[6] Blatherwick, Bell, Hill and Long, Journ. of biol. chem. **66**, 801. 1925 (Berichte **36**, 509).
[7] Barrenscheen und Popper, Biochem. Zeitschr. **161**, 210. 1925 (Berichte **33**, 733).
[8] Leas, Journ. of laborat. a. clin. med. **12**, 15. 1926 (Berichte **39**, 252).
[9] Nakayama, Journ. of biochem. **4**, 139. 1924 (Berichte **32**, 311).
[10] Nakayama, Journ. of biochem. **4**, 185. 1924 (Berichte **32**, 111).
[11] John, Surg., gynecol. a. obstetr. **42**, 543. 1926 (Berichte **36**, 853).
[12] Shim, Journ. of biochem. **5**, 333. 1925 (Berichte **37**, 156).
[13] Shim, Journ. of biochem. **5**, 377. 1925 (Berichte **37**, 156).
[14] Cori, Proc. of the soc. f. exp. biol. a. med. **23**, 127. 1925 (Berichte **35**, 497).
[15] Banu, Negresco et Heresco, Cpt. rend. des séances de la soc. de biol. **92**, 275. 1925 (Berichte **31**, 416).
[16] Kulcke, Dtsch. Arch. f. klin. Med. **148**, 262. 1925 (Berichte **34**, 532).
[17] Schur und Kornfeld, Wien. klin. Wochenschr. **38**, 1153. 1925 (Berichte **38**, 428).

38*

zuckerfrei gemacht, so können sie nach 40 g Glucose bis zu 0,4 Zucker ausscheiden, ohne daß der Blutzucker mehr als 0,145% betrüge. Aus dem Umstande, daß bei der Phlorizinglucosurie keine Hyperglykämie vorhanden ist, ferner die Blutdurchströmung der Nieren verringert, hingegen ihr Gaswechsel erhöht ist, folgert Shioya[1], daß es sich bei der Phlorizinglucosurie um eine primäre Steigerung des Stoffwechsels der Nieren handelt, die mit einer konsekutiven Permeabilitätssteigerung derselben für Zucker einhergeht.

Nach Lamers[2] wird Traubenzucker unter Einwirkung des Insulins in saure Produkte abgebaut; denn, wenn man Kaninchen erst Insulin, dann aber langsam eine größere Menge von Traubenzucker injiziert, so wird ein stark saurer Harn ausgeschieden.

Fructose. Snapper, Grünbaum und Creveld[3] weisen auf die bemerkenswerte Verschiedenheit hin zwischen dem Verhalten der Glucose und der Fructose im menschlichen Organismus. Weder am Gesunden noch am Leberkranken läßt sich nach Einfuhr von Fructose eine Steigerung der Zuckerkonzentration im Blute nachweisen, an Leberkranken auch dann nicht, wenn eine erhebliche Fructosurie zu beobachten ist. Dasselbe ist in den seltenen Fällen von echter Fructosurie der Fall, in der die Toleranz gegen Glucose nicht herabgesetzt ist, hingegen bereits die Einfuhr geringer Mengen von Fructose zu einer Fructosurie führt, und zwar wieder ohne eine Steigerung der Zucker konzentration im Blute.

Glucuronsäure. Bezüglich des Nachweises der Glucuronsäure mittels der Tollens schen Naphthoresorcinprobe machten Brulé, Garban und Amer[4] darauf aufmerksam daß es in manchen Harnen Stoffe gibt, die das Zustandekommen der typischen Farbenreaktion verhindern; auch schlagen sie vor, nicht 30, sondern bloß etwa 15 Minuten (Sekunden?) zu erhitzen, da oft auch die längere Kochdauer zu einem negativen Ergebnisse führen kann. Auf Grund dieser Erfahrungen sind dieselben Autoren[5] zur Überzeugung gekommen, daß der negative Ausfall der Probe nicht im Sinne einer be stehenden Leberaffektion gedeutet werden kann. Eine Änderung in der Menge der ausgeschiedenen Glucuronsäure läßt sich nach Giavotto[6] weder in der Schwangerschaft, noch während des Entbindungsaktes nachweisen, höchstens eine Zunahme am Neugeborenen in der ersten Lebenswoche.

Aromatische Verbindungen.

Nach Holck[7] wird im Winter ein Minimum, im Sommer ein Maximum an Phenolen ausgeschieden; die Frühjahrs- und Herbstwerte liegen dazwischen. Vielleicht handelt es sich hierbei um die Wirkung der Sonnenbelichtung. Debré, Goiffon und Rochefrette[8] fanden die Phenole nach Verdauungsstörungen, z. B. bei Brechdurchfall auf das Vielfache des Normalwertes gesteigert, und es wird nach ihrer Ansicht durchaus nicht die Gesamtmenge der im Organismus gebildeten Phenole in die betreffenden gepaarten Verbindungen überführt.

Von Lewis[9] wurde ein Fall von Alkaptonurie an einem Albinokaninchen mitgeteilt, allerdings ohne Identifizierung der Dioxyphenylessigsäure. Über die quantita-

[1] Shioya, Hokkaido Igaku Zasshi 3, 49. 1925 (Berichte 36, 184).
[2] Lamers, Cpt. rend. des séances de la soc. de biol. 94, 1261. 1926 (Berichte 37, 155).
[3] Snapper, Grünbaum und Creveld, Arch. f. Verdauungskrankh. 38, 1. 1926 (Berichte 36, 662).
[4] Brulé, Garban et Amer, Cpt. rend. des séances de soc. la de biol. 92, 1216. 1925 (Berichte 32, 313.)
[5] Brulé, Garban et Amer, Presse méd. 33, 862. 1925 (Berichte 33, 735).
[6] Giavotto, Folia gynaecol. 22, 1. 1926 (Berichte 36, 853).
[7] Holck, Proc. of. the soc. f. exp. biol. a. med. 23, 780 u. Americ. journ. of physiol. 78, 299. 1926 (Berichte 37, 633 u. 39, 254).
[8] Debré, Goiffon et Rochefrette, Cpt. rend. des séances de la soc. de biol. 95, 454. 1926 (Berichte 38, 429).
[9] Lewis, Journ. of biol. chem. 70, 659. 1926 (Berichte 39, 711).

tive Bestimmung freier und in Form von Hippursäure ausgeschiedener Benzoesäure wird von Widmark[1] Methodisches angegeben.

Hydroaromatische Verbindungen.

Gallensäuren. Nach den Befunden von Meyer[2] kommt es wohl vor, daß Gallensäuren im Harn ausgeschieden werden und kein Bilirubin, nicht aber umgekehrt Bilirubin ohne Gallensäuren. Auch findet M., daß Ausscheidung von Gallensäuren mit der von Urobilin häufiger vergesellschaftet ist, als mit der von Bilirubin. Vom selben Autor[3] rührt auch ein neues Verfahren her, Gallensäuren im Harn nachzuweisen. Es beruht auf der Tatsache, daß die Tropfenzahl in einem normalen Harn nach der Ansäuerung stärker zunimmt als nach der Alkalisierung; im Harn, der Gallensäure enthält, umgekehrt nach der Alkalisierung eine stärkere Zunahme erfährt. Von Broun[4] wird eine neue Methode zum Nachweis der Gallensäuren angegeben, von Wieringa[5] aber gefunden, daß weder die Pettenkofersche noch aber die Haysche Probe in dem Sinne verwertet werden können, daß aus ihrem positiven Ausfall auf pathologische Mengen von Gallensäuren gefolgert werden könnte. Für eiweißhaltige Harne geben Brulé, Nicaise und Gilbert-Dreyfus[6] an, daß das Eiweiß aus dem Filtrate vorher entfernt werden muß, wenn man Gallensäuren an der durch sie gesetzten Änderung der Oberflächenspannung des Harns mittels der Hayschen Probe nachweisen will.

Cholesterin. Während das Vorkommen von Cholesterin in Fällen von Nephritis und Diabetes seit längerer Zeit sichergestellt ist, im normalen Harn aber bisher zweifelhaft war, wollen Gardner und Gainsborough[7] bewiesen haben, daß es in jedem Harn Cholesterin sowohl in freiem Zustand und als Fettsäureester, wie auch in Form des von Gardner in der Flußpferdgalle gefundenen Schwefelsäureesters enthalten ist, dessen Existenz aber von Condorelli[8] bestritten wird. Bemerkenswerte Angaben über die Bedingungen einer Cholesterinämie und der Auscheidung von Cholesterin im Harn sind in der Mitteilung von Gaal[9] enthalten. Von Nierengesunden wird im Gegensatz zu obigen Autoren kein Cholesterin im Harn ausgeschieden, und zwar auch dann nicht, wenn der Cholesteringehalt ihres Blutes erhöht ist. Wohl ist dies aber an Nierenkranken der Fall, wobei aber die interessante Tatsache besteht, daß sich der Cholesteringehalt des Blutes weder durch Einfuhr cholesterinreicher Nahrung erhöhen, noch aber durch wochenlange cholesterinfreie Ernährung herabsetzen läßt. Hieraus wird gefolgert, daß der Cholesteringehalt des Blutes endogenen Ursprunges ist.

4. Stickstoff und stickstoffhaltige Verbindungen.

Gesamtstickstoff und Stickstoffverteilung.

Von Foit[10] wird eine Methode der N-Bestimmung vorgeschlagen, in der die Oxydation mit H_2SO_4 und H_2O_2, die Entbindung des gasförmigen N aber mittels Bromlauge erfolgt.

Im Anschluß an die dem organischen Chemiker wohlbekannte Tatsache, daß es eine ganze Anzahl organischer N-haltiger Stoffe gibt, deren N nach Kjeldahl nicht,

---

[1] Widmark, Biochem. Zeitschr. **179**, 263. 1926 (Berichte **40**, 265).
[2] Meyer, Dtsch. Arch. f. klin. Med. **147**, 283. 1925. (Berichte **32**, 791).
[3] Meyer, Dtsch. Arch. f. klin. Med. **147**, 274. 1925 (Berichte **33**, 419).
[4] Broun, Proc. of the soc. f. exp. biol. a. med. **23**, 596. 1926 (Berichte **39**, 98).
[5] Wieringa, Dissertation Utrecht **1926** (Berichte **39**, 558).
[6] Brulé, Nicaise et Gilbert-Dreyfus, Cpt. rend. des séances de la soc. de biol. **95**, 1036. 1926 (Berichte **40**, 114).
[7] Gardner and Gainsborough, Biochem. journ. **19**, 667. 1925 (Berichte **34**, 76).
[8] Condorelli, Policlinico, sez. prat. **33**, 796. 1926 (Berichte **37**, 157).
[9] Gaal, Orvosképzés **15**, Sonderh. 302. 1925 (Berichte **34**, 532).
[10] Foit, Biochem. Zeitschr. **169**, 161. 1926 (Berichte **36**, 308).

sondern nur nach Dumas bestimmt werden kann, macht Mestrezat[1] darauf aufmerksam, daß vielleicht nach Einfuhr gewisser Arzneimittel solche zur Pyridin- oder Pyrazolreihe gehörende Stoffe im Harn enthalten sein können, die ihren N-Gehalt beim Kjeldahlverfahren ebenfalls nicht oder nicht ganz abgeben. Nach Revoltella[2] werden in der Schwangerschaft erhebliche Mengen von N zurückgehalten, wie aus der verringerten N-Ausscheidung im Harn gefolgert wird; nach erfolgter Entbindung ist die N-Ausscheidung wieder entsprechend erhöht. Nach demselben Autor[3] erfährt in der Schwangerschaft auch die N-Verteilung z. T. erhebliche Verschiebungen. So beträgt die prozentuale Beteiligung des Ammoniak-N am Gesamt-N an Gesunden, bzw. Schwangeren, bzw. im Puerperium 4,4, bzw. 6,9, bzw. 5,7, des Aminosäure-N 1,7, bzw. 3,0, bzw. 2,4, des Harnsäure-N 1,7, bzw. 2,2, bzw. 1,9.

Nach Richet und Minet[4] beträgt am Hunde die Menge des Gesamt-N, wenn letzterer im Hungerzustand gleich 100 gesetzt wird, bei gemischter Nahrung 71,5, bei Kohlenhydratfutter 73, bei Fettnahrung 50—160. Nach denselben Autoren[5] sowie nach Richet und Monceaux[6] soll die Menge des im Harne von N-frei ernährten Hunden ausgeschiedenen N einen Zusammenhang mit ihrer Körperoberfläche aufweisen.

Die N-Ausscheidung gesunder Menschen wird nach Zinsser[7] durch tagelange Insulinapplikation nicht geändert.

Nach Baráth und Gyurkovitch[8] wird nach intravenöser Injektion von 1 g oder peroraler Einfuhr von 10—15 g $CaCl_2$ an Gesunden sowohl wie auch an Nierenkranken eine starke Diurese erzeugt und die N-Ausscheidung (an Nierenkranken auch die Menge des im Harn ausgeschiedenen Eiweißes) erheblich herabgesetzt. Da sich aber diese Verringerung hauptsächlich auf glomerulo-nephritische Fälle bezieht, darf bei diesen $CaCl_2$ nicht als Diuretikum angewendet werden, wohl aber bei Erkrankungen der Tubuli.

Das Verhältnis C:N im Harn.

Zieht man vom gesamten im Harn entleerten Kohlenstoff denjenigen Anteil ab, der auf reduzierende Substanzen (Zucker) entfällt und bringt den Rest mit der gleichzeitig ausgeschiedenen Menge des Stickstoffs in Beziehung, so erhält man im Quotienten C:N einen recht konstanten Wert, der sich aber unter verschiedenen pathologischen Umständen ändern kann. So können nach Kanamori[9] zuweilen im Phlorizindiabetes infolge der mangelhaften Oxydation des Zuckers nichtreduzierende Stoffe gebildet und im Harn ausgeschieden werden, die als dysoxydabler Kohlenstoff den genannten Quotienten erhöhen; in stärkerem Grade findet dies nach Wada[10] im Diabetes statt, und es wurde von Watanabe[11] beobachtet, daß durch Alkalien der Wert des Quotienten herabgesetzt, durch Säuren aber erhöht wird, indem im ersteren Falle die Menge der unvollständig oxydierten Produkte herabgesetzt, im letzteren aber erhöht wird; hingegen wird in der Adrenalinglucosurie nach Wada[12] der Zucker vollkommener oxydiert;

[1] Mestrezat, Bull. de la soc. de chim. biol. 8, 340. 1926 (Berichte 37, 846).

[2] Revoltella, Ann. di ostetr. e ginecol. 48, 33. 1926 (Berichte 36, 184).

[3] Revoltella, Ann. di ostetr. e ginecol. 48, 291. 1926 (Berichte 40, 112).

[4] Richet fils et Minet, Cpt. rend. des séances de la soc. de biol. 93, 1229. 1925 (Berichte 35, 303).

[5] Richet fils et Minet, Cpt. rend. des séances de la soc. de biol. 93, 1229. 1925 (Berichte 35, 303).

[6] Richet fils et Monceaux, Cpt. rend. des séances de la soc. de biol. 94, 840. 1926 (Berichte 36, 855).

[7] Zinsser, Dtsch. Arch. f. klin. Med. 152, 219. 1926 (Berichte 38, 275).

[8] Baráth und Gyurkovitch, Zeitschr. f. d. ges. exp. Med. 47, 741. 1925 (Berichte 34, 852). — Orvos-képzés 15, 234. 1925 (Berichte 36, 182). — Med. Klinik 22, 960. 1926 (38, 271).

[9] Kanamori, Biochem. Zeitschr. 170, 410. 1926 (Berichte 36, 853).

[10] Wada, Med. Klinik 22, 1925. 1926 (Berichte 39, 848).

[11] Watanabe, Biochem. Zeitschr. 170, 432. 1926 (Berichte 36, 853).

[12] Wada, Biochem. Zeitschr. 171, 204. 1926 (Berichte 36, 854).

denn eine Steigerung des C:N-Wertes ist hierbei nicht zu beobachten. Nach demselben Autor[1] muß aber bei ähnlichen Untersuchungen dafür gesorgt sein, daß im Harn keine Zersetzungen stattfinden; denn durch Zersetzungsprodukte des Harns kann der Wert von C:N in unberechenbarer Weise geändert werden. Auch ist nach demselben Autor[2] zu beachten, daß z. B. nach Insulinapplikation der Wert von C:N sich dadurch ändern kann, daß nicht die Menge des dysoxydablen C, sondern die des ausgeschiedenen Stickstoffes eine Änderung erfährt. Ähnliches ist nach Wada[3] an Kaninchen der Fall, die mit Schilddrüsen- bzw. Hypophysenpräparaten behandelt werden und eine Herabsetzung des Quotienten C:N infolge gesteigerter N-Ausscheidung bzw. eine Erhöhung des Quotienten infolge herabgesetzter N-Ausscheidung aufweisen. Nach demselben Autor[4] ändert sich der Quotient weder an kastrierten Hündinnen, noch an schwangeren Kaninchen; nach Kanamori[5] auch an einem Hunde nicht, in dem durch Einspritzen von Phenylhydrazin die Zahl der roten Blutkörperchen stark verringert wurde.

Von Fishberg[6] konnte im Harn von Kindern, die an verschiedenen Krankheiten litten, keine Änderung des Wertes von C:N im Sinne einer gesteigerten Bildung von dysoxydablem Kohlenstoff nachgewiesen werden; die Änderungen an normal ernährten gesunden Kindern sind aber alimentären Ursprunges. Der Versuch von Hönig und Wada[7], den etwaigen Einfluß von Urizedin auf die Oxydationsvorgänge, gemessen an dem Verhältnis C:N, zu prüfen, ergaben eine leichte Steigerung dieses Quotienten, was die Autoren etwa auf eine bessere Verwertung des Nahrungs-N zurückzuführen geneigt sind. Durch künstlich hergestelltes, stark magnetisch wirkendes sog. aktives Eisenoxyd hat Wada[8] an Kaninchen eine starke Erhöhung des Quotienten C:N bewirkt, und zwar infolge der Verringerung der N-Ausscheidung.

Nach Taslakowa[9] läßt sich, wie es scheint, der Quotient C:N an Kaninchen erhöhen, wenn ihrem Rübenfutter destilliertes Wasser beigegeben wird, nicht aber durch Beigabe von Leitungswasser.

Das Verhältnis D:N im Harn.

Nach Pankreasexstirpation stellt sich, wie bekannt, ein konstanter Wert von D:N erst später ein. Chambers[10] hat Zucker und N in kurzen Intervallen bestimmt und gefunden, daß ein maximaler Wert von D:N, verursacht durch das raschere Ansteigen des Zuckers im Harn gegenüber dem Stickstoff, etwa in der 15. Stunde erreicht wird, ein konstanter Wert aber in etwa 24 Stunden sich einstellt.

Einfache und gepaarte Aminosäuren, Diazoreaktion.

Zur Bestimmung des Aminosäure-N empfiehlt Milheiro[11] statt des bisher geübten Verfahrens, aus dem durch das Formolverfahren erhaltenen N den Ammoniak-N zu subtrahieren — welches Verfahren infolge der verhältnismäßig großen zu subtrahierenden Mengen zu Fehlern Veranlassung gibt —, zunächst das Ammoniak aus dem Harn zu entfernen und die nunmehr verbliebenen Aminosäuren mit der Formoltitration zu bestimmen. Steinmetzer und Strakosch[12] erhoben den auffallenden Befund, daß

[1] Wada, Biochem. Zeitschr. **171**, 210. 1926 (Berichte **36**, 854).
[2] Wada, Biochem. Zeitschr. **171**, 218. 1926 (Berichte **36**, 855).
[3] Wada, Biochem. Zeitschr. **174**, 392. 1926 (Berichte **38**, 273).
[4] Wada, Biochem. Zeitschr. **174**, 400. 1926 (Berichte **38**, 273).
[5] Kanamori, Biochem. Zeitschr. **175**, 330. 1926 (Berichte **38**, 274).
[6] Fishberg, Med. Klinik **22**, 689. 1926 (Berichte **37**, 383).
[7] Hönig und Wada, Zeitschr. f. d. ges. exp. Med. **51**, 479. 1926 (Berichte **38**, 428).
[8] Wada, Biochem. Zeitschr. **175**, 62, 1926 (Berichte **38**, 572).
[9] Taslakowa, Biochem. Zeitschr. **178**, 270. 1926 (Berichte **39**, 710).
[10] Chambers, Americ. journ. of physiol. **76**, 205. 1926 (Berichte **8**, 274).
[11] Milheiro, Cpt. rend. des séances de la soc. de biol. **95**, 1271. 1926 (Berichte **39**, 710).
[12] Steinmetzer und Strakosch, Pflügers Arch. f. d. ges. Physiol. **213**, 535. 1926 (Berichte **38**, 712).

beim Rinde die trächtigen Tiere weit weniger Aminosäuren als die nichtträchtigen ausscheiden. Von Magnus-Levy[1] wird eine verbesserte Methode, Cystin im Harn zu bestimmen, angegeben; mittels dieser wurde an einem besonders starken, fiebernden Mann eine Tagesausscheidung bis zu 1,8 g in 24 Stunden nachgewiesen. Durch eingeführtes Cystin wurde in diesem Falle seine Tagesmenge im Harn nicht vermehrt, wohl aber durch erhöhte Eiweißnahrung; andere Aminosäuren wurden glatt verbrannt.

Hefter[2] ist es gelungen, aus 40 l Harn Histidin zu isolieren, desgleichen gelang es Honda[3], aus 61 l Harn einer schwangeren Frau eine ganze Reihe von Aminosäuren darzustellen.

Auch über Hippursäure liegen einige Arbeiten vor. So wird von Griffith[4] eine Methode zu seiner Bestimmung vorgeschlagen, von Carpenter[5] aber gefunden, daß der Hippursäure-N von etwa 27% des Gesamt-N des Harns normal ernährter Stiere im Hungerzustande auf etwa 1,6% herabsinkt.

Im Anschlusse an die Aminosäuren sei der Diazoreaktion gedacht, von der noch immer von mancher Seite behauptet wird, daß sie durch das Histidin im Harn verursacht wäre. Von dieser Reaktion fand Hunter[6], daß sie in manchen Harnen langsam eintritt und auch von längerer Dauer ist, in anderen aber rasch eintritt und verschwindet. Ersteres ist an normalen Harnen der Fall, und wird die Reaktion durch Phenole, Purine verursacht; letzteres wird im Harn bei Masern, Typhus beobachtet. Komori[7] suchte in 50 l Harn bei schwerer Tuberkulose die für die Diazoreaktion verantwortlichen Stoffe zu isolieren; er konnte aber nicht sicher entscheiden, ob es eine Proteinsäure oder das Histidin war, von der oder von dem der positive Ausfall der Reaktion herrührte.

Harnstoff.

Von Addis[8] wie auch von Ellinghaus[9] wird je eine Modifikation des Ureaseverfahrens, von Glassmann[10] aber eine komplizierte Bestimmungsmethode angegeben, beruhend auf der bekannten Reaktion zwischen Harnstoff und Quecksilbernitrat. Die vergleichenden Bestimmungen, die Kikuchi[11] mittels mehrerer Harnstoffbestimmungsmethoden ausgeführt hat, ergaben gleich gute Resultate mit dem Xanthydrol- und den Urease-, gänzlich unbefriedigende mit dem Hypobromitverfahren. Zur Darstellung der von Moor gefundenen (auf S. 387 der Jahresberichte 1924 referierten) „wachsähnlichen" Form des Harnstoffes wird vom selben Autor[12] eine verbesserte Methode empfohlen.

Nach Antoine und Liégois[13] ist die Hundeniere in ihrer Harnstoff konzentrierenden Fähigkeit der Menschenniere weit überlegen: im Hundeharn kommen Konzentrationen bis zu 12, im Menschenharn bloß solche bis zu 5,6% vor.

Guanidin.

Von Sharpe[14] wird eine verbesserte Methode angegeben, Guanidine aus dem Harn zu isolieren, namentlich um sie frei von Kreatinin zu erhalten. Von Frank und Kühnau[15]

---

[1] Magnus-Levy, Biochem. Zeitschr. **156**, 150. 1925 (Berichte **31**, 417).
[2] Hefter, Hoppe-Seyler's Zeitschr. f. physiol. Chem. **145**, 290. 1925 (Berichte **33**, 152).
[3] Honda, Acta scholae med., Kioto, **6**, 405. 1924 (Berichte **32**, 598).
[4] Griffith, Journ. of biol. chem. **67**, XV. 1926 (Berichte **36**, 661).
[5] Carpenter, Proc. of the nat. acad. of sciences **11**, 155. 1925 (Berichte **31**, 771).
[6] Hunter, Biochem. journ. **19**, 25. 1925 (Berichte **31**, 772).
[7] Komori, Journ. of biochem. **6**, 297. 1926 (Berichte **38**, 275).
[8] Addis, Journ. of laborat. a. clin. med. **1**, 402, 1925 (Berichte **31**, 275).
[9] Ellinghaus, Hoppe-Seylers Zeitschr. f. physiol. Chem. **150**, 211. 1925 (Berichte **34**, 852).
[10] Glassmann, Hoppe-Seylers Zeitschr. f. physiol. Chem. **160**, 77. 1926 (Berichte **39**, 252).
[11] Kikuchi, Biochem. Zeitschr. **156**, 35. 1925 (Berichte **31**, 416).
[12] Moor, Biochem. Zeitschr. **159**, 245. 1925 (Berichte **32**, 597).
[13] Antoine et Liégois, Cpt. rend. des séances de la soc. de biol. **93**, 64. 1925 (Berichte **32**, 789).
[14] Sharpe, Biochem. journ. **19**, 168. 1925 (Berichte **32**, 313).
[15] Frank und Kühnau, Klin. Wochenschr. **4**, 1170. 1925 (Berichte **32**, 597).

sowie auch von Kühnau[1] wird über 2 Fälle von parathyreopriver Tetanie berichtet, in denen die Menge der aus dem Harn isolierten Guanidine weit mehr als in der Norm betrug. Von Greenwald[2] wird betont, daß die auch in den oben referierten Mitteilungen verwendete Sharpesche Methode bloß zur Isolierung des Guanidins selbst, nicht aber zu der des Methyl- und des Dimethylguanidins geeignet ist.

Kreatinin.

Seitdem die verbesserte Methodik zur Bestimmung des Kreatinins (im Blute und) im Harn zur Verfügung steht, mehren sich die Anzeichen, daß in Zukunft wichtige Ergebnisse in diagnostischer und prognostischer Hinsicht zu erlangen sein werden.

Nach Cristol und Lang[3] lassen sich Mißerfolge bei der Darstellung des Kreatinins auf Unreinheit der verwendeten Pikrinsäure zurückführen. Nach Alamanni[4] erfährt die Kreatininausscheidung im Harn von Schwangeren eine mäßige Steigerung, die aber während der Entbindung um so stärker ist, je schwieriger die Entbindung verläuft; nachher wieder rascher Rückgang auf normale Werte. Als Durchschnittswert für die Kreatininausscheidung werden von Cuatrecasas[5] 0,62 g pro 1 l Harn angegeben; der niedrigste Wert wurde bei Bronchiektasie, der höchste bei Leberleiden bzw. Lungentuberkulose gefunden.

Allantoin.

Gegenüber der bisher geübten überaus schwierigen Art der Bestimmung des Allantoins scheint der Vorgang von Christman[6], den er für den Kaninchenharn angibt, einen wesentlichen Fortschritt zu bedeuten: das Allantoin wird in Parabansäure überführt, diese in Harnstoff und Oxalsäure verwandelt und letztere quantitativ bestimmt.

Harnsäure und Purinbasen.

Bezüglich der Methodik sei neben Le Breton und Kaysers[7] vergleichenden Bestimmungen der Harnsäure und der Purinbasen mittels verschiedener Methoden folgendes hervorgehoben: Bestimmt man die Purinbasen im Harn einerseits auf Grund des unter bestimmten Bedingungen gefundenen N-Gehaltes, andererseits durch das bekannte Silberverfahren, so erhält man nach Fleury und Genévois[8] von Fall zu Fall divergierende Resultate aus dem Grunde, weil das Silberbindungsvermögen der verschiedenen Purinbasen ein verschiedenes ist: bald sind es Mono-, bald Diargentumverbindungen. Diesen Umständen wird durch den „Silberindex" Rechnung getragen. Im Anschluß an ihre früheren (auf S. 390 der Jahresberichte 1924) besprochenen Befunde führen Chelle und Rangier[9] aus, daß die Bindung an eine organische Grundsubstanz die Form darstellt, in der Harnsäure im normalen Harn enthalten ist, während die von jeher bekannte freie Form, z. B. auch der Harnsäuregrieß, nur aus Spaltung der ersteren hervorgeht. Diese Befunde werden auch von Fleury[10] bestätigt. Als aus einer solchen Spaltung entstanden müßten dann natürlich auch die Harnsäureinfarkte angesehen

---

[1] Kühnau, Arch. f. exp. Pathol. u. Pharmakol. 110, 76. 1925 (Berichte 35, 497).

[2] Greenwald, Biochem. journ. 20, 665. 1926 (Berichte 38, 573).

[3] Cristol et Lang, Bull. de la soc. des sciences méd. et biol. de Montpellier et du Languedoc méditerranéen 6, 413. 1925 (Berichte 34, 216).

[4] Alamanni, Riv. ital. di ginecol. 3, 285. 1925 (Berichte 31, 605).

[5] Cuatrecasas, Rev. med. de Barcelona 3, 196. 1925 (Berichte 33, 150).

[6] Christman, Journ. of biol. chem. 70, 173. 1926 (Berichte 39, 556).

[7] Le Breton et Kayser, Bull. de la soc. de chim. biol. 8, 816. 1926 (Berichte 38, 573).

[8] Fleury et Genévois, Cpt. rend. des séances de la soc. de biol. 94, 1194. 1926 (Berichte 36, 855). — Bull. de la soc. de chim. biol. 8, 783. — Journ. de pharmacie et de chim. 4, 102 u. 201. 1926 (Berichte 39, 97).

[9] Chelle et Rangier, Bull. de la soc. de chim. biol. 6, 980. 1924 (Berichte 32, 111).

[10] Fleury, Journ. de pharmacie et de chim. 2, 195. 1925 (Berichte 33, 737).

werden, die von Baumann[1] in den Nieren junger Schweine beschrieben wurden und ähnlich denen sind, die an menschlichen Nieren längst bekannt sind. In Durchströmungsversuchen überlebender Nieren mit harnsäurehaltigem Blute fanden Gremels und Bodó[2], daß ein Teil der Harnsäure alsbald in den Geweben zur Ablagerung kommt, ein anderer Teil aber in den Tubulis ausgeschieden wird, und zwar in größerer Konzentration, als Harnsäure im Blut vorhanden war; daher auch bezüglich der Harnsäure eine Konzentrierungsarbeit der Nieren angenommen werden muß. Die Zerstörung der Harnsäure bzw. ihre Umwandlung in Allantoin (am Hunde) findet nicht im Blute, sondern in der Leber statt.

Entgegen den bisherigen Angaben fand Rougichitch[3] an purinfrei ernährten Kindern bis zu 22 Monaten konstante als rein endogen anzusehende Harnsäurewerte (14—25 mg pro 1 kg Körpergewicht). Ähnlich konstant war auch die Menge der ausgeschiedenen Kreatinins. Die von anderer Seite behauptete umgekehrte Proportionalität zwischen Darmgärung und Harnsäureausscheidung konnte von Kalf-Kalif[4] nicht bestätigt werden. Sehr bemerkenswert ist der Befund von Camus und Gournay[5], wonach in 4 Fällen von Diabetes insipidus jedesmal die Menge der Harnsäure verringert, die der Purinbasen aber vermehrt war.

Eiweiß.

Was zunächst den Nachweis von Eiweiß im Harn anbelangt, ist zu erwähnen, daß von Exton[6] sowie auch von Kingsbury, Clark, Williams und Post[7] je eine verfeinerte Methode unter Verwendung von Sulfosalicylsäure mitgeteilt wird; bezüglich der quantitativen Bestimmung aber, daß nach Töttermann[8] das Esbachsche Albuminimeter mit konischem Boden einen Fehler hat, darin bestehend, daß bei alkalischer Harnreaktion das Coagulum voluminöser als sonst ausfällt und sich nicht recht zusammenballt. Es sei auch erwähnt, daß sich zum Enteiweißen des Harns nach Abelin[9] das von Hagedorn und Jensen empfohlene Zinkhydroxyd gut bewährt. Bezüglich der experimentell erzeugten Albuminurie ist zu bemerken, daß nach Starr[10] die nach intravenöser Injektion von Adrenalin erzeugte vorübergehende Albuminurie aus der gefäßverengernden Wirkung des Adrenalins und der hierdurch gesetzten Schädigung der Glomeruli erklärt werden kann. Ferner, daß nach Garnier und Schulmann[11] an Kaninchen das nach Injektion von Hühnereiweiß im Harn ausgeschiedene Eiweiß nicht, wie allgemein angenommen wird, in den Harn übergetretenes Hühnereiweiß ist, sondern durch die toxische Wirkung des letzteren auf die Nieren, wie in anderen Fällen von toxischer Albuminurie, erklärt werden muß. Auch die an Menschen vorkommenden Albuminurien wurden in verschiedener Hinsicht geprüft. So ist bei der orthotischen Albuminurie nach Uyeda[12] auch eine funktionelle Schwäche der Nieren nachzuweisen, indem nicht nur die Acidität und die Menge der Chondroitinschwefelsäure eine Zunahme aufweisen, sondern auch in der NaCl-Belastungsprobe die Ausscheidung

[1] Baumann, Virchows Arch. f. pathol. Anat. u. Physiol. **259**, 726. 1926 (Berichte **36**, 182).
[2] Gremels and Bodó, Proc. of the roy. soc. B **100**, 336. 1926 (Berichte **38**, 570).
[3] Rougichitch, Americ. journ. of dis. of childr. **31**, 504. 1926 (Berichte **37**, 384).
[4] Kalf-Kalif, Zeitschr. f. d. ges. exp. Med. **50**, 672. 1926 (Berichte **37**, 385).
[5] Camus et Gournay, Cpt. rend. hebdom. des séances de l'acad. de sciences **180**, 172. 1925 (Berichte **31**, 101).
[6] Exton, Journ. of. laborat. a. clin. med. **10**, 722. 1925 (Berichte **32**, 595).
[7] Kingsbury, Clark, Williams and Post, Journ. of laborat. a. clin. med. **11**, 981. 1926 (Berichte **38**, 274).
[8] Töttermann, Finska läkaresällskapets hand. **66**, 722. 1924 (Berichte **34**, 531).
[9] Abelin, Münch. med. Wochenschr. **73**, 2066. 1926 (Berichte **39**, 710).
[10] Starr jr., Americ. journ. of physiol. **72**, 184. 1925 (Berichte **31**, 772).
[11] Garnier et Schulmann, Cpt. rend. des séances de la soc. de biol. **93**, 600. 1925 (Berichte **35**, 303).
[12] Uyeda, Mitt. a. d. med. Fak. d. kais. Univ. Tokyo **31**, 247. 1924 (Berichte **32**, 314).

des NaCl verzögert ist, im Wasserversuch aber ein sog. Überschießen des Wassers wahrzunehmen ist.

Von Hynd[1] wurde das im Harn ausgeschiedene Eiweiß einer genaueren Prüfung unterzogen und gefunden, daß in Fällen von chronischer Nephritis bzw. auch in der Schwangerschaft oder bei orthotischer Albuminurie das ausgeschiedene Eiweiß dem Serumalbumin, das in Fällen von Eklampsie im Harn enthaltene Eiweiß aber dem Laktalbumin nahesteht. Werden im Sinne der Ausführungen von Piettre[2] im Falle einer bestehenden Albuminurie Globuline und Albumen getrennt bestimmt, so ergibt sich stets ein Plus zugunsten des Albumins im Verhältnisse zum Blute. Es muß daher angenommen werden, daß das Harneiweiß doppelten Ursprunges ist: einerseits tritt Serum durch eine Lücke im Harnfilter in den Harn über, andererseits erfolgt aber ein Übertritt von Serumalbumin durch Filtration.

Auch Berglund und Scriver[3] finden stets das Verhältnis von Albumen und Globulin im Harn im Vergleiche zu dem Blutserum stets zugunsten des ersteren verschoben, jedoch in um so geringerem Grade, je stärker die Nieren geschädigt sind.

5. Chromogene und Farbstoffe.

Urochrom.

Nach Drabkin[4] ist die Menge des im Harn ausgeschiedenen Urochroms unabhängig von der Art der eingeführten Nahrung, jedoch erhöht nach Einfuhr von Säuren, im Hunger, nach Thyroxin-, Adrenalinbehandlung usw., herabgesetzt nach Alkalieneinfuhr.

Indoxyl-, Skatoxylschwefelsäure.

Neben der allgemein geübten Indicanreaktion, deren negativer Ausfall nach Kötschau[5] nicht gegen eine bestehende Eiweißfäulnis spricht, kam der Skatoxylschwefelsäure, deren Vorkommen im Harn immer wieder behauptet, dann wieder in Abrede gestellt wurde, bloß eine untergeordnete Rolle zu. Nachdem es sich aber später herausgestellt hat, daß der nach Hári aus jedem normalen Harn durch Kondensation mit p-Dimethylaminobenzaldehyd darstellbare rote Farbstoff einen Skatoxylpaarling enthält, und von Scheff[6] nachgewiesen wurde, daß derselbe nicht etwa aus der Verunreinigung der verwendeten Reagenzien herrührt, hat derselbe Autor[7] ein spektrophotometrisches Verfahren zur Bestimmung dieses Farbstoffes ausgearbeitet und konnte weiterhin[8] nach Verfütterung bzw. subcutaner Injection von Skatol an Hunden eine Zunahme des Farbstoffes im Harne nachweisen. Hierdurch wurde der endgültige Beweis erbracht, daß in jedem normalen Menschen- und Hundeharn Skatoxylschwefelsäure vorhanden ist.

Aus dem erhöhten Indicangehalt des Blutes, der an Schwangeren sowohl wie während der Entbindung und auch an den anschließenden Wochenbett-Tagen häufig beobachtet wird, läßt sich nach Eufinger und Bader[9] nicht auf eine Schwangerschaftsniere schließen, wohl aber, wenn Indican im Blute stark, im Harn aber nicht erhöht ist, also eine Retention von Indican besteht.

---

[1] Hynd, Lancet 209, 910. 1925 (Berichte 34, 852).
[2] Piettre, Journ. de pharmacie et de chim. 3, 97. 1926 (Berichte 35, 866).
[3] Berglund and Scriver, Americ. journ. of physiol. 76, 190. 1926 (Berichte 38, 275).
[4] Drabkin, Journ. of biol. chem. 67, XL. 1926 (Berichte 36, 661).
[5] Kötschau, Klin. Wochenschr. 5, 2405. 1926 (Berichte 40, 114).
[6] Scheff, Biochem. Zeitschr. 158, 167. 1925 (Berichte 32, 314).
[7] Scheff, Biochem. Zeitschr. 158, 170. 1925 (Berichte 32, 314).
[8] Scheff, Biochem. Zeitschr. 179, 364. 1926 (Berichte 40, 114).
[9] Eufinger und Bader, Arch. f. Gynäkol. 128, 309. 1926 (Berichte 38, 271).

Porphyrine.

Der rote Farbstoff, der im Kaninchenharn nach Chlorophylleinfuhr ausgeschieden wird, ist in der Regel kein Porphyrin, wie dies von Hofstetter[1] nach Einfuhr von Rohchlorophyll, von Godinho[2] nach Einfuhr von Phäophytin und von Kitahara[3] nach Verfütterung von gekochtem Spinat oder Grünkohl gezeigt wurde; nur nach Einfuhr des Preßsaftes der vorher nicht gekochten Gemüse fand letzterwähnter Autor Porphyrin im Harn. Sehr bemerkenswert ist der Befund von Fraenkel[4], wonach das Porphyrin aus dem Harne eines an Porphyrinurie leidenden Menschen jungen Tieren eingespritzt, in ihren Nagezähnen und Knochen abgelagert wird. Nach Policard und Leulier[5] lassen sich solch geringe Mengen von Porphyrin, die mit anderen Methoden nicht mehr nachgewiesen werden können, an der intensiven Fluoreszenz erkennen, wenn Woodsches Licht verwendet wird, das einen Nickelschirm passiert hat. In einem von Zoo de Jong[6] beschriebenen Falle von Porphyrinurie war der Harn so dunkel, daß erst an Melanine gedacht werden mußte.

Blutfarbstoff.

Zum Nachweise des Blutfarbstoffes eignet sich nach Poirot und Lambert[7] die essigätherische Lösung des durch Säurezusatz erzeugten Säurehämatins, die jedoch abweichend vom altbekannten Vorgang so bereitet wird, daß man dem Harn erst Ammoniak und nachher Säure (Essigsäure) im Überschuß hinzufügt. In der essigätherischen Lösung wird nun die Guajakreaktion ausgeführt, und zwar derart, daß man nicht eine alkoholische Lösung des Harzes, sondern dessen Lösung in Pyridin verwendet, der eine alkoholische Lösung von H_2O_2 hinzugefügt war.

Fontès und Thivolle[8] schlagen vor, die Menge des in einem Harn vorhandenen Blutfarbstoffes aus dessen Eisengehalt zu berechnen.

Bilirubin, Urobilin und Urobilinogens.

Zum Nachweise des Bilirubins wird von Sternberg[9] eine neue Methode empfohlen, in der Phosphorsäure und H_2O_2 zur Verwendung kommen. In der so schwierigen Frage der quantitativen Bestimmung des Urobilins und Urobilinogens bedeutet der Vorschlag von Terwen[10] einen weiteren Fortschritt. In Abänderung des Charnasschen Prinzips, alles vorhandene Urobilin zu Urobilinogen zu reduzieren, an diesem die Ehrlichsche Aldehydreaktion auszuführen und den so erhaltenen roten Farbstoff kolorimetrisch zu bestimmen, verwendet T. zur Reduktion frisch gefälltes Eisenhydroxyd in alkalischer Lösung, schüttelt das Urobilinogen mit Äther aus und stumpft, nachdem er nach Zusatz von HCl und Ehrlichschem Reagens die rote Farbenreaktion erzeugt hat, die HCl gleich mit einer konzentrierten Lösung von essigsaurem Natrium ab. Auf diese Weise erhielten Lichtenstein und Terwen[11] weit mehr Urobilinogen als nach dem ursprünglichen Charnasschen Verfahren. Es ist auch anzunehmen, daß die Unregelmäßigkeiten in der Umwandlung des Urobilinogens zu Urobilin, die von Hoesch[12]

---

[1] Hofstetter, Biochem. Zeitschr. **155**, 80. 1925 (Berichte **31**, 101).
[2] Godinho, Biochem. Zeitschr. **155**, 90. 1925 (Berichte **31**, 101).
[3] Kitahara, Biochem. Zeitschr. **155**, 97. 1925 (Berichte **31**, 102).
[4] Fraenkel, Virchows Arch. f. pathol. Anat. u. Physiol. **248**, 125. 1924 (Berichte **31**, 417).
[5] Policard et Leulier, Cpt. rend. des séances de la soc. de biol. **91**, 1422. 1924 (Berichte **32**, 111).
[6] Van der Zoo de Jong, Nederlandsch tijdschr. v. geneesk. **62**, 598. 1925 (Berichte **33**, 733).
[7] Poirot et Lambert, Journ. de pharmacie et de chim. **4**, 337. 1926 (Berichte **39**, 253).
[8] Fontès et Thivolle, Cpt. rend. des séances de la soc. de biol. **93**, 689. 1925 (Berichte **34**, 77).
[9] Sternberg, Biochem. Zeitschr. **171**, 217. 1926 (Berichte **36**, 857).
[10] Terwen, Dtsch. Arch. f. klin. Med. **149**, 72. 1925 (Berichte **34**, 853).
[11] Lichtenstein und Terwen, Dtsch. Arch. f. klin. Med. **149**, 113. 1925 (Berichte **34**, 854).
[12] Hoesch, Biochem. Zeitschr. **167**, 107. 1926 (Berichte **35**, 696).

beobachtet wurden, daß nämlich in manchen Harnen diese Umwandlung auch bei 14 Tage langem Stehen im Sonnenlichte ausbleibt, in anderen Fällen die Aldehydreaktion nach einigen Stunden verschwindet, dann aber wiederkehren kann, bei der künstlich herbeigeführten Umwandlung keine Rolle spielen. Nach der oben erwähnten Methode bestimmt, werden nach Lichtenstein[1] vom Gesunden nicht mehr als 1 mg Urobilin im Harn, hingegen 135—150 mg in den Fäces ausgeschieden; auch in Leberleiden ist die gesamte ausgeschiedene Menge meistens nicht verändert, wohl aber sehr stark zugunsten des Harns verschoben.

Auf Grund des mit derselben Methode bestimmten täglichen Urobilingehaltes des Harns und der Fäces konnten Lichtenstein und Terwen[2] unter Zugrundelegung des Gesamthämoglobingehaltes eines Menschen und aus dem Gewichtsverhältnis zwischen Hämoglobin bzw. Hämatin und dem daraus im besten Falle entstehenden Urobilinogen berechnen, daß die Lebensdauer eines roten Blutkörperchens etwa 140 Tage beträgt.

Von Wallace und Diamond[3], die ebenfalls eine auf die Ehrlichsche Aldehydreaktion gegründete Methode zur quantitativen Bestimmung des Urobilinogen ausgearbeitet haben, wird in einer großen Reihe bei verschiedenen Krankheiten ausgeführten Untersuchungen bestätigt, was auch bisher schon bekannt ist, daß nämlich die größten Mengen von Urobilinogen in gewissen Leberleiden und Fällen von hämolytischer Diathese ausgeschieden werden.

Nach Schiller und Ornstein[4] war in 80% einer großen Zahl von Tubarschwangerschaft Urobilinogen mit dem Ehrlichschen Reagens in größerer Menge nachweisbar. Da jedoch nach Schiller[5] in den Hämatomen selbst kein Urobilinogen, sondern bloß Bilirubin in erhöhter Menge vorhanden war, wird gefolgert, daß ersteres nicht an Ort und Stelle entsteht, sondern sein Entstehen einer Leberschädigung zuzuschreiben ist, hervorgebracht durch die Resorption von Eiweißabbauprodukten aus dem Hämatom.

Harnmelanin.

Wird nach Saccardi[6] verschiedenen Versuchstieren Pyrrol oder Melanin eingespritzt, so erscheint in deren Harn ein Chromogen, das in vielen wichtigen Eigenschaften mit dem Melanogen übereinstimmt, in anderen allerdings von diesem abweicht; dadurch wird es wahrscheinlich gemacht, daß auch der Farbstoff der melanotischen Tumoren, das Melanin, nicht vom Tyrosin herrührt, sondern ein Pyrrolabkömmling ist.

6. Spezifisch wirksame Stoffe unbekannter Zusammensetzung.

Enzyme.

Stafford und Addis[7] finden die Diastasekonzentration im Harn sehr schwankend und dem Harnvolumen ungefähr umgekehrt proportional und ohne Zusammenhang mit der Schwere einer etwa bestehenden Nierenschädigung.

Diese umgekehrte Proportionalität wird auch von Reid[8] gefunden, dabei aber auch konstatiert, daß der Nachtharn mehr Diastase als der Tagesharn, der Harn des Hungernden weniger als der eines normal Ernährten enthält. Umgekehrt findet Cohen[9] im Tagesharn mehr Diastase als im Nachtharn. Die Menge der proteolytischen Enzyme im Harn ist nach Hedin[10] bei fieberhaften Krankheiten unabhängig von einer etwa bestehenden Albuminurie vermehrt.

---

[1] Lichtenstein, Münch. med. Wochenschr. **72**, 1925 (Berichte **34**, 854).
[2] Lichtenstein und Terwen, Dtsch. Arch. f. klin. Med. **149**, 102. 1925 (Berichte **34**, 854).
[3] Wallace und Diamond, Arch. of internal med. **36**, 698. 1925 (Berichte **33**, 735).
[4] Schiller und Ornstein, Zeitschr. f. Geburtsh. u. Gynäkol. **89**, 352. 1925 (Berichte **36**, 184).
[5] Schiller, Wien. Arch. f. inn. Med. **12**, 417. 1926 (Berichte **36**, 856).
[6] Saccardi, Atti d. reale accad. naz. dei Lincei, rendiconti **2**, 346. 1925 (Berichte **36**, 310).
[7] Stafford and Addis, Quart. journ. of med. **17**, 151. 1924 (Berichte **31**, 418).
[8] Reid, Brit. journ. of exp. pathol. **6**, 314. 1925 (Berichte **35**, 304).
[9] Cohen, Biochem. journ. **20**, 253. 1926 (Berichte **37**, 155).
[10] Hedin, Skandinav. Arch. f. Physiol. **46**, 316. 1925 (Berichte **33**, 417).

Thorling[1] findet, daß im Harn von Säuglingen mehr Erepsin als Pepsin enthalten ist; ferner werden Unterschiede im Pepsingehalt im Falle verschiedener Krankheiten gefunden.

Nach Tur[2] ist der Diastase- und Pepsingehalt des Säuglingsharns ein geringer; die Werte erreichen den eines Erwachsenen im 11. bis 12. Lebensjahre. Bezüglich der Diastase ist ein deutlicher Zusammenhang mit den Verdauungsvorgängen nachzuweisen: erst Ab-, dann Zunahme.

Auch Evensen[3] hat das Verhalten der Enzyme im Harn bei verschiedenen Krankheiten geprüft, und zwar das des Pepsins, der Diastase und des Labenzymes.

Von Eichholtz[4] und auch von Kay[5] wurde der von anderer Seite erhobene sehr interessante Befund bestätigt, wonach das Phosphatase genannte, in wachsenden und auch in rachitischen Knochen nachgewiesene Enzym, das aus organischen Phosphorsäureestern Phosphorsäure abzuspalten vermag, auch in den Nieren enthalten sei; die Autoren sprechen die Vermutung aus, daß die anorganischen Phosphate im Harn nicht als solche einfach aus dem Blutserum in den Harn übertreten, sondern aus organischen Phosphorsäureestern in der Niere durch das genannte Enzym abgespalten werden.

Toxische Substanzen.

Toxische Substanzen, deren Ausscheidung durch die Nieren seit längster Zeit bekannt ist, können nach Scheiner[6] nachgewiesen werden, wenn man Mäuse mit dem ätherischen Extrakt des zu prüfenden Harns behandelt. Auf diese Weise konnte gefunden werden, daß leukämische Harne mehr von solchen Substanzen enthalten als normale.

Eine andere, von Billard und Perrot[7] angegebene Methode des Nachweises ist auf die Tatsache gegründet, daß die Lebensdauer der Daphnia pulex im Harn von dessen Toxizität abhängt; auf diese Weise konnte nachgewiesen werden, daß toxische Stoffe von der geschädigten Niere in geringerer Menge als von der gesunden ausgeschieden werden.

7. Vergleichend physiologisch-chemische Befunde.

Nebst einer Analyse des Harns der Sepia officinalis von Delaunay[8] liegen Untersuchungen von Fuse[9] vor, der unter anderem im Harn des Wiesels eine rechtsdrehende Substanz, die jedoch kein Zucker ist, im Harn von Fledermäusen auffallend viel Kreatinin und in dem der Schlangen sehr viel Ammoniak fand; endlich auch Analysen von Read[10] über Kamelharn, dessen Tagesmenge bei normaler Ernährung etwa 4—6 l, nach zehntägigem Dursten aber etwa 1800 ccm betrug.

---

[1] Thorling, Upsala läkareförenings forhandl. **31**, 39. 1926 (Berichte **38**, 572).
[2] Tur, Zeitschr. f. Kinderheilk. **40**, 331. 1925 (Berichte **36**, 184).
[3] Evensen, Zeitschr. f. klin. Med. **104**, 6. 1926 (Berichte **39**, 99).
[4] Eichholtz, Klin. Wochenschr. **4**, 1959. 1925 (Berichte **34**, 531).
[5] Kay, Biochem. journ. **20**, 791. 1926 (Berichte **38**, 569).
[6] Scheiner, Sbornik lekarsky **26**, 23. 1925 (Berichte **33**, 153).
[7] Billard et Perrot, Cpt. rend. des séances de la soc. de biol. **94**, 15. 1926 (Berichte **37**, 387).
— Cpt. rend. des séances de la soc. de biol. **94**, 13. 1926 (Berichte **40**, 111).
[8] Delaunay, Cpt. rend. des séances de la soc. de biol. **93**, 128. 1925 (Berichte **33**, 153).
[9] Fuse, Japan. journ. of med. sciences, transact.: II Biochemistry **1**, 103. 1925 (Berichte **33**, 732).
[10] Read, Journ. of biol. chem. **64**, 615. 1925 (Berichte **33**, 732).

Sonderdruck
aus „Biochemische Zeitschrift", Bd. 201.
Julius Springer, Berlin.

Spektrophotometrische Studien an Oxyhämoglobin.

Von

Emerich Keve.

(Aus dem physiologisch-chemischen Institut der königl. ungar. Universität
Budapest.)

(Eingegangen am 16. August 1928.)

Ist für einen Farbstoff, wenn er in einem bestimmten Lösungsmittel geprüft wird, an einer bestimmten Spektralstelle das Absorptionsverhältnis A (eine von *Vierordt* eingeführte Konstante) bekannt, so
läßt sich aus dem spektrophotometrisch ermittelten Extinktionskoeffizienten ε die Konzentration c, d. i. die in 1 ccm der Lösung enthaltene, in Grammen ausgedrückte Substanzmenge der betreffenden
Farbstofflösung berechnen, indem $c = A \cdot \varepsilon$. Für Oxyhämoglobin
wurde diese Konstante A zuerst durch *Hüfner*[1] genauer bestimmt,
und zwar nicht nur an *einer*, sondern an zwei charakteristischen Spektralstellen. Dies hat den Vorteil, daß man in der Lage ist, festzustellen,
ob die Farbstofflösung auch wirklich rein sei, denn der Quotient der
beiden Extinktionskoeffizienten bzw. der reziproke Wert des Quotienten
der entsprechenden Absorptionsverhältnisse ist ebenfalls konstant,
und für je eine Farbstofflösung an der betreffenden Spektralstelle
charakteristisch. Die eine der beiden Spektralstellen entspricht dem
Maximum des in Grün gelegenen Absorptionsstreifens des Oxyhämoglobins, richtiger dem Spektralausschnitt 565 bis 554 $\mu\mu$, die zweite
dem Absorptionsminimum zwischen den beiden Streifen, richtiger
dem Spektralausschnitt 542,5 bis 531,5 $\mu\mu$.

Die Nachprüfer wählten entweder genau oder aber annähernd
genau dieselben Stellen, erhielten jedoch nicht immer genau dieselben
Zahlen, sei es für das Absorptionsverhältnis an den besagten zwei
Stellen, sei es für den Quotienten dieser Werte; daher es mir als geraten

---

[1] *G. Hüfner*, Zeitschr. f. physiol. Chem. **1**, 321, 1877; *Derselbe*,
ebendaselbst **3**, 4, 1879; *Derselbe*, Arch. f. (Anat. u.) Physiol. 1894, S. 130.

erschien, sowohl die Werte A wie auch den obengenannten Quotienten einer erneuten Prüfung zu unterziehen.

Methodik der Versuche.

Zu den Untersuchungen wurde ein im Institut befindliches, nach *Martens* und *Grünbaum* verbessertes *König*sches Spektrophotometer[1] (große Beleuchtungsvorrichtung) verwendet, das vor etwa einem Jahre neu justiert und kalibriert wurde, und an einer n/400 Kaliumpermanganatlösung dieselben molekularen Extinktionskoeffizienten ergab, die auch früher von Jahr zu Jahr erhalten wurden[2]. Als Lichtquelle diente (abweichend von den früher in diesem Institut ausgeführten Versuchen) eine „Projektionslampe" der AEG, die den Vorteil hatte, daß das durch den glühenden Faden gebildete Polygon, in einer frontalen Ebene liegend, symmetrisch vor der Eintrittsöffnung des Apparats aufgestellt werden konnte.

Der gewählte Spektralausschnitt wurde durch den ein für allemal eingestellten Okularspalt begrenzt und schloß, da es sich um einen Prismenapparat handelt, in Grün ein engeres Areal als in Grüngelb ein. Der Objektivspalt wurde stets 0,1 mm breit genommen.

Oxyhämoglobin wurde aus dreimal gewaschenen und mit Äther hämolysierten roten Blutkörperchen von Pferd und Hund nach der Vorschrift von *Hoppe-Seyler* bereitet und sooft es die erhaltene Menge gestattete (bis zu sechsmal) umkristallisiert. In manchen Versuchsreihen habe ich eine oder die andere, in anderen Versuchsreihen mehrere oder alle Kristallisationen untersucht. In vielen Versuchsreihen habe ich auch eine Probe des frisch defibrinierten Blutes, aus dem dann das Oxyhämoglobin bereitet wurde, geprüft. In einer Reihe von Versuchen habe ich in den Lösungen bloß die Extinktionskoeffizienten an den beiden erwähnten Stellen bestimmt, und aus diesen den besagten Quotienten berechnet, ohne die Konzentration der Lösung zu kennen; in anderen Versuchsreihen, in denen auch die Konzentration bestimmt wurde, konnten auch die Werte von A berechnet werden.

Das zu untersuchende Oxyhämoglobin wurde nach altem Brauche in einer 0,1%igen Lösung von Na_2CO_3 gelöst, in den Trog eingefüllt und die Ablesungen in den Spektralausschnitten 565,8 bis 555,9 $\mu\mu$ und 541,6 bis 533,1 $\mu\mu$, also genau an der von *Hári*[3], annähernd genau an den von den übrigen Autoren benutzten Stellen ausgeführt.

Recht ansehnliche Fehler wurden durch die anfängliche Außerachtlassung des Postulats verursacht, daß die in den beiden Beobachtungsröhren befindlichen Flüssigkeiten, die Lösung und das reine Lösungsmittel, dieselbe Temperatur haben müssen. Um nämlich die Hämoglobinlösungen vor der stets drohenden, wenn auch nur spektrophotometrisch nachweisbaren Veränderung zu bewahren, die sie beim

---

[1] *F. F. Martens* und *F. Grünbaum*, Ann. d. Phys., vierte Folge, **12**, 984, 1903.

[2] *H. Gombos*, diese Zeitschr. **151**, 1, 1924.

[3] *P. Hári*, diese Zeitschr. **82**, 229, 1917.

Tabelle I.

$$\varepsilon_{grün} : \varepsilon_{gelbgrün}.$$

| | Oxyhämoglobin | | | | | | Blut desselben Tieres |
	erste Kristallisation	zweite Kristallisation	dritte Kristallisation	vierte Kristallisation	fünfte Kristallisation	sechste Kristallisation	
Von Pferd 1	—	1,593 1,581 } 1,587	1,576 1,565 } 1,570	—	—	—	1,552
„ „ 2	1,609 1,645 } 1,627	1,588 1,585 } 1,586	1,541 1,567 } 1,554	—	—	—	1,550
„ „ 3	1,610 1,617 } 1,613	1,568 1,570 } 1,569	1,545 1,555 } 1,550	1,537 1,541 } 1,539	—	—	1,545
„ „ 4	1,609 1,626 } 1,617	1,601 1,604 } 1,602	1,565 1,561 } 1,563	1,563 1,557 } 1,560	—	—	1,569
„ „ 5	1,637 1,627 } 1,632	1,588 1,583 } 1,585	1,585 1,580 } 1,582	1,577 1,563 } 1,570	1,551 1,567 } 1,559	1,539 1,566 } 1,552	1,555
„ „ 6	1,620 1,597 } 1,608	1,569 1,562 } 1,565	1,580 1,575 } 1,577	1,566 1,557 } 1,561	1,580 1,575 } 1,577	1,558 1,556 } 1,557	1,594
Gesamtmittel:	**1,619**	**1,582**	**1,579**	**1,557**	**1,568**	**1,554**	**1,573**
Von Hund 1	—	—	1,567 1,574 } 1,570	—	—	—	1,565
„ „ 2	1,575 1,593 } 1,584	1,572 1,578 } 1,575	1,541 1,542 } 1,541	—	—	—	1,584
„ „ 3	1,618 1,600 } 1,609	1,590 1,588 } 1,589	1,565 1,564 } 1,565	—	—	—	1,534
„ „ 4	1,641 1,635 } 1,638	1,569 1,560 } 1,564	—	—	—	—	1,575
„ „ 5	—	—	1,572 1,605 } 1,588	—	—	—	1,541
„ „ 6	1,619 1,606 } 1,612	1,595 1,596 } 1,595	1,540 1,518 } 1,529	—	—	—	—
Gesamtmittel:	**1,611**	**1,581**	**1,558**	—	—	—	**1,560**

Stehen bei Zimmertemperatur erleiden konnten, hatte ich sie stets
bis unmittelbar vor dem Gebrauch im Eisschrank verwahrt; während
die Röhre mit dem Lösungsmittel, da ich immer bei derselben Schicht-
dicke arbeitete, von einer zur anderen Ablesung auch Tage lang im
Apparat belassen wurde, und zwar in einem in den Wintermonaten
oft stark überheizten Laboratoriumsraum. Davon aber, daß aus einem
erheblichen Temperaturunterschied zwischen Lösung und Lösungsmittel störende Fehler resultieren können, habe ich mich in eigens zu
diesem Behuf ausgeführten Versuchen überzeugen können. Es war
also durchaus angebracht, alle Versuche, in denen dieses Moment
noch keine Berücksichtigung fand, als fehlerhaft zu betrachten.

$$A. \quad Der \ Quotient \ \frac{\varepsilon_{grün}}{\varepsilon_{gelbgrün}}.$$

Unter den nachstehend zu besprechenden je sechs an Pferde-
und an Hundeoxyhämoglobin ausgeführten Versuchsreihen gab es
vier bzw. fünf solche, in denen auch die Konzentration der betreffenden
Lösung genau bekannt war, daher in ihnen auch die spezifischen
Extinktionskoeffizienten bzw. deren reziproke Werte, die Absorptions-
verhältnisse, berechnet werden konnten. Über diese wird im nächsten
Abschnitt unter B. berichtet. Hier sollen außer diesen auch diejenigen
Versuchsreihen besprochen werden, in denen jene Konzentration
nicht bekannt war, jedoch auch nicht bekannt sein muß, da doch jener
Quotient für jede Farbstoffkonzentration denselben Wert aufweist.
Die so erhaltenen Quotienten sind in Tabelle I zusammengestellt.

Aus Tabelle I ist zu ersehen, daß sowohl am Pferde- wie auch
am Hundehämoglobin *die erste Kristallisation die höchsten Werte für
den Quotienten aufweist*, und zwar nicht nur im Durchschnitt der an
verschiedenen Tieren ausgeführten Versuche, sondern mit vereinzelten
Ausnahmen auch an jedem einzelnen Oxyhämoglobin. Das am Pferde-
bzw. am Hundehämoglobin erhaltene Gesamtmittel beträgt bei der
ersten Kristallisation 1,619 bzw. 1,611; die entschieden geringeren
Werte der zweiten Kristallisation im Betrage von 1,582 bzw. 1,581
sind an beiden Tierarten identisch; von der dritten Kristallisation
angefangen bis zur sechsten zeigen die Quotienten am Pferdehämoglobin auch weiterhin noch eine leise Tendenz zur Abnahme. Da an
Hunden selbstredend weit weniger Blut von einem Tiere erhalten
werden konnte, gelang es hier nicht, über die dritte Kristallisation
hinauszukommen.

Vergleichen wir nun auf Grund der nachfolgenden Tabelle II
die von mir soeben mitgeteilten Werte mit denen der früheren Autoren,
so ergibt sich folgendes:

Tabelle II.

Autor	Benutztes Spektrophotometer	Spektralausschnitt $\mu\mu$	Präparat	$\varepsilon_{\text{grün}} : \varepsilon_{\text{grüngelb}}$
Hüfner 1894	*Hüfner* sches	565—554 und 542,5—531,5	Oxyhämoglobin vom Rind; 2. Kristallisation	1,58
Bardachzi 1906	*Hüfner* sches	565—554 und 542,5—531,5	Oxyhämoglobin von Thalassochelys; 1. Kristallisation	1,56
Butterfield 1909	*Hüfner* sches	564,6—556,1 und 542—533,5	Oxyhämoglobin vom Rind; mehrfach krist.	1,58
Letsche 1911	*Hüfner* sches	564,5—556,5 und 542—534	Oxyhämoglobin vom Pferd; 2. u. 3. Krist.	1,58
Hári 1917	*König* sches	565,8—555,9 und 541,6—533,1	Oxyhämoglobin vom Pferd; 1. Kristallisation	1,605
Kennedy 1927	Kombiniertes *Glan - Thomson - Martens* sches	560 und 540	Hämolysiertes Hundeblut	1,630
Eigene Versuche 1928	*König - Martens - Grünbaum* sches	565,8—555,9 und 541,6—533,1	Oxyhämoglobin vom Pferd; 1. bis 3. Krist.	1,619 (1. Kr.) 1,582 (2. Kr.) 1,579 (3. Kr.)
			Oxyhämoglobin vom Hund: 1. bis 3. Krist.	1,611 (1. Kr.) 1,581 (2. Kr.) 1,558 (3. Kr.)

Von meinen an den ersten Kristallisationen erhaltenen Quotienten weichen die der früheren Autoren teilweise recht erheblich ab, teilweise stimmen sie mit jenen sehr gut überein. Unstimmigkeiten können durch so manche Momente bedingt sein: a) wenn auch prinzipiell an jedem tadellos justierten und kalibrierten Spektrophotometer, auch verschiedenster Konstruktion, dieselben Werte erhalten werden müssen, können die Fehler der älteren Konstruktionen sich doch stark bemerkbar machen; b) es könnte vielleicht auch der Umstand eine Rolle spielen, von welcher Tierart das Hämoglobin herrührt; ist es doch neuestens von *Valér*[1] sichergestellt, daß Hämoglobine verschiedener Herkunft bei gleichem Eisengehalt erhebliche Unterschiede im Schwefelgehalt aufweisen können, was sich allerdings nicht auf die chromophore Gruppe, sondern auf die Globinkomponente des Blutfarbstoffs bezieht; c) *ganz gewiß kommt aber nach meinen obigen Befunden dem Umstande eine etnscheidende Rolle zu, ob es sich um die erste Kristallisation oder aber Umkristallisationen handelt.*

---

[1] *J. Valér*, diese Zeitschr. **190, 144, 1927.**

444 E. Keve:

Háris[1] Untersuchungen wurden am Blute und an erstmalig kristallisiertem Oxyhämoglobin von mehreren Pferden und von einigen Hunden ausgeführt. Bei diesem Vergleiche sollen aber alle von *Hári* an Pferde- und an Hundeblut, sowie am Hämoglobin von Hunden (bloß drei Tiere!) erhaltenen Werte außer Betracht bleiben, und sind in obiger Zusammenstellung nur seine an Oxyhämoglobin von 16 Pferden erhaltenen Daten berücksichtigt. Der Mittelwert dieser Versuche stimmt mit den meinigen vorzüglich überein, was um so bemerkenswerter ist, als seine Untersuchungen mittels des alten Modells, meine aber, wie erwähnt, mittels des von *Martens* und *Grünbaum* verbesserten Modells des *König*schen Spektrophotometers ausgeführt wurden.

Es besteht aber auch eine weitere Übereinstimmung zwischen meinen und den *Hári*schen Werten, die allerdings einer näheren Erklärung bedarf. Der Durchschnitt der Quotienten betrug nämlich

bei *Hári*

an der sofort untersuchten Lösung 1,605
an der innerhalb der ersten 24 Stunden untersuchten Lösung 1,587
an der innerhalb der ersten 48 Stunden untersuchten Lösung 1,553

bei mir

in der Lösung der   I. Kristallisation 1,619
„   „   „   „   II.   „   1,582
„   „   „   „   III.   „   1,579
„   „   „   „   IV.   „   1,557

Der auffallende Parallelismus in der Abnahme des Wertes des Quotienten, einerseits während des Stehens der Lösung bei *Hári*, andererseits im Verlauf des wiederholten Umkristallisierens bei mir, legt den Gedanken nahe, daß es sich in beiden Fällen um denselben Vorgang handelt, nämlich um eine fortlaufende, wenn auch chemisch nicht faßbare, jedoch spektrophotometrisch nachweisbare Veränderung des Oxyhämoglobins, so daß wiederholte Umkristallisation ebenso von Schaden ist, wie Stehenlassen (hierüber siehe weiteres auf S. 449).

Weiterhin wird es aber auch klar, warum *Hüfner*[1], der einmal, *Letsche*[2], der zwei- und dreimal umkristallisiertes Rinder- bzw. Pferdehämoglobin untersuchte, 1,58 erhielt, also *genau denselben Wert, wie ich bei der zweiten und dritten Kristallisation* bzw. *Hári*[3] an den länger stehengelassenen Lösungen. Dasselbe gilt auch für *Butterfields*[4]

---

[1] l. c.
[2] *E. Letsche*, Zeitschr. f. physiol. Chem. **76**, 243, 1911.
[3] l. c.
[4] *E. E. Butterfield*, Zeitschr. f. physiol. Chem. **62**, 173, 1909.

Ergebnisse an mehrfach umkristallisiertem Rinderhämoglobin.   Auch ist es möglich, sogar sehr wahrscheinlich, daß die Untersuchungen der genannten Autoren, nicht wie meine bzw. die von *Hári*, „sofort" nach Herstellung der Lösung untersucht wurden.   Andererseits ist auch wohl anzunehmen, daß das *Hüfner*sche Spektrophotometer, das seinerzeit wohl einen großen Fortschritt gegenüber den *Vierordt*schen bedeutete, nicht das an Genauigkeit leistete, wie das *König*sche, namentlich in der Verbesserung von *Martens* und *Grünbaum*.   An die Unstimmigkeiten zwischen meinen und den *Bardachzi*schen[1] Werten bzw. an die Übereinstimmung meiner und der *Kennedy*schen[2] Werte will ich keinerlei weitere Reflexionen anschließen, da die Versuche des erstgenannten Autors an Oxyhämoglobin aus Thalassochelysblut, die des zweitgenannten aber an hämolysiertem Hundeblut ausgeführt wurden.

B. Das Absorptionsverhältnis A.

Der unter A. besprochene Quotient konnte auch in solchen Versuchen berechnet werden, in denen die Konzentration der untersuchten Farbstofflösung ungenau oder gar nicht bekannt war.   In einer kleineren Anzahl von Versuchen war aber die Konzentration genau bekannt, so daß auch die spezifischen Extinktionskoeffizienten und aus diesen auch das Absorptionsverhältnis an den betreffenden Spektralstellen berechnet werden konnten.

Allerdings bereitete die Konzentrationsbestimmung gewisse Schwierigkeiten.   Wird nämlich das kristallisierte Oxyhämoglobin abgenutscht, so erhält man einen Kristallkuchen, der etwa die Hälfte seiner Masse Wasser enthält.   Diese Kristallmasse, wie andere Laboratoriumsprodukte zu trocknen, geht infolge der Veränderungen, die das Oxyhämoglobin hierbei (wenigstens in optischer Beziehung) unfehlbar erleidet, nicht an.   Ich hatte aber auch Bedenken, die Trocknung im H-Strome, wie es von *Bürker*[3] bei höherer Temperatur vorgeschlagen wurde, vorzunehmen, daher ich bemüßigt war, die Konzentration der Lösung aus dem Trockensubstanzgehalt des Kristallbreies zu berechnen, aus dem jene Lösungen bereitet wurden.   Doch führte auch dies nicht einfach zum Ziele.   Denn auch, wenn ich den ganzen Kristallbrei gleichmäßig verrieben zu haben vermeinte und ihm dann einige Proben zur Trockensubstanzbestimmung und einige andere zur spektrophotometrischen Prüfung entnahm, gelang es infolge des ungleichmäßigen Wassergehalts der einzelnen Proben, weder für

---

[1] *F. Bardachzi*, Zeitschr. f. physiol. Chem. **49**, 470, 1906.

[2] *R. P. Kennedy*, Amer. Journ. of Physiol. **79**, 346, 1927.

[3] *Bürker*, Tigerstedts Handb. d. physiol. Method. **2**, 94.

den Trockensubstanzgehalt, noch aber, hieraus berechnet, für die spezifischen Extinktionskoeffizienten übereinstimmende parallele Werte zu erhalten. Als ich aber dem Kristallbrei, wie früher, einige Proben zur spektrophotometrischen Prüfung entnahm und jeweils ungefähr die Hälfte jeder einzelnen Probe bis zur Gewichtskonstanz trocknete, konnte ich erhoffen, daß der so ermittelte Wert auch wirklich den Trockensubstanzgehalt der dazu gehörenden, zur Spektrophotometrie bestimmten Probe richtig ergebe. Meine Erwartungen haben sich als richtig erwiesen, und es gelang, auf diese Weise meistens hinreichend übereinstimmende parallele spezifische Extinktionskoeffizienten zu erhalten. War dies trotzalledem nicht der Fall, so wurden die Versuche als mißlungen verworfen.

In den nachfolgend zu besprechenden Versuchsreihen wurde sowohl das Produkt der ersten Kristallisation, wie auch das der weiteren Umkristallisationen geprüft, und zwar wurden an jedem Präparat zwei Lösungen hergestellt und nur solche Versuchsreihen berücksichtigt, in denen die beiden Parallelversuche hinreichende Übereinstimmungen zeigten.

1. Pferdehämoglobin. Die Ergebnisse dieser Versuche sind in nachfolgender Tabelle III zusammengestellt.

Der Tabelle III ist zu entnehmen, daß die spezifischen Extinktionskoeffizienten an der ersten, zweiten und dritten Kristallisation leidlich übereinstimmen, während die weiteren, namentlich die vierte und sechste, erhebliche Unterschiede sowohl untereinander als auch gegenüber den vorangehenden Kristallisationen aufweisen. Die Annahme läßt sich nicht von der Hand weisen, daß durch wiederholtes Umkristallisieren das Oxyhämoglobin Schaden nimmt, oder zum mindesten gewisse Veränderungen erleidet, die sich in seinem spektrophotometrischen Verhalten äußern. So konnte ich anläßlich der letzten Kristallisationen unter anderem beobachten, daß die Löslichkeit der zum Umkristallisieren bestimmten Masse entschieden abnimmt, was vielleicht auf einer Denaturierung durch die wiederholte Behandlung mit Alkohol zurückgeführt werden kann. Es dürfte also gerechtfertigt sein, von den letzten Kristallisationen, die ohnehin bloß an Hämoglobin 5 und 6 durchgeführt werden konnten, abzusehen und bloß die Produkte der ersten drei Kristallisationen in den Bereich unserer Betrachtungen zu ziehen. Auch hier zeigen sich zwar Abweichungen, doch sind sie geringer, und da sie, wie nachstehend gezeigt werden soll, korrigiert werden können, lassen die Versuche sich zur Berechnung gesicherter Konstanten verwenden. Die niedrigeren aus der Reihe der übrigen springenden Werte können auf zweierlei Ursachen zurückgeführt werden: a) Dem Oxyhämoglobin können Verunreinigungen

Tabelle III.

Spezifische Extinktionskoeffizienten.

Oxyhämoglobin von	Erste Kristallisation			Zweite Kristallisation			Dritte Kristallisation		
	Grün ε	Grüngelb ε	Fe $^0/_0$	Grün ε	Grüngelb ε	Fe $^0/_0$	Grün ε	Grüngelb ε	Fe $^0/_0$
Pferd 3	0,856	0,530	0,339	0,864	0,551	0,342	0,851	0,551	0,345
	0,842	0,523		0,870	0,554		0,858	0,553	
„ 4	0,840	0,517	0,337	0,815	0,509	0,331	0,802	0,512	0,326
	0,843	0,524		0,830	0,517		0,801	0,513	
„ 5	0,825	0,504	0,327	0,827	0,521	0,333	0,817	0,515	0,333
	0,821	0,505		0,826	0,522		0,815	0,516	
„ 6	0,864	0,533	0,341	0,828	0,530	0,331	0,845	0,536	0,335
	0,859	0,538		0,851	0,542		0,848	0,536	

Oxyhämoglobin von	Vierte Kristallisation			Fünfte Kristallisation			Sechste Kristallisation		
	Grün ε	Grüngelb ε	Fe $^0/_0$	Grün ε	Grüngelb ε	Fe $^0/_0$	Grün ε	Grüngelb ε	Fe $^0/_0$
Pferd 3	0,928	0,604	0,340	—	—	—	—	—	—
	0,919	0,596		—	—		—	—	
„ 4	0,818	0,523	0,334	—	—	—	—	—	—
	0,826	0,531		—	—		—	—	
„ 5	0,822	0,526	0,329	0,811	0,523	0,331	0,813	0,528	0,331
	0,820	0,520		0,801	0,511		0,811	0,518	
„ 6	0,750	0,482	0,336	0,768	0,486	0,340	0,839	0,539	0,331
	0,753	0,483		0,768	0,488		0,842	0,541	

anhaften, wie dies unter anderen von *Abderhalden*[1] angegeben wird;
b) bei der bekannten Schwierigkeit, Oxyhämoglobin trocken zu bekommen, kann auch der verschiedene Wassergehalt der verschiedenen
Präparate eine Rolle spielen. Welches der beiden Momente vorliegt,
läßt sich zuverläßlich aus dem Eisengehalt der Präparate beurteilen,
der, an der bis *zur* Gewichtskonstanz getrockneten Substanz nach
Willstätter[2] bestimmt, ebenfalls aus Tabelle III zu ersehen ist.
Handelt es sich um eine Verunreinigung der Präparate, so muß sich
dies in einer *Verringerung* des Eisengehaltes zeigen, und, da die Menge
der anhaftenden Beimengungen bei wiederholter Umkristallisierung
naturgemäß abnimmt, muß sich dies in einem steigenden Eisengehalt
jeder weiteren Kristallisation offenbaren. Sind hingegen die Verschiedenheiten im spektrophotometrischen Verhalten durch den verschiedenen Wassergehalt der verschiedenen Präparate bedingt, so ist
der Eisengehalt unabhängig davon, ob es sich um die erste oder letzte
Kristallisation handelt. Nun ist aus Tabelle III zu ersehen, daß beinahe
jede der einander folgenden Kristallisationen sowohl einen ganz hohen,
als auch einen ganz niedrigen Eisengehalt aufweist; so die erste zwar
auch 0,327 %, jedoch auch 0,341 %; die zweite 0,331 und 0,342 %;
die dritte 0,326 und 0,345 %; die vierte 0,328 und 0,340 %; so daß
füglich angenommen werden kann, daß die niedrigsten Werte nicht
durch stärkste Verunreinigung, die höchsten nicht durch höchste
Reinheit bedingt sind, sondern davon abhängen, inwieweit es gelungen
ist, das betreffende Präparat mehr oder minder frei von Wasser zu
bekommen. Nach alledem erscheint es also gerechtfertigt, die Ergebnisse der verschiedenen Versuchsreihen und Kristallisationen, um
sie miteinander vergleichen zu können, auf einen einheitlichen Eisengehalt zu reduzieren, zu welchem Behufe es mir als richtigsten erschien,
den in meinen Versuchen vorgekommenen höchsten Wert von 0,345 %
anzunehmen (der etwas höher ist als der Durchschnitt der in der Literatur
angegebenen Werte), da auf diese Weise dem etwaigen systematischen
Fehler der Eisenbestimmung Rechnung getragen wird.

Auf Grund dieser Berechnung ergaben sich die in der Tabelle IV
zusammengestellten Daten, die bezüglich der Übereinstimmung innerhalb je einer Kristallisation nicht mehr viel zu wünschen übrig lassen,
jedenfalls weit besser sind als die der Tabelle III. Aus diesen Daten
geht zunächst hervor, daß die *spezifischen Extinktionskoeffizienten im
Grün von der ersten bis dritten Kristallisation deutlich ab-, im Gelbgrün
aber zunehmen.* Es ist dies dieselbe Erscheinung, die bereits von *Hári*,
allerdings nicht im Verlauf wiederholter Umkristallisierung, sondern

---

[1] *E. Abderhalden*, Zeitschr. f. physiol. Chem. **37**, 484, 1903.
[2] *R. Willstätter*, Ber. d. deutsch. chem. Ges. **53**, 2, 1152.

Tabelle IV.

Spezifische Extinktionskoeffizienten bei Reduktion auf denselben Eisengehalt.

Oxyhämoglobin von	Erste Kristallisation		Zweite Kristallisation		Dritte Kristallisation	
	Grün	Grüngelb	Grün	Grüngelb	Grün	Grüngelb
Pferd 3 · · · · · · · · {	0,872	0,539	0,872	0,556	0,851	0,551
	0,857	0,532	0,878	0,559	0,858	0,553
Mittelwert:	0,865	0,536	0,875	0,557	0,854	0,552
„ 4 · · · · · · · · {	0,860	0,529	0,849	0,531	0,848	0,542
	0,863	0,536	0,865	0,540	0,849	0,543
Mittelwert:	0,861	0,533	0,857	0,535	0,848	0,542
„ 5 · · · · · · · · {	0,870	0,532	0,857	0,540	0,846	0,534
	0,866	0,533	0,856	0,541	0,844	0,535
Mittelwert:	0,868	0,532	0,856	0,540	0,845	0,534
„ 6 · · · · · · · · {	0,874	0,539	0,863	0,552	0,870	0,552
	0,869	0,544	0,887	0,565	0,873	0,552
Mittelwert:	0,871	0,541	0,875	0,568	0,871	0,552
Gesamtmittel:	**0,865**	**0,533**	**0,864**	**0,547**	**0,854**	**0,545**

während des Stehens einer Hämoglobinlösung im Eisschrank beobachtet
wurde. Hierüber sagt zwar *Hári*[1] auf Grund seiner Tabelle VIII „, . . .,
daß sich der Extinktionskoeffizient im Zwischenraum auch nach tage-
langem Stehen in der Regel nur wenig und meistens bloß innerhalb
der Grenzen der unvermeidlichen Versuchsfehler verändert . . .".
Hinzugefügt muß aber werden, daß, was *Hári* vielleicht übersehen
oder als Versuchsfehler angesehen hat, die Lichtextinktion im Gelbgrün
während des Stehens der Lösung auch in einigen seiner Versuche nicht
abnimmt, sondern sogar größer wurde. Wie bereits S. 444 erwähnt,
dürfte es sich bei der wiederholten Umkristallisierung (bei mir) und
während des Stehens der Lösung (bei *Hári*) um denselben Vorgang
handeln, nämlich um eine nicht chemisch, wohl aber spektrophotometrisch nachweisbare Änderung des Farbstoffs.

Aus dem Vergleich der an den vier verschiedenen Oxyhämo-
globinen bei je einer Kristallisation erhaltenen Mittelwerte geht aber
noch ein Weiteres hervor. Die maximalen Unterschiede betragen in
Prozenten von den kleineren Werten aus berechnet:

	In Grün %	In Grüngelb %
Erste Kristallisation . .	0,7	1,7
Zweite Kristallisation .	2,1	4,3
Dritte Kristallisation . .	2,9	3,4

[1] l. c., S. 276.

Dies bedeutet, daß *die erste Kristallisation* widcr alles Erwarten *die am besten übereinstimmenden Werte liefert*, und daß die Werte um so unsicherer werden, je öfter man umkristallisiert, was wir übrigens in stärkerem Grade bei der vierten bis sechsten Kristallisation sahen. Hieraus folgt endlich, daß die an *der ersten Kristallisation erhaltenen spezifischen Extinktionskoeffizienten allein richtig* bzw. charakteristisch sind. Insbesondere ergibt sich aus dem Gesamtmittelwert der vier Oxyhämoglobinpräparate für *A*, d. h. für den reziproken Wert der spezifischen Extinktionskoeffizienten, *im Grün 0,001156, im Grüngelb 0,001876.*

2. *Hundehämoglobin.* Weit weniger befriedigend, zum Teil auch recht merkwürdig sind die an Hämoglobinen von fünf Hunden erhaltenen Ergebnisse, obzwar hier unter denselben Kautelen wie an Pferdehämoglobinen gearbeitet wurde, und auch hier bloß die durch übereinstimmende Parallelergebnisse sichergestellten Versuche Berücksichtigung fanden. Die an verschiedenen Hunden erhaltenen Hämoglobine weisen innerhalb der ersten, besonders aber innerhalb der zweiten Kristallisation sehr bedeutende Unterschiede auf; ebenso groß sind die Unterschiede an demselben Hämoglobin, wenn es zum ersten und zum zweiten Male kristallisiert geprüft wurde.

Tabelle V.
Spezifische Extinktionskoeffizienten.

Oxyhämoglobin von	Erste Kristallisation			Zweite Kristallisation			Dritte Kristallisation		
	Grün ε	Grüngelb ε	Fe $^0/_0$	Grün ε	Grüngelb ε	Fe $^0/_0$	Grün ε	Grüngelb ε	Fe $^0/_0$
Hund 1	—	—	—	—	—	—	0,832 / 0,840	0,531 / 0,534	0,335
„ 2	0,899 / 0,840	0,571 / 0,558	0,335	0,806 / 0,840	0,520 / 0,532	0,335	0,825 / 0,854	0,536 / 0,554	0,336
„ 3	0,849 / 0,848	0,525 / 0,530	0,339	0,840 / 0,845	0,528 / 0,532	0,335	0,831 / 0,831	0,531 / 0,531	0,338
„ 4	0,877 / 0,884	0,534 / 0,540	0,327	0,799 / 0,800	0,509 / 0,513	0,331	—	—	—
„ 6	0,811 / 0,803	0,501 / 0,500	0,334	0,744 / 0,745	0,466 / 0,467	0,335	0,863 / 0,853	0,560 / 0,562	0,328

Die Unstimmigkeiten sind so groß, daß es weder einen Zweck hat, die Korrektion für die übrigens recht geringen Schwankungen im Eisengehalt (wie dies am Pferdehämoglobin mit so gutem Erfolg geschah) vorzunehmen, noch aber gerechtfertigt erscheint, aus den so stark divergierenden Werten einen Mittelwert zu berechnen. Diesen ganz unerklärlichen Unstimmigkeiten Rechnung tragend, wollen wir bloß

— 126 —

die dritte Kristallisation in Betracht ziehen, die durchweg besser
übereinstimmende Werte aufweist, und hier die Reduktion auf den
höchsten an den Hundehämoglobinen erhaltenen Eisengehalt, auf
0,338 %, vornehmen.

Tabelle VI.

Spezifische Extinktionskoeffizienten der dritten Kristallisation; auf denselben Eisengehalt reduziert.

Oxyhämoglobin von	Grün	Grüngelb
Hund 1 · · · · · · · · {	0,839	0,536
	0,848	0,539
Mittelwert:	0,843	0,537
„ 2 · · · · · · · · {	0,830	0,540
	0,859	0,557
Mittelwert:	0,845	0,548
„ 3 · · · · · · · · {	0,831	0,531
	0,831	0,531
Mittelwert:	0,831	0,531
„ 6 · · · · · · · · {	0,889	0,577
	0,879	0,579
Mittelwert:	0,884	0,578
Gesamtmittel:	**0,851**	**0,549**

Diese Mittelwerte stimmen vorzüglich mit denjenigen überein,
die wir bei der dritten Kristallisation am Pferdehämoglobin sahen,
doch können wir sie, weil es nicht die erste Kristallisation ist, nicht als
charakteristisch ansehen.

*3. Vergleich der für das Absorptionsverhältnis von früheren Autoren
und von mir erhaltenen Werte.* Von den am Hundehämoglobin erhaltenen
Werten will ich gerade, weil sie bei der dritten Kristallisation erhalten
wurden, daher nicht als charakteristisch gelten können, absehen und
mich nur an die unter 1. beim Pferdehämoglobin der ersten Kristallisation

Tabelle VII.

Autor	$A_{\text{grün}} \cdot 10^3$	$A_{\text{grüngelb}} \cdot 10^3$
Hüfner	1,31	2,07
Bardachzi	1,312	2,07
Butterfield	1,177	1,86
Letsche	1,32	2,08
Hári	1,168	1,88
Kennedy	1,165	1,90
Eigene Versuche. . . .	1,156	1,876

erhaltenen spezifischen Extinktionskoeffizienten bzw. an die aus ihnen berechneten Absorptionsverhältnisse halten.

Vergleicht man meine Werte mit denen der früheren Autoren, so ist es von vornherein wahrscheinlich, daß eine Übereinstimmung nur in den Fällen wird gefunden werden können, wenn es sich, so wie bei mir, um die erste Kristallisation handelt. Dies ist jedoch, wie aus Tabelle II zu ersehen ist, nur noch bei *Hári* der Fall. Die Ursache der Unstimmigkeiten war schon auf S. 444 besprochen.

C. Spektrophotometrische Hämoglobinbestimmung im Blute auf Grund der Absorptionsverhältnisse.

Es wurde vielfach vorgeschlagen, im Blute, nachdem man es in genau bekanntem Grade verdünnt hat, aus den Extinktionskoeffizienten an einer der im vorangehenden Texte erwähnten Spektralstellen, oder an beiden, mit Hilfe des Absorptionsverhältnisses die Hämoglobinkonzentration zu berechnen, indem $c = \varepsilon \cdot A$. Wären nun im Blute außer dem Hämoglobin keine anderen (im Plasma) gelösten Farbstoffe enthalten, oder wäre deren Lichtabsorption so gering, daß sie neben der des Oxyhämoglobins vernachlässigt werden kann, so müßte sich dies darin äußern, daß der unter A. behandelte Quotient der Extinktionskoeffizienten, also $\dfrac{\varepsilon_{grün}}{\varepsilon_{gelbgrün}}$, bzw. der Wert $\dfrac{A_{gelbgrün}}{A_{grün}}$ am Blute denselben Wert hat, wie wir es am Oxyhämoglobin sahen. Derlei geht aus den Versuchen mehrerer Autoren hervor, doch stehen hiermit meine diesbezüglichen Versuche direkt im Gegensatz. Vom defibrinierten Pferdeblut bzw. Hundeblut, aus dem Oxyhämoglobin für die unter A. und B. besprochenen Versuche bereitet werden sollte, habe ich jedesmal ein wenig mit einer 0,1 %igen Lösung von Na_2CO_3 verdünnt, an diesen Lösungen die Extinktionskoeffizienten bestimmt und an ihnen den Quotienten berechnet. Diese Werte sind im letzten Stabe der Tabelle I eingetragen und ist aus ihnen zu ersehen, daß die Mittelwerte, 1,573 am Pferd, 1,560 am Hund, von den richtigen, an der ersten Kristallisation erhaltenen Werten 1,619 und 1,611 um 2,6 und 3 % abweichen. Hieraus folgt, daß, wenn man in einer Blutprobe die Hämoglobinkonzentration auf Grund der Gleichung $c = \varepsilon_{grün} \cdot A_{grün}$ und $c = \varepsilon_{gelbgrün} \cdot A_{gelbgrün}$ berechnet, die beiden Werte um $2\frac{1}{2}$ bis 3 % voneinander verschieden sein müssen. Nimmt man den Mittelwert der so erhaltenen Konzentrationen, so wird der Fehler nicht immer geringer, denn es läßt sich nicht entscheiden, ob der für das Blut charakteristische kleinere Quotient dadurch bedingt ist, daß $\varepsilon_{grün}$ im Vergleich zum selben Wert am Oxyhämoglobin klein, $\varepsilon_{grüngelb}$ aber groß ist.

Kurz zusammengefaßt lauten die Ergebnisse dieser Arbeit, die auf Anregung und unter Leitung des Herrn Prof. *Paul Hári* ausgeführt wurde, wie folgt:

1. *Der Quotient* $\varepsilon_{541,6-533,1} : \varepsilon_{565,8-555,9}$ *hat am erstmalig kristallisierten Oxyhämoglobin vom Pferd bzw. Hund den Wert 1,62 bzw. 1,61; an umkristallisiertem Oxyhämoglobin erhält man um so geringere Werte (bis herunter zu etwa 1,55), je öfter man umkristallisiert.*

2. *Am erstmalig kristallisierten Oxyhämoglobin vom Pferde ist* $A_{541,6-533,1} =$ rund 1,16, $A_{565,8-555,9} =$ rund 1,88.

3. *Die spektrophotometrische Hämoglobinbestimmung im Blute ist mit einem prinzipiellen Fehler von 3 % in maximo behaftet; hierin sind Ablesungs- und Verdünnungsfehler nicht mit einbegriffen.*

30*

Sonderdruck
aus „*Biochemische Zeitschrift*", *Bd. 202.*
Julius Springer, Berlin.

Über den Schwefelgehalt des Hämoglobins im Blute rassenreiner Hunde und einiger seltener untersuchten Tierarten.

Von

Elisabeth Timár.

(Aus dem physiologisch-chemischen Institut der königl. ungar. Universität
Budapest.)

(Eingegangen am 13. September 1928.)

Mit 2 Abbildungen im Text.

Von *Valer*[1] ist jüngst aus diesem Institut mitgeteilt worden, daß im Oxyhämoglobin von vier diesbezüglich untersuchten Katzen auf 1 Atom Eisen 5 Atome, in dem von vier Rindern 3 Atome Schwefel entfielen; ferner, daß von sieben Pferden sechs, hingegen von vier Hunden bloß einer sich wie die Rinder verhielten, während das Hämoglobin der übrigen drei Hunde jedes einen verschiedenen Wert, und zwar solche aufwies, aus denen sich kein einfaches Verhältnis zwischen Eisen und Schwefel, daher auch kein rationelles Molekulargewicht berechnen ließ. Dieses recht merkwürdige Verhalten des Hundehämoglobins sollte durch nachstehend geschilderte Versuche geprüft bzw. nach deren Ursachen gesucht werden.

A. Methodik der Versuche.

Das Oxyhämoglobin wurde aus den gewaschenen und mit Äther hämolysierten roten Blutkörperchen in der gewohnten Weise durch Zusatz von Alkohol erhalten, welches Verfahren an den einzelnen Blutarten nicht prinzipiell, sondern bloß bezüglich gewisser Einzelheiten geändert wurde. So habe ich die Hämolyse am Pferde durch Zusatz des doppelten Volumens des Blutkörperchenbreies, am Rind und an der Katze mit dem halben, am Hunde mit dem gleichen Volumen Wasser, an allen Tierarten aber mit dem gleichen Volumen Äther ausgeführt. Auch bezüglich des Alkoholzusatzes gab es einige Abweichungen, indem zwar meistens $1/4$ Volumen genügte; doch war am Rinde und an der Katze $1/3$ Volumen erforderlich. Oxyhämoglobin aus Gänseblut wurde nach der Vorschrift von *Abderhalden*[2]

---

[1] *J. Valer*, diese Zeitschr. **190**, 444, 1927.
[2] Zeitschr. f. phys. Chem. **59**, 165, 1909.

und *Medigreceanu* hergestellt, indem ich die gewaschenen Blutkörperchen mit dem doppelten Volumen Wasser bis zu 37⁰ C erwärmte, wobei es zur Abscheidung eines gallertartigen Niederschlags kam. Von diesem wurde abfiltriert und das Filtrat wie oben behandelt. Schweinehämoglobin habe ich nach *Ottos*[1] Vorschrift dargestellt. Die gewaschenen Blutkörperchen wurden mit $^1/_3$ Volumen Wasser auf 40 bis 50⁰ C erwärmt, sodann wurde filtriert, das Filtrat abweichend von *Ottos* Vorschrift mit Äther und endlich, wie gewöhnlich, mit Alkohol behandelt. Oxyhämoglobin aus dem Blute je eines Fuchses und Esels konnte mit derselben Leichtigkeit wie aus Hundeblut dargestellt werden.

Soweit es anging, wurde jedes Oxyhämoglobin noch zweimal in der Kälte unter Alkoholzusatz umkristallisiert und so der Schwefelbestimmung zugeführt. In einzelnen Fällen (siehe hierüber die betreffenden Tabellen) wurde auch die erste, in anderen Fällen auch die sechste Kristallisation geprüft.

Der Schwefelgehalt wurde nach der von *Valer* auch in seinen Einzelheiten beschriebenen Methode von *ter Meulen*[2] bestimmt, daher ich mir dessen Schilderung erübrigen kann und bloß erwähnen will, daß 25 %iges, von *Kahlbaum* bezogenes Platinasbest, von dem ich annahm, daß es sich besser als das selbstangefertigte bewähren würde, sich als völlig unbrauchbar erwies und daß in zwei damit an Cystin ausgeführten Versuchen gar kein Schwefelwasserstoff von der Lauge in der Vorlage aufgefangen wurde. Über die Ursache dieser Erscheinung kann weder ich, noch konnte auf mein Befragen die chemische Leitung der Weltfirma Auskunft geben.

Um mich von der Reinheit der auf ihren Schwefelgehalt hin zu prüfenden Präparate zu überzeugen, habe ich meistens auch ihren Eisengehalt, und zwar nach dem *Willstätter*schen[3] Verfahren bestimmt. Die betreffenden Daten sind jeweils in die entsprechenden Tabellen eingetragen und weisen zwar ab und zu Abweichungen von den aus der Literatur bekannten guten Durchschnittswerten auf, doch niemals in dem Sinne oder in solchem Grade, daß die von mir gefundenen Unterschiede in Schwefelgehalt auf eine durch den abweichenden Eisengehalt aufgedeckte Verunreinigung des Hämoglobins zurückgeführt werden könnten.

B. Ergebnisse meiner Versuche.

1. Katzen-, Rinder- und Pferdeoxyhämoglobin.

Vor allem soll über den Schwefelgehalt von Katzen-, Rinder- und Pferdehämoglobin berichtet werden, um die *Valer*schen Angaben zu überprüfen; denn stimmen meine Ergebnisse mit den ihrigen überein, so beweist dies nicht nur, daß unser beider Bestimmungen richtig durchgeführt sind, sondern auch, daß meine weiter unten zu besprechenden, an Hundehämoglobin erhobenen recht merkwürdigen Ergebnisse ebenfalls richtig sind. Die Ergebnisse dieser kontrollierenden Versuche sind in Tabelle I zusammengestellt.

---

[1] Zeitschr. f. phys. Chem. **7**, 59, 1833.

[2] *H. ter Meulen*, Receuil des travaux chimiques des Pays-Bas **41**, 4. Serie, 3. Abt., 2, 1922.

[3] *R. Willstätter*, Ber. d. deutsch. chem. Ges. **53**, III, 1152, 1920.

Tabelle I.

Tierart	Nr.	Schwefelbestimmung			Eisenbestimmung			Kristallisation
		Analysierte Substanz g	Schwefel gefunden mg	0/0	Analysierte Substanz g	Eisen gefunden mg	0/0	*n* te
Katze	V	0,2504 0,2494 ――― 0,965	2,404 2,419	0,96 0,97	0,7470	2,53	0,339	3
	VI	0,2570 0,2590 0,2320 ――― 0,97	2,493 2,486 2,250	0,97 0,96 0,97	0,7500	2,52	0,336	3
	VII	0,2550 0,2500 ――― 0,97	2,471 2,425	0,97 0,97	0,7400	2,46	0,333	2
	VIII	0,2522 0,2509 ――― 0,97	2,446 2,434	0,97 0,97				3
		Gesamtmittel:		**0,97**				
Rind	V	0,2504 0,2202 0,2146 0,2318 0,2574 ――― 0,59	1,502 1,299 1,288 1,368 1,519	0,60 0,59 0,60 0,59 0,59	0,7500	2,51	0,335	3
	VI	0,2276 0,2036 ――― 0,59	1,366 1,171	0,60 0,58				2
	VII	0,2472 0,2457 0,2496 ――― 0,57	1,423 1,414 1,423	0,57 0,57 0,57				1
		0,2654 0,2502 ――― 0,57	1,486 1,451	0,56 0,58	0,7460	2,50	0,335	4
		Gesamtmittel:		**0,58**				
Pferd	VIII	0,2520 0,2526 0,2506 0,2510 ――― 0,47	1,150 1,230 1,194 1,128	0,46 0,49 0,48 0,45	0,7495	2,47	0,329	3
	IX	0,2466 0,2652 0,2284 ――― 0,49	1,195 1,309 1,178	0,48 0,49 0,51	0,7115	2,39	0,336	3
	XIII	0,2530 0,2606 ――― 0,46	1,168 1,190	0,46 0,46				1 4

Tabelle I (Fortsetzung).

| Tierart | Nr. | Schwefelbestimmung | | | Eisenbestimmung | | | Kristallisation |
| | | Analysierte Substanz | Schwefel gefunden | | Analysierte Substanz | Eisen gefunden | | |
		g	mg	%	g	mg	%	$n$te
Pferd	XIV	0,2574	1,293	0,51				
		0,2444	1,062	0,45				1
		0,2524	1,155	0,46				
				0,47				
		0,2574	1,120	0,45				
		0,2550	1,421	(0,56)				
		0,2580	1,184	0,46				6
		0,2554	1,229	0,48				
				0,47				
		Gesamtmittel:		**0,47**				
	XII	0,2240	1,416	0,58				
		0,2316	1,363	0,59				
		0,2390	1,315	0,55				
		0,2252	1,110	(0,49?)	0,6120	2,06	0,336	3
		0,2036	1,061	0,52				
		0,2158	1,246	0,58				
		0,2170	1,247	0,57				
				0,57				
	X	0,2398	1,374	0,57				
		0,2268	1,283	0,57	0,6290	2,11	0,335	2
		0,2548	1,421	0,56				
				0,57				
	XI	0,2498	1,389	0,56				
		0,2214	1,237	0,56	0,7515	2,54	0,338	3
		0,2492	1,420	0,57				
		0,2622	1,522	0,58				
				0,57				
	XV	0,2500	1,379	0,55	0,7530	2,53	0,336	1
		0,2660	1,510	0,57				
				0,56				
		0,2594	1,434	0,55	0,7545	2,50	0,331	6
		0,2390	1,362	0,57				
				0,56				
		Gesamtmittel:		**0,57**				

Auf Grund der Tabelle I und nachfolgender Zusammenstellung

	Valer	Eigene Versuche
Katze	0,97	0,97
Rind	0,58	0,58
Pferd . . . . {	0,57	0,57
	0,47	0,47

kann ich die *Valer*schen Angaben bezüglich des Schwefelgehalts von
Katzen-, Rinder- und Pferdehämoglobin vollinhaltlich bestätigen;

allerdings mit dem Bemerken, daß von den sieben Pferden *Valers* nur *eines* einen geringeren Schwefelgehalt als die übrigen aufwies, während von meinen acht Pferden vier den größeren, vier andere aber den kleineren Schwefelgehalt hatten. Dies bedeutet wohl keinen prinzipiellen Unterschied zwischen unser beider Befunden, da ja diese Bestimmungen an einer noch weit größeren Zahl von Pferden ausgeführt werden müßten, um sicher zu entscheiden, was Zufall und was die Regel ist. Wie dem auch immer sei, die Übereinstimmung zwischen den früheren und diesen neueren Versuchsreihen ist eine derart vollkommene, daß auch den nachstehenden an Hundehämoglobinen ausgeführten Bestimmungen volles Vertrauen geschenkt werden kann.

2. Hundeoxyhämoglobin.

Vorerst soll über den Schwefelgehalt des Oxyhämoglobins von zwölf Hunden berichtet werden, die eigentlich zu anderen Versuchszwecken gedient hatten, und denen das Blut nach beendetem Versuche zur Hämoglobingewinnung entnommen wurde. (Die Hunde waren durch Kurare gelähmt und ihre Lungenatmung wurde Stunden hindurch künstlich mittels des *H. H. Meyer*schen Apparats unterhalten. Der Schwefelgehalt des Kurares wurde in eigens hierzu ausgeführten Versuchen bestimmt und so gering befunden, daß diesbezüglich keine Bedenken obwalten können.)

Die Ergebnisse dieser Versuche sind in Tabelle II zusammengestellt, und es geht aus ihnen hervor, daß am Hundehämoglobin viererlei Schwefelwerte vorkommen, wie dies auch von *Valer* gefunden wurde.

Zur Erklärung dieser Erscheinung dachte ich zunächst an die Möglichkeit, daß die Unterschiede durch die verschiedene Ernährungsart der Hunde bedingt sein könnten. Um dies zu entscheiden, ließ ich drei Hunde durch 10 Tage hungern, zwei andere fütterte ich 5 Tage lang mit 500 g Fleisch täglich, einen sechsten Hund hielt ich aber 10 Tage lang bei reichlicher N-freier Kost, bestehend aus Fett und Stärke.

Die Ergebnisse dieser Versuche entsprachen aber, wie aus Tabelle III hervorgeht, durchaus nicht der von mir gehegten Erwartung, denn weder an den drei hungernden, noch an den zwei mit Fleisch gefütterten Hunden gab es eine Übereinstimmung im Schwefelgehalt ihres Hämoglobins; und sehen wir von den etwas abweichenden, vielleicht fehlerhaften Werten der N-frei ernährten Hunde ab, so wiederholen sich hier dieselben vier oben erhaltenen Werte. Es läßt sich also sagen, daß der *Schwefelgehalt des Hämoglobins von der Art der Ernährung unabhängig ist.*

Tabelle II.

Tierart	Nr.	Analysierte Substanz (g)	Schwefel gefunden (mg)	Schwefel gefunden (%)	Analysierte Substanz (g)	Eisen gefunden (mg)	Eisen gefunden (%)	Kristallisation (nte)
	VI	0,2513	1,533	0,61				
		0,2500	1,500	0,60	0,7603	2,55	0,335	3
		0,2654	1,664	0,63				
		0,2580	1,548	0,60				
				0,61				
	VIII	0,2486	1,417	0,57				
		0,2500	1,550	0,62				
		0,2490	1,444	0,62	0,753	2,49	0,330	3
		0,2660	1,596	0,60				
		0,2310	1,386	0,60				
				0,61				
	IX	0,2760	1,658	0,60				
		0,2229	1,404	0,63	0,7636	2,43	0,331	3
		0,2690	1,642	0,61				
		0,2532	1,610	0,63				
				0,617				
	XII	0,2544	1,520	0,61				
		0,2562	1,546	0,61	0,767	2,49	0,325	3
		0,2310	1,432	0,62				
				0,61				
	XIII	0,2556	1,558	0,61	0,766	2,54	0,330	3
		0,2706	1,648	0,61				
				0,61				
	XIV	0,2496	1,523	0,61				
		0,2776	1,741	0,63	0,370	1,23	0,333	3
		0,2290	1,374	0,60				
				0,61				
	XV	0,2588	1,518	0,60	0,761	2,53	0,333	2
		0,2710	1,680	0,62				
				0,61				
	Gesamtmittel:			**0,61**				
	V	0,2520	1,739	0,69				
		0,2474	1,732	0,70				
		0,2630	1,760	0,67	0,735	2,44	0,332	3
		0,2530	1,748	0,69				
		0,2514	1,741	0,69				
				0,69				
	VII	0,2494	1,630	0,66				
		0,2476	1,733	0,70				
		0,2490	1,682	0,68				
		0,2486	1,715	0,69	0,745	2,51	0,337	3
		0,2430	1,725	0,71				
		0,2710	1,924	0,71				
				0,69				

The row label **Hunde ohne Auswahl** spans the left "Tierart" column for all the rows above.

Tabelle II (Fortsetzung).

| Tierart | Nr. | Schwefelbestimmung | | | Eisenbestimmung | | | Kristallisation |
| | | Analysierte Substanz | Schwefel gefunden | | Analysierte Substanz | Eisen gefunden | | |
		g	mg	%	g	mg	%	n te
Hunde ohne Auswahl	X	0,2490	1,691	0,68	0,781	2,55	0,326	3
		0,2480	1,715	0,69				
		0,2576	1,709	0,67				
		0,2290	1,580	0,69				
		0,2010	1,411	0,70				
				0,69				
		Gesamtmittel:		**0,69**				
	XI	0,2674	1,542	0,58	0,7515	2,47	0,329	3
		0,2516	1,392	0,56				
		0,2685	1,542	0,57				
				0,57				
	XVI	0,2532	1,320	0,52	0,766	2,53	0,330	3
		0,2626	1,315	0,50				
				0,51				

Valer gab[1] der Meinung Ausdruck, „. . ., daß im Hundeblut zwei oder mehrere Hämoglobine enthalten sind, die sich nur bezüglich ihres Schwefelgehalts voneinander unterscheiden . . .". Ich kam nun auf diesen Gedanken zurück und baute ihn wie folgt weiter aus: Unter den Hunden, bei denen ja Körpergröße, Form des Kopfes, der Extremitäten, der Behaarung usw. solche Verschiedenheiten aufweisen, wie kaum bei einem anderen unserer Haussäugetiere, gibt es bekanntlich zahlreiche Rassen, deren Vertreter auch durch den Sachunverständigen oft auf den ersten Blick erkannt werden können. Daneben gibt es aber namentlich unter den zu den Versuchen am leichtesten zugänglichen Tieren eine Anzahl von Bastarden oder Nachkommen von Bastarden, die verschiedene Rassentypen in sich vereinigen. Ist nun, was ja von vornherein gar nicht auszuschließen ist, je eine Hunderasse oder Rassengruppe durch einen ganz bestimmten Schwefelgehalt ihres Hämoglobins ausgezeichnet, der in einem einfachen Verhältnis zum Eisengehalt steht, so ist es auch denkbar, daß im Blute der Bastarden die verschiedenen Hämoglobine der verschiedenrassigen Vorfahren zu verschiedensten Anteilen vorkommen, so daß ein einfaches Verhältnis zum Eisengehalt nicht mehr besteht.

Durch die große Liebenswürdigkeit des Herrn Prof. *Rajtsits* an der Veterinärhochschule in Budapest — wofür ihm auch an dieser Stelle bestens gedankt sei — war ich in der Lage, Oxyhämoglobin aus dem Blute von zehn rassenreinen Hunden (darunter mehrere mit

---

[1] l. c., S. 454.

24*

offiziell gebuchtem Stammbaum) zu prüfen. Es handelte sich um zwei „Pumi"-Hunde (spezifisch ungarische Hunderasse) mit Pedigree, einen Zwergseidenpinscher und zwei kurzhaarige deutsche Vorstehhunde (einen mit Pedigree), zwei Foxterrier mit Pedigree, einen „Komondor"-Hund (spezifisch ungarische Hunderassen) mit Pedigree und um zwei Wolfshunde.

Tabelle III. Hunde.

| Art der Ernährung | Nr. | Schwefelbestimmung | | | Eisenbestimmung | | | Kristallisation |
| | | Analysierte Substanz | Schwefel gefunden | | Analysierte Substanz | Eisen gefunden | | |
		g	mg	$^0/_0$	g	mg	$^0/_0$	n te
Fleisch	XVII	0,2470	1,257	0,51				
		0,2463	1,714	0,69?				
		0,2510	1,195	0,48				
		0,2530	1,229	0,49				
		0,2040	1,011	0,50	0,7515	2,49	0,331	3
		0,2930	1,430	0,49				
		0,2492	1,178	0,47				
		0,2502	1,258	0,50				
		0,2502	1,232	0,49				
				0,49				
	XVIII	0,2506	1,529	0,61				
		0,2502	1,525	0,61				
		0,2360	1,389	0,60	0,7120	2,39	0,335	3
		0,2484	1,458	0,59				
		0,2502	1,459	0,59				
				0,60				
Hunger	XIX	0,2122	0,973	0,46				
		0,2346	0,173	0,50				
		0,2458	1,120	0,46	0,700	2,40	0,342	3
		0,1892	0,906	0,48				
		0,2383	1,193	0,50				
				0,48				
	XX	0,2578	1,560	0,61				
		0,2436	1,478	0,61				
		0,2176	1,412	0,65	0,766	2,65	0,346	3
		0,2602	1,574	0,61				
		0,2228	1,402	0,63				
				0,61				
	XXI	0,2500	1,619	0,65				
		0,2572	1,664	0,65				
		0,2564	1,686	0,66	0,7585	2,55	0,386	3
		0,2590	1,709	0,66				
				0,66				
N-frei	XXII	0,2502	1,390	0,56				
		0,2548	1,365	0,54				3
		0,2342	1,288	0,55				
		0,2202	1,210	0,55				
				0,55				

Tabelle IV.

Rassenreine Hunde.

| Tierart | Nr. | Schwefelbestimmung | | | Eisenbestimmung | | | Kristalli-sation |
| | | Analysierte Substanz | Schwefel gefunden | | Analysierte Substanz | Eisen gefunden | | |
		g	mg	%	g	mg	%	$n$te
„Pumi"	XXIII	0,2500	1,418	0,57				
		0,2270	1,282	0,57				
		0,2592	1,301	0,52	0,7110	2,39	0,336	3
		0,2498	1,418	0,57				
		0,2742	1,463	0,57				
				0,56				
„Pumi"	XXIV	0,2500	1,418	0,57				
		0,2518	1,373	0,55	0,7505	2,49	0,340	3
		0,2500	1,425	0,57				
		0,2786	1,669	0,59				
				0,57				
Vorstehhund	XXV	0,2502	1,395	0,56				
		0,2522	1,438	0,57				
		0,2500	1,368	0,56	0,6500	2,19	0,337	3
		0,2484	1,357	0,56				
		0,2486	1,407	0,57				
				0,57				
Vorstehhund	XXVI	0,2488	1,182	0,47?				
		0,2310	1,317	0,57?				
		0,2496	1,647	0,66?				
		0,2524	1,450	0,57	0,3675	1,24	0,336	3
		0,2482	1,405	0,57				
		0,2462	1,454	0,58				
		0,2690	1,433	0,57				
				0,57				
Seidenpintscher	XXVII	0,2500	1,432	0,57				
		0,2498	1,424	0,57				
		0,2518	1,435	0,57	0,7505	2,49	0,331	1
		0,2504	1,390	0,56				
		0,2496	1,423	0,57				
				0,57				
Foxterrier	XXVIII	0,2502	1,427	0,57				
		0,2498	1,438	0,57				
		0,2500	1,425	0,57				
		0,2474	1,419	0,57	0,7335	2,44	0,333	3
		0,2480	1,414	0,57				
		0,2675	1,525	0,57				
				0,57				
Foxterrier	XXX	0,2452	1,398	0,57				
		0,2540	1,473	0,58				
		0,2500	1,418	0,57	0,525	1,79	0,340	3
		0,2740	1,578	0,57				
				0,57				

Tabelle IV (Fortsetzung).

| Tierart | Nr. | Schwefelbestimmung | | | Eisenbestimmung | | | Kristallisation |
| | | Analysierte Substanz | Schwefel gefunden | | Analysierte Substanz | Eisen gefunden | | |
		g	mg	$^0/_0$	g	mg	$^0/_0$	n te
Wolfshund	XXXI	0,2698	1,517	0,56				
		0,2608	1,558	0,58	0,7430	2,51	0,338	2
		0,2570	1,530	0,58				
				0,57				
Wolfshund	XXXII	0,2546	1,512	0,59				
		0,2648	1,477	0,57				
		0,2536	1,331	0,55	0,7185	2,37	0,330	3
		0,2496	1,398	0,56				
				0,57				
„Komondor"	XXIX	0,2518	1,511	0,60				
		0,2474	1,542	0,62				
		0,2480	1,536	0,62	0,7615	2,48	0,326	3
		0,2506	1,492	0,60				
		0,2580	1,574	0,61				
				0,61				

Das in Tabelle IV zusammengestellte Ergebnis dieser Untersuchungen ist lehrreich, ja überraschend, entsprach aber durchaus nicht dem, was ich erwartete. Das Überraschende und Unerwartete war, daß

a) obzwar in den zehn Tieren sechs Rassen vertreten waren, mit einer einzigen Ausnahme *der Schwefel im Oxyhämoglobin aller Tiere denselben Wert hatte*;

b) daß die neun übereinstimmenden Werte *identisch* sind mit dem, den wir ohne Ausnahme an allen *Rindern* und teilweise auch an Pferden fanden;

c) daß der eine abweichende Wert ein solcher ist, dem wir an den nicht rassenreinen Hunden (Tabelle II) sehr häufig begegnet haben;

d) daß ein hoher Schwefelgehalt, der, mit einem niedrigeren vermischt, den in der Tabelle II verzeichneten Gehalt von 0,69 % ergeben haben könnte, nicht gefunden wurde.

Es sind dies lauter Umstände, die durch gegenwärtige Arbeit nicht geklärt werden können. Ja, es ergeben sich weitere neue Fragen, auf die ich bloß hinzuweisen vermag, die aber zu beantworten, ich nicht in der Lage bin. Wenn man nämlich an dem Gedanken festhält, daß es sich bei den nicht rassenreinen Hunden um Gemische von Hämoglobinen mit verschiedenem Schwefelgehalt handelt, so ist es ganz und gar unverständlich, warum man außer dem für das Rind, das Pferd und für den rassenreinen Hund charakteristischen Werte, 0,57 oder 0,58 %, immer wieder auf die Werte 0,69, 0,61 und etwa 0,50 %, und nur auf diese stößt, die ja auch von *Valer* gefunden wurden?

Valer	Eigene Versuche		
0,70	0,69 ⎫		0,65 ⎫
0,61	0,61 ⎬ Tabelle II		0,60 ⎬ Tabelle III
0,57	0,57 ⎭		0,55 ⎭
0,51	0,51		0,49

Logischerweise müßte man, wenn wirklich eine Mischung verschiedener Hämoglobine vorliegt, alle möglichen Werte zwischen dem höchsten und dem niedrigsten erhalten. Daraus aber, daß dies nicht der Fall ist, kann man folgern, daß bezüglich des Anteils, in dem je eine Hämoglobinart zum Gemisch beiträgt, drei ganz bestimmte Proportionen vorhanden sind, die weder über-, noch auch unterschritten werden können. Ist diese Annahme richtig, so müßte es auch mindestens je eine bisher allerdings nicht bekannte Hundehämoglobinart mit sehr hohem und sehr niedrigem Schwefelgehalt geben, die als Beimischung zu anderen Hämoglobinen, die tatsächlich gefundenen hohen bzw. niederen Werte 0,69 bzw. 0,51 % ergibt.

3. Schwefelgehalt einiger seltener dargestellten Oxyhämoglobine.

Daß der an allen Rindern, vielen Pferden und beinahe an allen rassenreinen Hunden gefundene Wert von 0.58 bzw. 0,57 % Schwefel, aus dem sich, wie bereits von *Valer* erwähnt wurde, ein Verhältnis

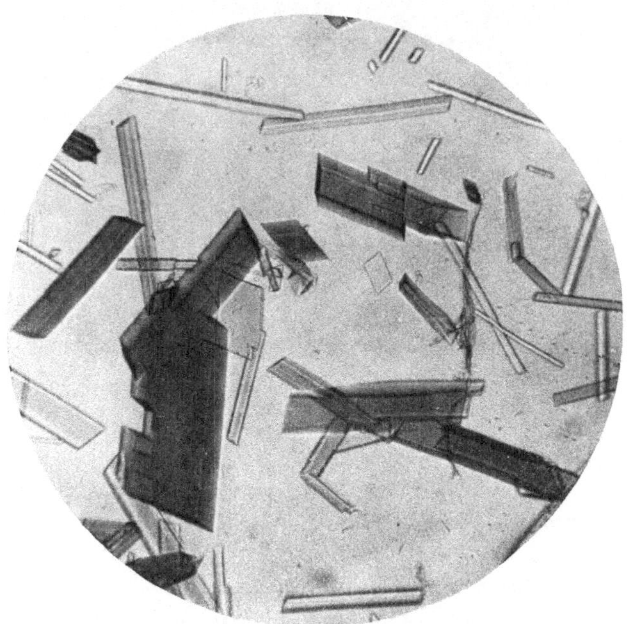

Abb. 1. Oxyhämoglobin aus Eselsblut.

zwischen Eisen und Schwefel = FeS_3 errechnen läßt, auch für andere
Tierarten charakteristisch ist, geht aus nachstehender Tabelle V hervor,
in der der Schwefelgehalt des prächtig kristallisierenden Oxyhämoglobins von einem Esel und einem jungen Fuchs (das Blut beider,
sowie auch die photographische Aufnahme verdanke ich abermals
Herrn Prof. *Rajtsits*), weiterhin zweier Schweine zusammengestellt ist
und an allen vier Präparaten 0,57 bzw. 0,58 % betrug.

Abb. 2. Oxyhämoglobin aus Fuchsblut.

Lehrreich sind auch die in dieselbe Tabelle eingetragenen, an
Oxyhämoglobin von vier Gänsen ausgeführten Schwefelbestimmungen.
Mit Ausnahme des Gänsehämoglobins Nr. II, von dem bloß *eine*
Analyse vorliegt, zeigen die übrigen in guter Übereinstimmung einen
zwischen 0,71 bis 0,72 % liegenden Mittelwert, der nicht stark von
dem abweicht, der auch an einer Anzahl von nicht rassenreinen Hunden
vorkommt: 0,70 % bei *Valer*, 0,69 % bei mir. Sollte die Schwefel-

Tabelle V.

Tierart	Nr.	Schwefelbestimmung			Eisenbestimmung			Kristallisation
		Analysierte Substanz	Schwefel gefunden		Analysierte Substanz	Eisen gefunden		
		g	mg	$^0/_0$	g	mg	$^0/_0$	n te
Fuchs		0,2480	1,472	0,59	0,3570	1,12	0,33	1
		0,2522	1,469	0,57				
				0,58				
Esel		0,2600	1,482	0,57	0,7520	2,50	0,333	2
		0,2450	1,396	0,57				
		0,2550	1,293	0,57				
				0,57				
Schwein	I	0,2562	1,478	0,58	0,7610	2,53	0,332	1
	II	0,2558	1,437	0,56	0,7500	2,48	0,33	1
		0,2412	1,379	0,57				
		0,2767	1,516	0,56				
				0,57				
Gans	I	0,2572	1,699	0,68	0,3550	1,27	0,357	1
		0,2570	1,789	0,70				
		0,2536	1,875	0,74				
				0,71				
	II	0,1504	1,022	0,68				1
	III	0,2530	1,771	0,70				1
		0,1530	1,390	0,71				
				0,705				
	IV	0,2524	1,776	0,70	0,7550	2,57	0,340	1
		0,2490	1,827	0,73				
		0,2412	1,737	0,72				
				0,72				

bestimmung, am Oxyhämoglobin einer größeren Zahl von Gänsen ausgeführt, zum selben Ergebnis führen, so stünden wir vor einem weiteren Rätsel, denn auch dieser ist ein Wert, aus dem sich kein einfaches Verhältnis zwischen Schwefel und Eisen berechnen läßt.

4. Cystin im Hämoglobinmolekül.

Wie bereits von *Valer* berechnet, läßt sich für die Hämoglobine mit dem Schwefelgehalt von 0,58 bzw. 0,97 % auf Grund ihres Eisengehalts ein Mindestmolekulargewicht von etwa 16,500 und ein durch einfache Zahlen darstellbares Verhältnis zwischen Eisen- und Schwefelgehalt berechnen, nämlich: FeS_3 bzw. FeS_5. *Hieraus folgt noch nicht, wieviel bzw. ob aller Schwefel im Hämoglobin in Form von Cystein (Cystin) enthalten sei.* Wohl geht dies aber aus folgender Berechnung hervor.

Dem Cystein kommt ein Molekulargewicht von 121 zu; folglich entspricht dem Hämoglobin mit dem

Schwefelgehalt von 0,58 % ein Cysteingehalt von $\dfrac{121 \cdot 0{,}58}{32} = 2{,}18\,\%$,

,, ,, 0,97 % ,, ,, ,, $\dfrac{121 \cdot 0{,}97}{32} = 3{,}64\,\%$.

Das aus dem Cysteingehalt berechnete Mindestmolekulargewicht beträgt dann

$$\text{für } 2{,}18\,\% \text{ Cystein } \dfrac{121 \cdot 100}{2{,}18} = 5550,$$

$$,, \quad 3{,}64\,\% \quad ,, \quad \dfrac{121 \cdot 100}{3{,}64} = 3325.$$

Da sich aber aus dem Eisengehalt ein Molekulargewicht von 16 500 berechnen läßt, ist es klar, daß sich auch aus dem Cystein berechnet ein

$$\text{Molekulargewicht von } 3 \cdot 5550 = 16\,650,$$

$$,, \quad ,, \quad 5 \cdot 3335 = 16\,625$$

ergibt; also genau dasselbe wie aus dem S-Gehalt allein. Durch diese vollkommene Übereinstimmung ist sicher erwiesen, daß *im Hämoglobinmolekül aller Schwefel in Form von Cystein enthalten ist.*

Führt man dieselbe Berechnung für Cystin durch, so ergibt sich folgendes. Dem Cystin kommt ein Molekulargewicht von 240 zu, folglich entspricht dem Hämoglobin mit dem

Schwefelgehalt von 0,58 % ein Cystingehalt von $\dfrac{240 \cdot 0{,}58}{64} = 2{,}19\,\%$,

,, ,, 0,97 % ,, ,, ,, $\dfrac{240 \cdot 0{,}97}{64} = 3{,}67\,\%$.

Das aus dem Cystingehalt berechnete Mindestmolekulargewicht beträgt dann

$$\text{für } 2{,}19\,\% \text{ Cystin } \dfrac{240 \cdot 100}{2{,}19} = 10\,959,$$

$$,, \quad 3{,}67\,\% \quad ,, \quad \dfrac{240 \cdot 100}{3{,}67} = 6540.$$

Da sich aus dem Eisengehalt ein Mindestmolekulargewicht von 16 500 ergibt, so muß sich, aus dem Cystein berechnet,

ein Molekulargewicht in der Höhe von $10\,959 \cdot 3 = 32\,900$,

,, ,, ,, ,, ,, ,, $6\,540 \cdot 5 = 32\,800$

ergeben, also das Doppelte der aus·Eisen, Schwefel und aus Cystein berechneten Zahl.

Die Ergebnisse obiger Versuche lauten kurz zusammengefaßt wie folgt.

Den Befund von *Valer*, wonach in Hämoglobin von Katzen 0,97 %, in dem von Rindern 0,58 % Schwefel enthalten sind, kann ich vollständig bestätigen; letzteren fand ich auch an der Häfte der untersuchten Pferde. Aus obigen Werten läßt sich ein Verhältnis von $Fe : S_5$ bzw. $Fe S_3$ berechnen.

Prüft man Hämoglobin von Hunden ohne Auswahl, wie sie eben den Instituten geliefert zu werden pflegen, so erhält man selten obigen Wert von 0,58 %; weit häufiger solche, aus denen sich kein einfaches Verhältnis zwischen Eisen- und Schwefelgehalt berechnen läßt. Diese Werte sind 0,70, 0,61 und 0,50 %, merkwürdigerweise dieselben, die auch von *Valer* gefunden wurden.

Prüft man hingegen Hämoglobin von *rassenreinen Hunden*, so erhält man überwiegend die Zahl 0,57 % ($Fe S_3$), ebenso auch am Esel und am Fuchs. Im Hämoglobin von Gänsen sind 0,71 % Schwefel enthalten.

Im Hämoglobin mit 0,58 bzw. 0,97 % muß, wie die Berechnung ergibt, aller Schwefel in Form von Cystein (Cystin) enthalten sein.

Diese Arbeit wurde auf Anregung und unter Leitung des Herrn Prof. *Paul Hári* ausgeführt.

Sonderdruck
aus „*Biochemische Zeitschrift*", *Bd. 204.*
Julius Springer, Berlin.

Beiträge zur Physiologie überlebender Säugetierherzen.

V. Mitteilung:

Über den Zuckerverbrauch der überlebenden Herzen von normalen Katzen.

Von

Georg Ambrus.

(Aus dem physiologisch-chemischen Institut der königl. ungar. Universität Budapest.)

(Eingegangen am 26. Oktober 1928.)

Mit 1 Abbildung im Text.

Vor einiger Zeit wurde von mir[1] und von *Aszódi*[2] gezeigt, daß der auf die Gewichtseinheit reduzierte Zuckerverbrauch überlebender Katzenherzen erheblich größer ist, als von weitaus den meisten früheren Autoren gefunden wurde; gleichzeitig auch, daß, wenn man diese Versuche in drei je einstündige Perioden geteilt ausführt, der größte Zuckerverbrauch beinahe immer auf die *erste* Periode entfällt, und zwar, wie ich vermutete, infolge der rasch zunehmenden Ermüdung der unter durchaus nicht physiologischen Verhältnissen arbeitenden Herzen.

Nachdem inzwischen der Zuckerverbrauch der überlebenden Herzen verschiedentlich vorbehandelter Katzen bestimmt wurde, ergab sich die Notwendigkeit, obige Befunde, die ja insgesamt nur an den Herzen von neun normalen Katzen erhoben wurden, durch eine größere Anzahl von Versuchen zu verifizieren.

Ich habe diese Versuche in demselben modifizierten *Locke-Rosen-heim*schen Apparat und anscheinend unter denselben Versuchsbedingungen ausgeführt, erhielt aber trotzdem von den obigen teilweise abweichende Resultate, die in nachstehender Tabelle I zusammengestellt sind, während alle übrigen Versuchsdaten in der Generaltabelle am Ende des Textes enthalten sind.

---

[1] *G. Ambrus*, diese Zeitschr. **185**, 442, 1927.
[2] *J. Aszódi*, ebendaselbst **185**, 450, 1927.

Tabelle I.

Nr.	Herz-trocken-gewicht g	Zuckerverbrauch pro Std. und g Herztrockensubstanz			Feuchtes Herz-gewicht g	Zuckerverbrauch pro Std. und g des feucht gewogenen Herzens		
		Periode 1 mg	Periode 2 mg	Periode 3 mg		Periode 1 mg	Periode 2 mg	Periode 3 mg
95	2,779	51	40	36	21,55	6,5	6,2	4,6
94	2,643	43	44	52	20,30	5,6	5,8	6,8
106	2,627	58	57	36	20,30	7,6	7,4	4,7
99	2,157	43	46	42	16,00	5,8	6,2	5,7
101	1,907	67	79	87	13,90	9,3	10,9	11,9
100	1,821	63	49	40	16,40	7,1	5,6	4,5
98	1,560	54	58	56	13,05	6,5	7,0	5,3
97	1,347	52	68	70	11,35	6,2	8,2	8,4
104	1,322	50	44	25	11,40	5,8	5,1	2,9
93	1,243 (?)	57 (?)	85 (?)	52 (?)	16,30 (?)	4,4 (?)	6,5 (?)	4,0 (?)
105	1,229	76	48	73	9,20	10,1	6,4	9,8
102	1,213	93	111	93	10,50	10,8	12,6	10,8
103	0,983	51	80	53	7,90	6,4	10,0	6,6
96	0,922	79	95	56	7,15	10,2	12,3	7,3

A. Gesteigerter Zuckerverbrauch in der zweiten Periode.

Wie aus Tabelle I zu ersehen, war im Gegensatz zu unseren älteren Befunden, in sechs von insgesamt 14 Versuchen der Zuckerverbrauch in der zweiten Periode größer als in der ersten, in anderen drei Versuchen sogar in der dritten Periode größer als in den beiden vorausgehenden, und nur in fünf Versuchen in der ersten Periode am größten. Daß es sich hierbei um einen Zufall handeln könnte, war wohl kaum anzunehmen. Weit wahrscheinlicher ist es, daß ein versuchstechnischer Unterschied zwischen früheren und späteren Versuchen vorliegt, wie es sich auch tatsächlich, allerdings nur auf Umwegen herausgestellt hat.

In einer weiteren Mitteilung hat nämlich *Aszódi*[1] berichtet, daß in seinen späteren Versuchen 74 bis 80 (pankreasdiabetische Katzen) der Zuckerverbrauch genau so wie in den älteren Versuchen in der ersten Periode, *hingegen in seinen Versuchen 81 bis 86 (an mit Insulin vorbehandelten diabetischen Katzen) in der zweiten Periode am stärksten war.* Über die mutmaßliche Ursache dieser Erscheinung hatte sich *Aszódi* sehr vorsichtig geäußert und, indem er auf gewisse Möglichkeiten hinwies, hinzugefügt: „dies sind aber nur müßige Annahmen, und es ist besser, uns zunächst auf die Registrierung der oben erörterten Tatsache zu beschränken". Wie sehr diese Vorsicht am Platze war, erhellt daraus, daß sich alles weit einfacher und natürlicher erklären läßt. Ordnet man nämlich alle an überlebenden Katzenherzen in unserem Institut ausgeführten Versuche nach dem Zeitpunkt, wie sie zur Ausführung kamen, so ergibt sich folgendes.

[1] *J. Aszódi*, diese Zeitschr. **192**, 14, 1927.

Versuch Nr.	Zeitpunkt	Katze	Periode mit dem größten Zucker= verbrauch
50—52	April bis Mai 1925	normal	1
63—69	Mai bis August 1926	normal	1
74—80	Mai bis Juli 1926	pankreasdiabetisch	1
87—92	Juli bis Septbr. 1926	normal, mit Insulin be- handelt	1
81—86	November 1926	pankreasdiabetisch, mit Insulin behandelt	2
Unveröffentlicht	Dezember 1926 bis Dezember 1927	schilddrüsenlos	2
Hier mitgeteilt	Januar 1927 und Mai bis Juni 1928	normal	2

Es muß also in jedem Versuche, vom November 1926 angefangen, zwischen erster und zweiter Periode irgend etwas in anderer Weise, wahrscheinlich besser, ausgeführt worden sein, als in den früheren Versuchen; und da kann es sich offenbar nur um gewisse Handgriffe bei dem von uns stets geübten Tausch der Durchströmungsflüssigkeit zwischen je zwei Versuchsperioden handeln. Bei diesem Tausch muß nämlich das Herz aus dem Apparat erst herausgenommen, dann wieder in den Apparat eingesetzt werden, wobei ihm in erster Reihe die Gefahr einer Luftembolie droht, die ja durchaus nicht alle seine Gefäße betreffen muß, daher es noch lebensfähig, wenn auch in seinen Umsätzen geschwächt, bleiben kann. So sicher es nämlich gelingt, den Apparat vor dem ersten Versuche, wo beliebige Zeit zur Vorbereitung zur Verfügung steht, in allen seinen Teilen von Luft freizubekommen, so schwierig ist es, den ganzen komplizierten Apparat in den wenigen Minuten zwischen zwei Perioden wieder so anzufüllen, daß er auch von kleinsten Luftblasen frei bleibe. Es ist nun klar, daß dies später, bei größerer Übung, besser als früher gelungen ist, womit in plausibler Weise erklärt ist, warum in den früheren Versuchen, wo wir diesen Umständen noch keine genügende Aufmerksamkeit geschenkt hatten, der Zuckerverbrauch in der zweiten Periode abfiel, in den neueren Versuchen aber nicht. Ungeklärt bleibt aber noch der Umstand, warum in diesen späteren Versuchen der Zuckerverbrauch in der zweiten Periode sogar *gesteigert* ist? Der Momente, durch die sich dies erklären ließe, gibt es so manche; doch läßt es sich zurzeit noch nicht entscheiden, welches unter ihnen das ausschlaggebende ist. So unterliegt es keinem Zweifel, daß das Herauswälzen des Herzens aus der eröffneten Pericardialhöhle, das Aufsuchen des Aortenbogens, das Einbinden der Kanüle in den Aortenstumpf, das Auswaschen der letzten Blutspuren aus den Herzgefäßen, die kaum zu vermeidende Abkühlung des Herzens während dieser Manipulationen usw. auf das Herz schädigend einwirken können, und wenn auch nicht seine mechanischen Leistungen, doch seinen Zuckerverbrauch am Beginn der ersten Periode beeinträchtigen können. In der ersterwähnten Mitteilung von *Aszódi* ist die Diskrepanz dieser beiden Leistungen des Herzens wie folgt hervorgehoben: „Der Zuckerverbrauch überlebender Säugetierherzen steht in keinem Verhältnis zur sichtbaren Stärke der Herzaktion (Frequenz, Art der Kontraktion)". Es kann aber auch sein, daß das Herz in der ersten Periode, nachdem es erst kurz vorher dem lebenden Tiere entnommen wurde, sich noch im Vollbesitze seines Glykogenvorrats befindet, daher den Zucker aus der Durchströmungsflüssigkeit weit weniger in Anspruch nimmt als später in der zweiten Periode, da sein Glykogen bereits ganz oder zum größten Teile aufgebraucht ist.

Trifft nun eines dieser Momente zu, durch die der Zuckerverbrauch in der ersten Periode herabgesetzt wird, und fallen, wie mutmaßlich in unseren späteren Versuchen, die störenden Momente (Luftembolie) fort, die das Herz in der zweiten Periode beeinträchtigen könnten, so muß das Herz in dieser zweiten Periode mehr Zucker als in der ersten verbrauchen.

B. Der Zuckerverbrauch verschieden großer Katzenherzen.

In der mehrmals erwähnten Arbeit von *Aszódi* wurde gezeigt, daß es keinen rechten Sinn hat, einen Durchschnittswert für den Zuckerverbrauch überlebender Katzenherzen zu berechnen, da kleinere Herzen verhältnismäßig weit mehr Zucker als größere verbrauchen. Weit richtiger ist es, den Zuckerverbrauch an einer möglichst großen Zahl von Herzen von verschiedener Größe zu bestimmen und die so erhaltenen Werte nach der Größe der Herzen geordnet tabellarisch zusammenzustellen. Auch dürfte es richtiger sein, hierbei nicht bloß die Werte einer einzigen Periode (in der von *Aszódi* waren es die der ersten Periode), sondern *in jeder Versuchsreihe den höchsten Wert* zu berücksichtigen, ungeachtet dessen, zu welcher Zeit er erhalten wurde. Denn (immer vorausgesetzt, daß keine Analysenfehler unterlaufen) es ist wohl anzunehmen, daß für die Zuckerverbrauchsfähigkeit eines Herzens der höchste im betreffenden Versuche konstatierte Wert am charakteristischsten ist. In nachstehender Tabelle II wie auch in der Abbildung sind sowohl die älteren neun, wie auch die in dieser Mitteilung besprochenen 13 neuen Werte[1] aufgenommen, und wird durch sie der seinerzeit von *Aszódi* aufgestellte Satz, wonach *kleine Herzen verhältnismäßig weit*

---

[1] Vom Versuch **93** mußte hier abgesehen werden, da, wie aus dem von allen anderen abweichenden Trockensubstanzgehalt dieses Herzens hervorgeht, entweder das feuchte Herz oder seine Trockensubstanz fehlerhaft abgewogen wurde (siehe letzten Stab der Generaltabelle).

Tabelle II.

Nr.	Herz-trockengewicht g	Zuckerverbrauch pro Std. und g Herztrockengewicht mg	Nr.	Feuchtes Herzgewicht g	Zuckerverbrauch pro Std. und g feuchtes Herzgewicht mg
69	3,368	38	69	30,0	4,3
95	2,779	51	95	21,55	6,5
94	2,643	52	68	20,4	5,5
106	2,627	58	94	20,3	7,6
51	2,270	60	67	18,7	7,3
99	2,157	46	51	17,7	7,9
68	1,975	57	100	16,4	7,1
101	1,907	87	99	16,0	6,2
100	1,821	63	66	14,8	6,7
66	1,751	57	101	13,9	11,9
52	1,588	53	52	13,8	6,1
65	1,575	56	65	13,7	6,4
98	1,560	58	98	13,05	7,0
97	1,347	70	104	11,4	5,8
104	1,322	50	97	11,35	8,4
105	1,229	76	50	10,5	7,7
102	1,213	111	102	10,5	12,6
50	1,128	69	64	10,3	9,0
64	1,057	88	105	9,2	10,1
103	0,983	80	63	8,5	9,5
96	0,922	95	103	7,9	10,0
63	0,905	89	96	7,15	12,3

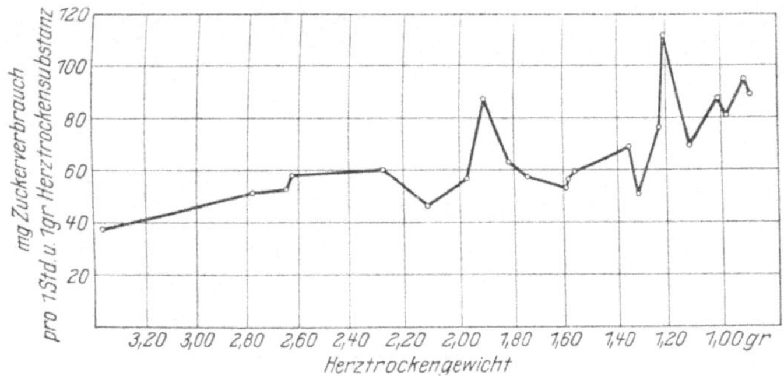

Abb. 1.

mehr Zucker als große verbrauchen, aufs neue bekräftigt. Dabei ist es, wie vorauszusehen war, von einigen Verschiebungen, die durch den ungleichmäßigen Wassergehalt der verschiedenen Herzen bedingt sind, ohne wesentlichen Belang, ob die Reduktion auf die Gewichtseinheit des feucht gewogenen Herzens oder auf die seines Trockengewichts erfolgt.

Daß es hierbei einige aus der Reihe der übrigen springende Werte gibt, ist ebensowenig wunderzunehmen, wie, daß die erwähnte Gesetzmäßigkeit an den Herzen mittlerer Größe weniger klar als an den ganz großen bzw. ganz kleinen in Erscheinung tritt.

Generaltabelle.

Nr.	Datum 1927	Geschlecht	Körpergewicht g	Herzgewicht feucht g	Herzgewicht trocken g	der stündliche Zuckerverbrauch mg	die Temperatur der in d. Kanüle eintretenden Speiseflüssigkeit °C	die Strömungsgeschwindigkeit der Speiseflüssigkeit pro Minute ccm	die Herzfrequenz pro Minute	die sichtbare Stärke der Herzkontraktion	p_H	Trockensubstanzgehalt der Herzen am Ende des Versuches %
93	13. I.	♀	3330	16,3	1,243	71	37,6	100	130	gut	7,80—7,60	7,6
						106	37,5	100	145	„		
						64	37,6	60	62	schwach		
94	15. I.	♂	4430	20,3	2,643	114	38,1	33	130	gut	7,79—7,52	13,0
						117	38,3	37	114	„		
	1928					138	38,0	5	100	„		
95	15. V.	♂	3950	21,55	2,779	141	38,2	150	138	„	7,83—7,69	12,9
						112	38,4	50	140	„		
						99	38,3	24	126	„		
96	22. V.	♀	1470	7,15	0,922	73	38,5	17	134	„	7,81—7,74	12,9
						88	38,5	8	136	„		
						52	37,9	3	64	„		
97	24. V.	♀	2160	11,35	1,347	70	37,8	120	118	„	7,83—7,56	11,9
						92	38,1	66	96	„	7,83—7,66	
						95	38,1	31	104	„	7,83—7,71	
98	26. V.	♂	2580	13,05	1,560	85	38,5	100	160	„	7,89—7,74	12,0
						91	37,8	13	148	schwach		
						69	37,5	3		keine		
99	29. V.	♂	3300	16,0	2,157	92	38,1	60	164	gut	7,81—7,51	13,5
						89	38,5	25	108	„	7,81—7,49	
						91	38,6	17	100	„	7,81—7,63	

Generaltabelle (Fortsetzung).

| Nr. | Datum | Ge-schlecht | Körper-gewicht | Herzgewicht | | In den einander folgenden Perioden war | | | | | | Trocken-substanz-gehalt der Herzen am Ende des Versuches |
| | | | | feucht | trocken | der stünd-liche Zucker-verbrauch | die Temperatur der in d. Kanüle eintretenden Speiseflüssigkeit | die Strömungs-geschwindigkeit der Speise-flüssigkeit pro Minute | die Herz-frequenz pro Minute | die sicht-bare Stärke der Herz-kontraktion | p_H | |
	1928		g	g	g	mg	^{0} C	ccm				$^0/_0$
100	31. V.	♂	3300	16,4	1,821	114 89 71	38,3 37,6 37,9	120 8 5	120 128	gut schwach keine	7,86—7,36	11,1
101	2. VI.	♂	3250	13,9	1,907	128 151 166	38,0 38,0 38,3	120 30 42	160 140 150	gut „ „	7,76—7,59 7,76—7,56 7,76—7,59	13,4
102	9. VI.	♀	2950	10,5	1,213	113 132 113	38,2 38,6 38,4	75 25 7	146 107 72	„ „ „	7,74—7,74 7,74—7,76 7,74—7,76	11,6
103	12. VI.	♀	1600	7,9	0,983	50 79 52	38,2 38,6 37,7	100 30 15	136 106 41	„ „ „	7,81—7,74	12,4
104	14. VI.	♀	2420	11,4	1,322	66 58 33	38,3 37,7 36,7	54 7 1	140 78 32	„ „ schwach	7,71—7,64 7,71—7,86 7,71—7,86	11,6
105	21. VI.	♀	2670	9,20	1,229	93 59 90	38,7 38,8 38,6	50 23 20	134 125 88	gut „ „	7,74—7,69 7,74—7,79 7,74—7,83	13,4
106	26. VI.	♂	4120	20,3	2,627	153 150 95	38,3 38,4 38,4	60 30 10	150 100 80	„ „ „		12,9

Sonderdruck
aus „Biochemische Zeitschrift", Bd. 205.
Julius Springer. Berlin.

Beiträge zur Physiologie überlebender Säugetierherzen.

VI. Mitteilung:

Über den Zuckerverbrauch der Herzen schilddrüsenloser, sowie normaler und schilddrüsenloser, mit Thyroxin vorbehandelter Katzen.

Von

Georg Ambrus.

(Aus dem physiologisch-chemischen Institut der königl. ungar. Universität Budapest.)

(Eingegangen am 10. November 1928.)

Mit 3 Abbildungen im Text.

Bei dem bereits seit einigen Jahrzehnten bekannten Einfluß, den die Schilddrüse auf so manche allgemeine und Spezialfunktionen des Organismus ausübt, konnte es von Interesse sein, zu prüfen, wie der Zuckerverbrauch der überlebenden Herzen von Katzen sich gestaltet, denen die Schilddrüse entfernt wurde, bzw. auch von Katzen, die im normalen oder im schilddrüsenlosen Zustande vor dem Versuche mit Thyroxin behandelt wurden.

A. Methodik der Versuche.

Die Tiere, denen die Schilddrüse entfernt werden sollte, erhielten vorher tagelang je 50 ccm Milch, 100 g Fleisch und 100 ccm Wasser. Während dieser Zeit habe ich ihr Körpergewicht, ihre Körpertemperatur, zeitweise auch ihr Blutbild beobachtet. Nach Ablauf dieser Beobachtungsperiode habe ich die Thyreoidektomie unter sorgfältiger Schonung der Nebenschilddrüsen vorgenommen, was gerade an Katzen nicht leicht war, da die kleinen weißlichen Organe auf beiden Seiten zu zweit an der medialen Fläche der Schilddrüsenläppchen *unter* der Fascie gelegen sind. Das Gewicht der Schilddrüse betrug 0,14 bis 0,96 g.

Nach erfolgter Thyreoidektomie erhielten die Tiere an den drei ersten Tagen bloß je 100 ccm Milch und 50 ccm Wasser, nachher aber dieselbe Kost wie zuvor. Am sechsten Tage nach erfolgter Operation wurden die Nähte entfernt.

Anfangs ging eine geringe Anzahl der Tiere an postoperativer Tetanie zugrunde. Dies kam später, nachdem die Technik der Operation, Assistenz usw. besser klappte, weit seltener, und zwar nur vor, wenn die Tiere ihre Wunde aufgerissen hatten. Anfangs habe ich Tiere auch an

Wundeiterung verloren, während später eiternde Wunden durch Behandlung mit *Vetol*[1] rasch und glatt zur Heilung gebracht werden konnten. Eine Abnahme der Körpertemperatur (z. B. von 38 auf 37⁰ C) kam nur vor, wenn die Tiere längere Zeit hindurch im schilddrüsenlosen Zustande (bis zum Herzversuche) am Leben gelassen wurden. Ebenso selten war eine allmähliche Abnahme des Körpergewichtes, Haarausfall, geringe Eosinophilie zu beobachten. Eine auffallende Änderung der Psyche sah ich nur ausnahmsweise, myxödematöse Schwellung der Backen nur ein einziges Mal.

In einer anderen Reihe von Versuchen habe ich den ihrer Schilddrüse beraubten Tieren (in einer weiteren Reihe auch normalen Tieren) Thyroxin durch Einspritzung in eine Vene der hinteren Extremitäten beigebracht. Zu diesem Behufe stand mir synthetisches „Sodium salt of pure Thyroxin" von den British Drug Houses, „Pure crystalline Thyroxin" von *Squibb a. Sons*, und das synthetisch dargestellte „Thyroxin «Roche»" von *Hoffmann - La Roche* zur Verfügung, wofür den betreffenden Herren auch an dieser Stelle bestens gedankt sei. Es wurden, je nachdem ich eine raschere oder langsamere Wirkung erzielen wollte, 0,5 bis 4,0 mg täglich so lange verabreicht, bis die erfolgte Intoxikation sich durch die beginnende starke Abmagerung in der Höhe von 50 bis 100 g pro Tag eingestellt hatte, und zwar bei einer Kost, die sich sonst stets als hinreichend erwiesen hatte. Hierzu waren an den verschiedenen Tieren insgesamt 8,8 bis 23,0 mg erforderlich. Nun wurde noch 1 bis 2 Tage lang Thyroxin gegeben und dann der Herzversuch ausgeführt. Von sonstigen Erscheinungen der Thyroxinintoxikation wären zu erwähnen: vorübergehend erhöhte Körpertemperatur, mäßige Zunahme der weißen und mäßige Abnahme der roten Blutkörperchen. Die am Menschen so prägnante Beschleunigung des Pulses konnte bei der ohnehin sehr raschen Herzaktion des Katzenherzens nicht genügend genau festgestellt werden.

Vor der Entnahme ihrer Herzen, die ich verschieden lange Zeit nach erfolgter Thyreoidektomie vornahm (unten als „kurzfristige" bzw. „langfristige Versuche" bezeichnet), ließ ich die Tiere 24 Stunden lang hungern. Die Herzentnahme und der Durchströmungsversuch wurden genau in der Weise vorgenommen, wie dies in einer vorangehenden Mitteilung[2] beschrieben ist. Hier sei nur kurz erwähnt, daß ich zur Durchströmung 125 ccm 0,2 % Glucose enthaltende Tyrodelösung verwendete und diese am Beginn jeder je eine Stunde lang dauernden Versuchsperiode erneuert habe. Der Zuckergehalt der Durchströmungsflüssigkeit wurde nach dem neueren *Bang* schen Verfahren bestimmt. Alle auf die Versuchsumstände und ihre Ergebnisse bezüglichen Daten sind in den Versuchsprotokollen und in der Generaltabelle am Schluß des Textes enthalten; die Besprechung der Ergebnisse erfolgt an der Hand von drei Abbildungen und fünf Texttabellen. In den Tabellen II bis V ist, wie in den früheren Mitteilungen, der Zuckerverbrauch der drei Versuchsperioden auf 1 Stunde und auf 1 g feuchtes Herzgewicht bzw. auch auf 1 g Herztrockensubstanz berechnet. In der Tabelle I sind die Ergebnisse aller Versuchsreihen nach absteigendem Herztrockengewicht geordnet, da auf Grund der *Aszódi* schen[3] Befunde bei der Abhängigkeit des Zuckerverbrauchs von der Größe der Herzen eine vergleichende Beurteilung des Zuckerverbrauchs unter ver-

---

[1] Vetol-Werke in Budapest.
[2] *Z. Aszódi* und *G. Ambrus*, diese Zeitschr. **183**, 408, 1927.
[3] *Z. Aszódi*, ebendaselbst **185**, 442, 1927.

13*

schiedenen Versuchsbedingungen, wie sie in meinen Versuchsreihen gegeben
sind, nur auf diese Weise möglich ist. Auch habe ich aus Gründen, die in
der vorangehenden Mitteilung[1] entwickelt wurden, in der Tabelle I bezüglich jedes Herzens jeweils nur den höchsten Zuckerverbrauchswert berücksichtigt, ungeachtet dessen, ob er von der I. oder II. oder III. Periode
herrührt.

B. Die Versuchsergebnisse.

Tabelle I.

Versuch	Herztrocken- gewicht	Zuckerverbrauch pro Stunde und Gramm Herztrockengewicht der Herzen von			
		normalen Katzen	normalen, mit Thyroxin vorbehandelten Katzen	schilddrüsen- losen Katzen	schilddrüsen- losen, mit Thyroxin vorbehandelten Katzen
Nr.	g	mg	mg	mg	mg
69	3,368	38	—	—	—
96	2,779	51	—	—	—
135	2,660	—	61	—	—
95	2,643	52	—	—	—
107	2,627	58	—	—	—
138	2,505	—	48	—	—
120	2,480	—	—	60	—
147	2,370	—	—	—	40
108	2,360	—	—	33	—
144	2,340	—	—	—	51
51	2,270	60	—	—	—
109	2,250	—	—	47	—
146	2,160	—	—	—	79
100	2,157	46	—	—	—
140	2,106	—	79	—	—
139	2,065	—	72	—	—
153	2,060	—	—	—	76
149	2,040	—	—	—	64
150	2,000	—	—	—	61
68	1,970	57	—	—	—
110	1,950	—	—	68	—
112	1,940	—	—	52	—
102	1,907	87	—	—	—
141	1,882	—	71	—	—
136	1,836	—	78	—	—
152	1,830	—	—	—	76
101	1,821	63	—	—	—
121	1,820	—	—	56	—
66	1,751	57	—	—	—
117	1,720	—	—	52	—
119	1,710	—	—	57	—
115	1,700	—	—	37	—
151	1,700	—	—	—	81
118	1,630	—	—	52	—
114	1,620	—	—	65	—
113	1,610	—	—	34	—
52	1,588	53	—	—	—
137	1,580	—	82	—	—

[1] *G. Ambrus,* diese Zeitschr. **204, 467, 1928.**

Tabelle I (Fortsetzung).

| Versuch | Herztrocken-gewicht | Zuckerverbrauch pro Stunde und Gramm Herztrockengewicht der Herzen von | | | |
| | | normalen Katzen | normalen, mit Thyroxin vorbehandelten Katzen | schilddrüsen-losen Katzen | schilddrüsen-losen, mit Thyroxin vorbehandelten Katzen |
Nr.	g	mg	mg	mg	mg
65	1,575	56	—	—	—
148	1,570	—	—	—	80
99	1,560	58	—	—	—
145	1.390	—	—	—	82
143	1,370	—	—	—	93
111	1,370	—	—	65	—
98	1,347	70	—	—	—
105	1,322	50	—	—	—
106	1,229	76	—	—	—
103	1,213	111	—	—	—
142	1,170	—	—	—	124
116	1,150	—	—	24	—
50	1,128	69	—	—	—
123	1,080	—	—	33	—
64	1,057	88	—	—	—
104	0,983	80	—	—	—
97	0,922	95	—	—	—
63	0,905	89	—	—	—
122	0,750	—	—	59	—

1. Zuckerverbrauch der Herzen thyreoidektomierter Katzen.

a) *Kurzfristige Versuche (2 bis 9 Tage) nach erfolgter Thyreoidektomie.* Nähere Daten s. in Tabelle II. In den dritten Stab der

Tabelle II (Schilddrüsenlos, kurzfristig).

| Versuch Nr. | Herz, feucht gewogen | Zuckerverbrauch pro Stunde und Gramm | | | Herz-trocken-gewicht | Zuckerverbrauch pro Stunde und Gramm | | |
| | | Periode I | Periode II | Periode III | | Periode I | Periode II | Periode III |
	g	mg	mg	mg	g	mg	mg	mg
120	17,7	6,9	8,4	4,1	2,481	49,6	59,7	29,0
108	19,7	3,5	3,9	2,2	2,361	29	33	18
109	18,8	4,3	5,1	4,8	2,252	36	47	40
110	17,9	5,0	7,4	6,9	1,954	46	68	64
112	17,4	9,8	5,8	5,8	1,940	34	56	52
121	14,3	4,6	7,1	5,9	1,819	36	56	46
117	14,6	3,8	6,2	4,2	1,720	32	52	36
119	16,2	5,2	6,1	4,7	1,707	50	57	45
115	14,0	4,2	4,4	3,9	1,700	35	37	32
118	13,9	3,9	4,6	6,2	1,627	33	39	52
114	13,8	4,7	7,7	3,5	1,616	39	65	30
113	14,1	3,1	2,9	3,9	1,606	27	26	34
111	13,0	4,5	5,6	6,8	1,375	43	53	65
116	·10,4	2,2	2,6	2,3	1,151	20	27	21
123	8,8	4,0	4,0	0,6	1,075	33	33	5
122	6,70	3,7	6,1	6,6	0,750	33	55	59

Tabelle I habe ich die an den Herzen normaler Katzen erhaltenen
Werte aufgenommen, die in der vorangehenden Mitteilung besprochen
waren. Vergleicht man mit diesen die in den fünften Stab eingetragenen
Werte, die sich auf die Herzen schilddrüsenloser Tiere beziehen, so ist
sofort zu sehen, daß an letzteren *der Zuckerverbrauch sehr erheblich
geringer ist*, wie dies mit noch größerer Klarheit aus Abb. 1 hervorgeht.

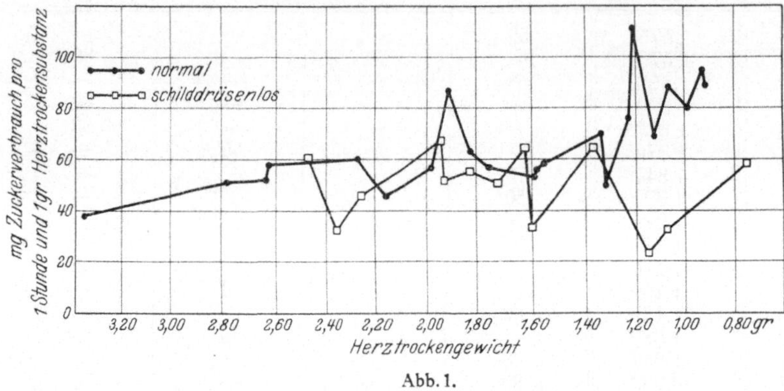

Abb. 1.

Daß, wie stets in derlei Versuchen, Werte vorkommen, die mehr oder
minder stark aus der Reihe springen, tut der feststehenden Tatsache
keinen Abbruch. Um so befremdender ist es, wenn *Kopeljanskij*[1]
betreffs des isolierten Herzens findet, daß „ ... die Exstirpation der
Thyreoidea ... die Fähigkeit, Zucker zu absorbieren. deutlich vermehrt".

*b) Langfristige Versuche (22 bis 57 Tage nach erfolgter Thyreoid-
ektomie).* Nähere Daten s. in Tabelle III. Um zu erfahren, ob der
Zuckerverbrauch der Herzen von schilddrüsenlosen Tieren andauernd
herabgesetzt bleibt, oder aber allmählich zum normalen zurückkehrt,
habe ich eine Anzahl von Tieren längere Zeit, bis zu 8 Wochen lang, im
schilddrüsenlosen Zustande am Leben gelassen, ehe ich ihnen das Herz
zum Durchströmungsversuch entnahm. Die Erscheinungen, die hierbei
zur Beobachtung kamen, waren dem Wesen nach dieselben wie in den
kurzfristigen Versuchen, allerdings mit gewissen quantitativen Unter-
schieden. Die betreffenden Werte habe ich in Tabelle III eingetragen,
und es geht aus ihnen hervor, daß der Zuckerverbrauch auch hier
herabgesetzt war, jedoch, wenn von dem offenbar fehlerhaften Versuch
133 abgesehen wird, nicht in so hohem Grade wie in den kurzfristigen
Versuchen.

---

[1] *D. Kopeljanskig*, Ucenje zapiski Saratowskago Universiteta **3**, 134,
1925 (russisch); zitiert nach Ber. ü. d. ges. Physiol. u. exper. Pharm.
39, 261. 1927.

Tabelle III (Schilddrüsenlos, langfristig).

Ver-such Nr.	Herz, feucht gewogen g	Zuckerverbrauch pro Stunde und Gramm			Herz-trocken-gewicht g	Zuckerverbrauch pro Stunde und Gramm		
		Periode I mg	Periode II mg	Periode III mg		Periode I mg	Periode II mg	Periode III mg
133	16,9	1,4	1,7	0,4	2,038	11	14	3
134	17,9	4,4	3,1	2,2	1,746	45	33	22
129	12,8	4,4	6,3	7,0	1,542	37	52	58
132	11,1	6,4	5,9	3,5	1,431	50	45	27
131	11,1	7,0	10,2	6,7	1,325	59	85	56
128	11,1	5,4	6,4	5,1	1,278	47	56	44
130	17,9	4,9	7,0	4,9	1,246	70	101	70
127	11,8	7,4	5,5	8,7	1,243	71	53	83
124	10,8	4,5	5,0	4,3	1,212	40	41	38
125	10,2	7,7	5,5	7,3	1,152	69	49	64
126	11,9	6,5	8,2	7,6	1,083	72	91	84

2. Zuckerverbrauch der Herzen nach vorangehender Thyroxinbehandlung.

a) Herzen normaler, mit Thyroxin behandelter Katzen. Nähere Daten s. in der Tabelle IV. Um das Verhalten der überlebenden Herzen schilddrüsenloser Tiere, die vorangehend durch längere Zeit mit Thyroxin

Tabelle IV (Normal, mit Thyroxin vorbehandelt).

Ver-such Nr.	Herz, feucht gewogen g	Zuckerverbrauch pro Stunde und Gramm			Herz-trocken-gewicht g	Zuckerverbrauch pro Stunde und Gramm		
		Periode I mg	Periode II mg	Periode III mg		Periode I mg	Periode II mg	Periode III mg
135	20,2	8,0	2,5	0,9	2,659	61	20	7
138	20,0	6,0	3,4	4,6	2,505	48	27	37
140	14,3	10,2	11,6	9,0	2,106	69	79	61
139	14,8	10,0	6,0	—	2,065	72	43	—
141	14,0	9,6	8,1	5,4	1,882	71	61	40
136	13,5	10,7	9,6	6,5	1,836	78	71	47
137	12,2	10,3	6,3	2,3	1,578	82	49	18

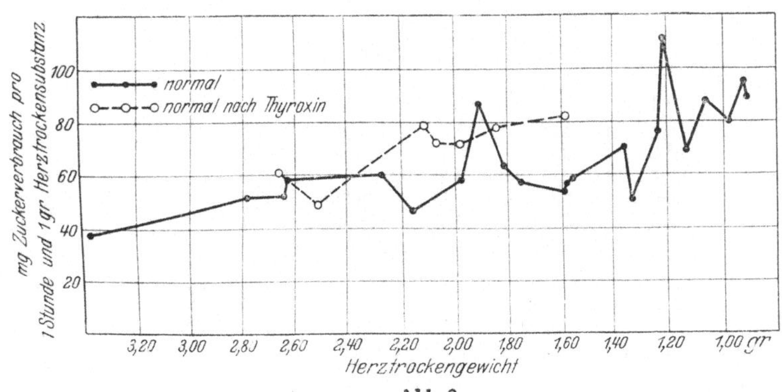

Abb. 2.

behandelt wurden, beurteilen zu können, habe ich solche Versuche auch an den Herzen normaler, d. h. solcher Katzen ausgeführt, die im Besitz ihrer Schilddrüse belassen waren. Die in den vierten Stab der Tabelle I eingetragenen Daten, wie auch die Abb. 2, lassen klar erkennen, daß durch die vorangehende Thyroxinbehandlung der Zuckerverbrauch der normalen Herzen *deutlich*, wenn auch nicht in besonders hohem Grade, *gesteigert wird*. Auffallend ist, daß in sechs von den hierher gehörenden sieben Versuchen, die zwischen April und Juli 1927 ausgeführt wurden, die Herzen in der ersten Periode am meisten Zucker verbrauchen, während doch, wie in meiner vorausgehenden Mitteilung gezeigt wurde, wir infolge der besseren Versuchsmethodik bereits vom November 1926 anfangend den größten Zuckerverbrauch in der Regel in der zweiten Periode erhielten. Es läßt sich dies mit großer Wahrscheinlichkeit damit erklären, daß die Herzen der mit Thyroxin vorbehandelten Katzen während der ersten Periode wohl noch einen Rest des dem lebenden Tiere vorher eingespritzten Thyroxins enthielten, welcher Rest aber durch die Durchströmungsflüssigkeit alsbald herausgeschwemmt wurde, daher in den späteren Perioden, in denen ja die Durchströmungsflüssigkeit jedesmal gewechselt wurde, fehlen mußte.

b) Herzen schilddrüsenloser, vorangehend mit Thyroxin behandelter Katzen. Nähere Daten s. in der Tabelle V. Wurden die ihrer Schilddrüsen beraubten Katzen vorangehend in der eingangs beschriebenen Weise

Tabelle V (Schilddrüsenlos, mit Thyroxin vorbehandelt).

Versuch Nr.	Herz, feucht gewogen g	Zuckerverbrauch pro Stunde und Gramm			Herz- trocken- gewicht g	Zuckerverbrauch pro Stunde und Gramm		
		Periode I mg	Periode II mg	Periode III mg		Periode I mg	Periode II mg	Periode III mg
147	17,7	5,4	—	—	2,373	40	—	—
144	19,0	6,3	5,9	3,8	2,344	51	48	31
146	15,4	11,1	10,0	8,7	2,165	79	71	62
153	14,6	8,0	10,2	10,8	2,062	56	72	76
149	16,9	6,0	7,7	—	2,036	50	64	—
150	14,9	8,3	5,8	7,0	2,003	61	42	51
152	13,7	10,1	10,2	9,1	1,832	75	76	68
151	11,9	9,4	11,6	11,5	1,703	66	81	80
148	11,9	10,5	9,6	10,3	1,566	80	70	79
145	11,0	10,4	6,3	6,2	1,385	82	50	49
143	10,2	12,6	5,9	4,9	1,373	93	44	36
142	8,1	17,9	14,1	9,9	1,174	124	97	68

mit Thyroxin behandelt, so erwies sich ihr *Zuckerverbrauch sehr erheblich größer als* die der korrespondierenden Herzen schilddrüsenloser, nicht mit Thyroxin vorbehandelter Tiere und *kaum geringer als die der Herzen normaler Tiere*, wie dies aus dem sechsten Stabe der Tabelle I und

namentlich aus Abb. 3 hervorgeht.   Besonders beweisend sind die
Versuche 142, 148 bis 152, in denen das betreffende Herz ebenso
wie die Herzen schilddrüsenloser, jedoch mit Thyroxin nicht vorbehandelter Katzen, längstens innerhalb 10 Tage nach der Entfernung
der Schilddrüse und begonnener Thyroxinbehandlung zum Versuch
kam, daher ein strenger und einwandfreier Vergleich möglich ist.
Weniger einwandfrei sind die Versuche 143 bis 147 und 153, da in

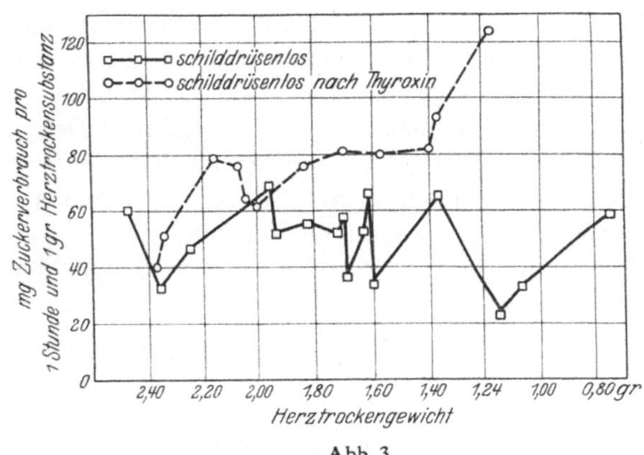

Abb. 3.

diesen Versuchen 13 bis 22 Tage von der Thyreoidektomie bis zum
Herzversuche vergingen, daher sie weder mit den kurzfristigen (2 bis
9 Tage), noch aber mit den langfristigen (23 bis 57 Tage) streng verglichen werden können.   Immerhin ist aber die Zunahme des Zuckerverbrauchs eine so bedeutende, daß an dem Tatbestand des gewaltig
gesteigerten Zuckerverbrauchs infolge der Vorbehandlung mit Thyroxin
nicht gezweifelt werden kann.

C. Besprechung der Versuchsergebnisse.

Da die Werte, die man für den Zuckerverbrauch der überlebenden
Herzen normaler Katzen erhält: a) von den Herzen solcher normaler
Tiere überschritten werden, die vorangehend mit Thyroxin behandelt
wurden; b) hingegen nicht erreicht werden von solchen Herzen, die
von schilddrüsenlosen Tieren herrühren; da weiterhin c) auch die von
schilddrüsenlosen Tieren herrührenden Herzen nahezu normale Werte
aufweisen können, wenn die betreffenden Tiere vorangehend mit
Thyroxin behandelt wurden, liegt es nahe, zu schließen, daß *das Schilddrüseninkret einen erheblichen Einfluß auf den Zuckerverbrauch der
Herzen ausübe, ja sogar, daß das Thyroxin das den Zuckerverbrauch des
Herzens unmittelbar regulierende spezifische Hormon sei.*

Nun ist aber bei derlei Schlüssen weitgehende Vorsicht geboten, denn wir kennen neben recht spezifischen Wirkungen des Schilddrüseninkrets auch solche Wirkungen, die sich in verschiedensten Organen und Geweben in gleicher Weise äußern: ein Plus am Inkret führt zu gesteigerter, der Mangel am Inkret aber zu herabgesetzter Zellfunktion. Ist dem aber so, dann darf man das Thyroxin nicht ohne weiteres als spezifisches Zuckerverbrauchshormon des Herzens bezeichnen. Auch sonst sind die Ergebnisse meiner Versuche nicht ohne weiteres zu deuten, sei es, daß es sich um eine Verringerung des Zuckerverbrauchs eines Herzens handelt, das von einem schilddrüsenlosen Tiere herrührt, sei es um die Kompensation dieses Ausfalles, wenn das schilddrüsenlose Tier vorangehend Thyroxin erhielt. Denn es darf nicht vergessen werden, daß man es in derlei Versuchen mit dem isolierten Herzen, nicht aber mit dem Herzen im lebenden Tiere zu tun hat. Im letzteren Falle bedarf es keiner näheren Begründung, wenn gewisse Erscheinungen am Herzen anders verlaufen, je nachdem irgend ein Organprodukt in den Kreislauf und auf diesem Wege auch zum Herzen gelangt, oder aber überhaupt nicht erzeugt wird und demzufolge auch dem Herzen abgeht.

Anders am isolierten Herzen! Bezüglich des Herzens, das vom normalen Tiere herrührt, ließe sich annehmen, daß es von der Zeit her, da es noch im Tiere schlug, so viel Thyroxin fest verankert enthält, daß es auch nach seiner Isolierung stundenlang unter Einwirkung dieses Thyroxins die der Norm entsprechenden Zuckermengen verbraucht. An verankertem Thyroxin fehlt es natürlich, wenn es sich um das Herz eines schilddrüsenlosen Tieres handelt.

Es ist aber auch möglich, daß Thyroxin bloß allgemein auf die (anatomische oder chemische) Verfassung der zelligen Elemente (hier die Herzmuskelzellen) einwirkt, demzufolge ihre Leistungen, darunter auch ihr Zuckerverbrauch, auf einer bestimmten Höhe erhalten werden und auch nach Isolierung des Herzens einige Stunden lang bleiben. Hat man jedoch einem Tiere die Schilddrüse entfernt, so ist die (anatomische oder chemische) Verfassung seines Herzens keine normale; es besteht eine gewisse Funktionsuntüchtigkeit auch bezüglich seines Zuckerverbrauchs, die sich selbstverständlich auch am isolierten Herzen kundgibt.

Die Ergebnisse meiner Versuche 135 bis 141 bzw. 142 bis 153, in denen normale bzw. schilddrüsenlose Tiere vorangehend mit Thyroxin behandelt wurden, scheinen für die Richtigkeit der erstangeführten Annahme zu sprechen. In der vorangehenden Mitteilung habe ich nämlich darauf verwiesen und auch näher erklärt, daß in weitaus den meisten in unserem Institut an überlebenden Katzenherzen seit November 1926 ausgeführten Zuckerverbrauchsversuchen in der zweiten

Versuchsperiode mehr Zucker als in der ersten verbraucht wird. Dieser Regel gehorchen die hier besprochenen Versuche 108 bis 123 und 124 bis 134, während in den Versuchen 135 bis 141 und 142 bis 153 umgekehrt der Zuckerverbrauch in der ersten Periode größer ist als in der zweiten. *Die abweichenden Versuche sind aber gerade diejenigen, in denen das Tier vorangehend mit Thyroxin behandelt wurde.* Die Annahme liegt auf der Hand, daß in diesen Versuchen die höheren Werte der ersten Periode durch das Thyroxin bedingt werden, das sich in den Herzen der Tiere während der Thyroxinbehandlung verankert hatte; ein Abfall im Zuckerverbrauch trat aber ein, als das Thyroxin durch die Durchströmungsflüssigkeit mehr und mehr herausgewaschen wurde. Hiermit wäre ein direkter Beweis für den unmittelbaren Einfluß des Schilddrüseninkrets auf den Zuckerverbrauch erbracht, wenn dem nicht folgende Bedenken gegenüberständen. Wird nämlich das Thyroxin wirklich immer so locker an die Herzsubstanz verankert, daß es sich durch die Durchströmungsflüssigkeit während der ersten Versuchsstunde in so ansehnlicher Menge herausschwemmen läßt, so müßte sich dies auch an den Herzen bemerkbar machen, die von normalen, d. h. solchen Tieren herrühren, die sich im Besitz ihrer Schilddrüsen gefunden hatten, und müßte ihr Zuckerverbrauch in der ersten Periode größer sein als in der zweiten. Dies war aber in meinen mehrfach erwähnten Versuchen 94 bis 107 durchaus nicht der Fall.

Wie ersichtlich, läßt sich also kein vollgültiger Beweis dafür erbringen, daß der Zuckerverbrauch des Herzens durch das Schilddrüseninkret *unmittelbar* beeinflußt wird, außer man wollte, um die Theorie zu retten, annehmen, daß sich das von der Schilddrüse erzeugte und im Tierkörper zirkulierende Inkret anders verhält, namentlich aber am Herzen fester verankert wird, als das von außen künstlich in den Organismus eingebrachte.

Endlich wäre noch folgender Umstand zu bemerken. Aus Abb. 1 geht die bereits von *Aszódi* hervorgehobene und auch in dieser Mitteilung besprochene Tatsache hervor, daß kleinere Herzen normaler Tiere verhältnismäßig weit mehr Zucker als größere verbrauchen, gleichzeitig aber auch, daß hiervon an den Herzen schilddrüsenloser Tiere nichts zu sehen ist; aus Abb. 3 aber, daß diese „Regulation" auch an den Herzen schilddrüsenloser Tiere in exquisiter Weise zutage tritt, wenn die betreffenden schilddrüsenlosen Tiere vorangehend mit Thyroxin behandelt wurden.

Es hat also den Anschein, daß die genannte Regulation von der Anwesenheit des Schilddrüsenhormons abhängt, ob es nun vorhanden ist, weil das Herz einem normalen Tiere entnommen ward, oder aber, weil das Hormon dem Tiere von außen eingebracht wurde.

So ansprechend diese Annahme auch klingt, ist es meines Erachtens auf Grund meiner nicht allzu zahlreichen Versuche nicht möglich, zu der aufgeworfenen Frage endgültig Stellung zu nehmen. Ein Blick auf Abb. 1 oder 3 zeigt, daß der nach Größe der Herzen geordnete Zuckerverbrauch der Herzen schilddrüsenloser Tiere weit davon entfernt ist, eine auch nur annähernde Gerade zu bilden. Im Gegenteil, sie weist stellenweise ganz außerordentlich große Schwankungen auf, so daß es nachgerade unmöglich ist, die Tendenz einer etwaigen systematischen Änderung zu erkennen.

Kurz zusammengefaßt, lauten die Schlüsse, die aus den besprochenen Versuchen gezogen werden können, wie folgt:

1. *Der Zuckerverbrauch der überlebenden Herzen solcher Katzen, denen die Schilddrüse entfernt war, ist erheblich geringer als der der Herzen normaler Tiere.*

2. *Und zwar ist der Abfall ein um so größerer, je rascher nach erfolgter Schiddrüsenexstirpation der Herzversuch ausgeführt wurde. Es scheint daher, daß für das fehlende Schilddrüsenhormon im Laufe der Zeit Ersatz geschaffen werden kann, oder die geschädigte Herzmuskelsubstanz sich wieder erholt.*

3. *Die Herzen solcher normaler Katzen, die vorangehend mit Thyroxin behandelt wurden, verbrauchen mehr Zucker als die Herzen nicht vorbehandelter Tiere.*

4. *Die Herzen schilddrüsenloser Katzen, die vorangehend mit Thyroxin behandelt wurden, verbrauchen weit mehr Zucker als die Herzen vorangehend nicht behandelter schilddrüsenloser Tiere; ja ungefähr ebensoviel oder gar mehr als die Herzen normaler Tiere.*

5. *Es läßt sich nicht entscheiden, ob das Schilddrüseninkret (Thyroxin) am Zuckerverbrauch der Herzen unmittelbar beteiligt ist, oder aber nur, indem es auf die Verfassung der zuckerverbrauchenden zelligen Elemente (Herzmuskelzellen) allgemeine Wirkungen ausübt.*

Versuchsprotokolle.

Über die Größe der Schilddrüse (*Sch*), über das Verhalten der Tiere nach erfolgter Thyreoidektomie (*Thy E*) und über die Thyroxinbehandlung gibt nachfolgende Zusammenstellung Aufschluß, wobei zu bemerken ist, daß, soweit über Gewichtsverlust (*GV*), Temperaturveränderung (*KT*), Erscheinungen von Tetanie nichts angemerkt ist, jene Erscheinungen nicht zu beobachten waren.

108. *Sch.* 0,734 g; Herzversuch 9 Tage nach *Thy E*; normale *KT*; einmal leichtes Zittern.

109. *Sch* 0,220 g; Herzversuch 5 Tage nach *Thy E*.

110. *Sch* 0,548 g. Bei der Bestimmung der *KT* stets sehr erregt. In den letzten 3 Tagen vor der Herzentnahme *KT* 40° C. Bei der Herzentnahme keine Eiterung zu finden. Herzversuch 8 Tage nach *Thy E*.

111. *Sch* 0,287 g; *GV* in 8 Tagen 360 g; 3 Tage hindurch leichtes Zittern; Herzversuch 8 Tage nach *Thy E.*

112. Gravid; *Sch* 0,206 g; 4 Tage lang leichtes Zittern; *GV* in 7 Tagen 370 g; Herzversuch 7 Tage nach *Thy E.*

113. *Sch.* 0,342 g; Herzversuch 2 Tage nach *Thy E.*

114. *Sch* 0,215 g; Herzversuche 2 Tage nach *Thy E.*

115. *Sch* 0,250 g; Herzversuche 2 Tage nach *Thy E.*

116. Gravid; *Sch* 0,230 g; *GV* in 7 Tagen 250 g; Herzversuch 7 Tage nach *Thy E.*

117. *Sch* 0,210 g; Wundeiterung an den beiden letzten Tagen vor der Herzentnahme; *KT* 39° C; *GV* 770 g in 9 Tagen; Herzversuch 9 Tage nach *Thy E.*

118. *Sch* 0,260 g; *GV* in 9 Tagen 650 g; Herzversuch 9 Tage nach *Thy E.*

119. *Sch* 0,317 g; *GV* 350 g in 5 Tagen; einmaliges kurzdauerndes Zittern; Herzversuch 5 Tage nach *Thy E.*

120. *Sch* 0,328 g; Herzversuch 3 Tage nach *Thy E*; 230 g *GV*; vor dem Herzversuch starker Tetanieanfall.

121. *Sch* 0,365 g; *GV* 380 g in 7 Tagen; Herzversuch 7 Tage nach *Thy E.*

122. *Sch* 0,153 g; *KT* 39° C; Herzversuch 3 Tage nach *Thy E.*

123. *Sch* 0,197 g; *GV* 380 g in 8 Tagen; Herzversuch 8 Tage nach *Thy E.*

124. *Sch* 0,210 g; *KT* binnen 6 Wochen von 38,5° auf 37,3° C abgefallen; nach *Thy E* auffallend indolent geworden; Herzversuch 43 Tage nach *Thy E.*

125. *Sch* 0,312 g; *KT* binnen 6 Wochen von 38,2 auf 37,5° C abgefallen; Herzversuch 39 Tage nach *Thy E.*

126. *Sch* 0,244 g; *KT* binnen 6 Wochen von 38,0 auf 37,2° C abgefallen; *GV* 450 g; unmittelbar nach *Thy E* ein Anfall von Tetanie; Herzversuch 41 Tage nach *Thy E.*

127. *Sch* 0,264 g; *KT* binnen 6 Wochen von 38,2 auf 37,6° C abgefallen; Herzversuch 46 Tage nach *Thy E.*

128. *Sch* 0,204 g; *GV* 190 g; Herzversuch 23 Tage nach *Thy E.*

129. Gravid; *Sch* 0,167 g; *KT* binnen 7 Wochen von 38,0 auf 36,4° C abgefallen; 12 Tage vor dem Herzversuch entbunden; Herzversuch 52 Tage nach *Thy E.*

130. Kastriert; *Sch* 0,820 g; *KT* binnen 7 Wochen von 38,2 auf 37,0° C abgefallen; starker Haarausfall; Herzversuch 49 Tage nach *Thy E.*

131. *Sch* 0,392 g; *GV* 140 g; Wundeiterung; *KT* 40,5°; Herzversuch 42 Tage nach *Thy E.*

132. *Sch* 0,710 g; *GV* 310 g; wegen Incontinentia alvi; *KT* nicht bestimmt; auffallend häufig in kataleptischem Zustande; Herzversuch 44 Tage nach *Thy E.*

133. *Sch* 0,482 g; *G-Zunahme* 190 g; beide Wangen myxoedematös geschwollen; Herzversuch 53 Tage nach *Thy E.*

134. *Sch* 0,369 g; *G-Zunahme* 590 g; *KT* binnen 7 Wochen von 38,0 auf 37,0° C abgefallen; beide Wangen gedunsen (?); Herzversuch 59 Tage nach *Thy E.*

135. Während 9 Tage zusammen 8,8 mg synth. Thyroxin-Natr. erhalten; *GV* 740 g.

136. Während 7 Tage zusammen 11,2 mg synth. Thyroxin-Natr. erhalten; Zittern; schrickt oft auf; nimmt an den 3 letzten Tagen kein Futter an; KT 38 bis 40° C; GV 320 g.

137. Während 9 Tage zusammen 14,4 mg synth. Thyroxin-Natr. erhalten; am sechsten Tage der Behandlung Diarrhöe; scheu; fährt oft zusammen; KT 38 bis 40° C; GV 310 g.

138. Kastriertes Männchen; während 9 Tage zusammen 14,4 mg synth. Thyroxin-Natr. erhalten; GV 740 g.

139. Während 9 Tage zusammen 14,4 mg synth. Thyroxin-Natr. erhalten; KT bis 39,4° C; liegt meistens; Befinden sichtlich schlecht; GV 760 g.

140. Während 12 Tage 13 mg natürliches Thyroxin erhalten; KT auch bis 37,5° C abfallend; GV 590 g.

141. Während 15 Tage 23 mg natürliches Thyroxin erhalten; auffallend scheu; schrickt leicht zusammen; KT bis 39,4° C; GV 640 g.

142. *Sch* 0,178 g; GV nach *Thy E* 100 g; innerhalb 8 Tage 13,6 mg natürliches Thyroxin erhalten; GV weitere 260 g; Herzversuch 10 Tage nach *Thy E.*

143. *Sch* 0,283 g; GV nach *Thy E* 160 g; innerhalb 14 Tage 24,0 mg natürliches Thyroxin erhalten; weiterer GV 350 g; Herzversuch 18 Tage nach *Thy E.*

144. *Sch* 0,337 g; GV nach *Thy E* 130 g; innerhalb 11 Tage 19,2 mg natürliches Thyroxin erhalten; weiterer GV 670 g; in den letzten Tagen Diarrhöe; Herzversuch 19 Tage nach *Thy E.*

145. *Sch* 0,230 g; innerhalb 17 Tage 33,6 mg natürliches Thyroxin erhalten; GV 680 g; Abszeßbildung an der linken hinteren Extremität, die nach Eröffnung glatt heilt; Herzversuch 22 Tage nach *Thy E.*

146. *Sch* 0,144 g; innerhalb 13 Tage 28,0 mg Thyroxin erhalten; GV 230 g; Abszeßbildung an der linken hinteren Extremität, die nach Eröffnung glatt heilt; Herzversuch 21 Tage nach *Thy E.*

147. *Sch* 247 g; innerhalb 14 Tage 28,0 mg Thyroxin. synth. erhalten; GV 375 g; KT zeitweilig bis 39°; am letzten Tage vor der Herzentnahme auffallend scheu; Herzversuch 17 Tage nach *Thy E.*

148. *Sch* 0,152 g; GV nach *Thy E* 290 g; innerhalb 7 Tage 14,0 mg Thyroxinum syntheticum erhalten; weiterer GV 470 g; verweigert Nahrungsaufnahme an den letzten 2 Tagen; Herzversuch 10 Tage nach *Thy E.*

149. *Sch* 0,326 g; GV nach *Thy E* 70 g; innerhalb 3 Tage 10,0 mg Thyroxinum syntheticum erhalten; weiterer GV 400 g; Herzversuch 4 Tage nach *Thy E.*

150. *Sch* 0,952 g; GV nach *Thy E* 50 g; innerhalb 3 Tage 9,0 mg Thyroxinum syntheticum erhalten; weiterer GV 240 g; Herzversuch 5 Tage nach *Thy E.*

151. *Sch* 0,487 g; GV nach *Thy E* 100 g; innerhalb 5 Tage 15,0 mg Thyroxinum syntheticum erhalten; weiterer GV 190 g; KT bis 39,2° C; Herzversuch 8 Tage nach *Thy E.*

152. *Sch* 0,186 g; GV nach *Thy E* 130 g; innerhalb 6 Tage 18,0 mg Thyroxinum syntheticum erhalten; weiterer GV 200 g; am sechsten Tage Diarrhöe; Herzversuch 8 Tage nach *Thy E.*

153. *Sch* 0,332 g; GV nach *Thy E* 70 g; innerhalb 11 Tage 28,0 mg Thyroxin. synth. erhalten; weiterer GV 400 g; Herzversuch 13 Tage nach *Thy E.*

Generaltabelle.

Versuch Nr.	Datum des Versuchs 1927	Geschlecht	Körpergewicht g	Herzgewicht		In den einander folgenden Perioden war					
				feucht g	trocken g	der stündliche Zuckerverbrauch mg	die Temperatur der in die Kanüle eintretenden Speiseflüssigkeit ^{0} C	die Strömungsgeschwindigkeit der Speiseflüssigkeit pro Minute ccm	die Herzfrequenz pro Minute	die sichtbare Stärke der Herzkontraktion	p_H in der Speiseflüssigkeit
				Schilddrüsenlos, kurzfristige Versuche.							
108	7. I.	♂	3920	19,7	2,361	69	37,5	200	114	gut	7,80—7,62
						77	37,1	6	100	„	
						44	37,2	1		keine	
109	22. I.	♂	3490	18,8	2,252	80	37,3	120	116	gut	7,77—7,39
						106	38,2	33	120	„	
						91	38,3	16		schwach	
110	27. I.	♂	3560	17,9	1,954	90	37,4	120	118	gut	7,79—7,61
						133	38,0	22	98	„	7,69—7,43
						124	37,9	9	50	spärlich	7,69—7,56
111	29. I.	♀	2720	13,0	1,375	59	37,9	120	100	gut	7,74—7,56
						73	37,7	24	74	„	7,74—7,51
						89	37,1	5	42	„	7,74—7,69
112	3. II.	♀	3450	17,4	1,940	66	38,7	120	130	„	7,78—7,28
						100	39,5	18	136	„	7,78—7,53
						100	38,8	8	108	„	7,78—7,64
113	5. II.	♀	2670	14,1	1,606	44	39,1	13	128	„	7,79—7,71
						41	38,6	12		keine	7,79—7,76
						55	37,5	3		„	7,79—7,76

Generaltabelle (Fortsetzung).

Versuch	Datum des Herzversuchs	Geschlecht	Körpergewicht	Herzgewicht		In den einander folgenden Perioden war					
				feucht	trocken	der stündliche Zuckerverbrauch	die Temperatur der in die Kanüle eintretenden Speiseflüssigkeit	die Strömungsgeschwindigkeit der Speiseflüssigkeit pro Minute	die Herzfrequenz pro Minute	die sichtbare Stärke der Herzkontraktion	p_H in der Speiseflüssigkeit
Nr.	1927		g	g	g	mg	^{0}C	ccm			
114	10. II.	♀	2700	13,8	1,616	63	37,7	75	140	gut	7,81—7,56
						105	38,4	12	112	„	7,81—7,63
						48	37,0	9	80	„	7,81—7,48
115	12. II.	♀	2920	14,0	1,700	59	38,3	10	114	„	7,76—7,59
						62	37,5	5	90	„	7,76—7,63
						54	36,6	3		spärlich	7,76—7,51
116	19. II.	♀	2370	10,4	1,151	23	37,8	50	112	Gut	7,76—7,66
						27	37,7	19	58	„	7,76—7,71
						24	38,0	10	44	schwach	7,76—7,71
117	26. II.	♂	2950	14,6	1,720	55	37,5	60	118	gut	7,76—7,56
						90	37,6	32	112	„	7,76—7,63
						62	37,8	10	84	„	7,76—7,69
118	3. III.	♂	2930	13,9	1,627	54	37,3	85	114	„	7,75—7,47
						64	37,3	35	118	„	7,75—7,47
						84	37,4	12	98	„	7,75—7,52
119	5. III.	♂	2500	16,2	1,707	85	37,5	120	154	„	7,76—7,44
						98	37,7	19	120	„	7,76—7,66
						76	37,1	7	60	schwach	7,76—7,73

Generaltabelle (Fortsetzung).

Versuch Nr.	Datum des Herzversuchs	Geschlecht	Körpergewicht g	Herzgewicht		In den einander folgenden Perioden war					
				feucht g	trocken g	der stündliche Zuckerverbrauch mg	die Temperatur der in die Kanüle eintretenden Speiseflüssigkeit °C	die Strömungsgeschwindigkeit der Speiseflüssigkeit pro Minute ccm	die Herzfrequenz pro Minute	die sichtbare Stärke der Herzkontraktion	p_H in der Speiseflüssigkeit
120	1927 10. III.	♂	3150	17,7	2,481	123	37,3	40	136	gut	7,77—7,35
						148	37,3	26	86	„	7,77—7,44
						72	37,8	16	64	schwach	7,77—7,52
121	12. III.	♂	2970	14,3	1,819	66	38,4	18	123	gut	7,81—7,56
						102	38,8	14	121	„	7,81—7,56
						84	38,1	5	78	„	7,81—7,64
122	17. III.	♀	2800	6,7	0,750	25	37,6	46	70	„	7,70—7,75
						41	35,2	18	33	„	7,70—7,72
						44	35,4	10	24	„	7,70—7,75
123	31. III.	♀	1790	8,8	1,075	35	38,0	8	80	„	7,78—7,76
						35	36,2	3	33	„	7,78—7,85
						5	36,8	3	30	schwach	7,78—7,71

Schilddrüsenlos, langfristige Versuche.

Versuch Nr.	Datum des Herzversuchs	Geschlecht	Körpergewicht g	Herzgewicht		In den einander folgenden Perioden war					
				feucht g	trocken g	der stündliche Zuckerverbrauch mg	die Temperatur der in die Kanüle eintretenden Speiseflüssigkeit °C	die Strömungsgeschwindigkeit der Speiseflüssigkeit pro Minute ccm	die Herzfrequenz pro Minute	die sichtbare Stärke der Herzkontraktion	p_H in der Speiseflüssigkeit
124	1926 21. XII.	♀	2630	10,8	1,212	48	37,1	4	114	gut	7,81—7,79
						50	37,5	4	76	„	
						46	37,3	3	100	„	
125	28. XII.	♀	2590	10,2	1,152	79	37,7	9	158	„	7,93—7,54
						56	36,4	4	130	schwach	
						74	34,6	3	88	„	

Generaltabelle (Fortsetzung).

Versuch Nr.	Datum des Herzversuchs 1927	Geschlecht	Körpergewicht g	Herzgewicht		In den einander folgenden Perioden war					
				feucht g	trocken g	der stündliche Zuckerverbrauch mg	die Temperatur der in die Kanüle eintretenden Speiseflüssigkeit ^{0}C	die Strömungsgeschwindigkeit der Speiseflüssigkeit pro Minute ccm	die Herzfrequenz pro Minute	die sichtbare Stärke der Herzkontraktion	p_H in der Speiseflüssigkeit
126	4. I.	♀	2100	11,9	1,083	78	37,8	20	130	gut	7,77—7,60
						99	37,7	7	112	„	
						91	37,4	7	78	schwach	
127	11. I.	♀	3020	11,8	1,243	88	37,8	43	145	gut	7,82—7,55
						66	37,3	9	131	schwach	
						103	36,0	4	40	„	
128	17. II.	♀	2760	11,1	1,278	60	38,2	15	100	gut	7,81—7,69
						71	37,8	8	50	„	7,81—7,66
						57	37,5	4	38	„	7,81—7,69
129	12. IV.	♀	2290	11,8	1,542	57	38,6	43	142	„	7,79—7,64
						80	38,3	9	120	schwach	7,79—7,64
						90	36,0	3		keine	7,79—7,64
130	5. V.	♂	5080	17,9	1,246	88	38,4	85	120	gut	7,83—7,68
						126	38,5	15	115	„	7,83—7,76
						87	37,6	5	58	„	7,83—7,81
131	17. V.	♂	2800	11,1	1,325	78	38,6	75	150	„	7,81—7,63
						113	38,4	64	102	„	7,81—7,63
						74	38,4	50	140	„	7,81—7,63
132	23. VII.	♂	3080	11,1	1,431	71	39,0	24	129	„	7,77—7,52
						65	37,8	6	82	„	7,77—7,57
						39	38,4	3	50	„	7,77—7,67

Generaltabelle (Fortsetzung).

Versuch Nr.	Datum des Herzversuchs 1927	Geschlecht	Körpergewicht g	Herzgewicht		der stündliche Zuckerverbrauch mg	die Temperatur der in die Kanüle eintretenden Speiseflüssigkeit °C	die Strömungsgeschwindigkeit der Speiseflüssigkeit pro Minute ccm	die Herzfrequenz pro Minute	die sichtbare Stärke der Herzkontraktion	p_H in der Speiseflüssigkeit
				feucht g	trocken g						
133	13. XII.	♂	4830	16,9	2,038	23	37,3	15	132	schwach	
						29	37,3	12		spärlich	
						6	36,7	4		„	
134	21. XII.	♂	4170	17,9	1,746	79	37,0	75	140	gut	7,74—7,52
						57	37,3	35	140	„	
						39	37,1	14	90	„	
					Normal, mit Thyroxin vorbehandelt.						
135	19. IV.	♂	3910	20,2	2,659	161	38,8	19	180	„	7,80—7,53
						53	35,4	1		keine	7,80—7,65
						19	34,2	1		„	7,80—7,73
136	26. IV.	♀	2230	13,5	1,836	144	38,4	60	200	gut	7,78—7,66
						130	36,3	1		keine	7,78—7,83
						86	37,5	2		„	7,78—7,68
137	7. V.	♂	2210	12,2	1,578	126	38,6	15	168	gut	7,83—7,68
						77	37,3	2		keine	7,83—7,66
						28	37,3	1		„	7,83—7,78
138	20. V.	♂	3770	20,0	2,505	120	38,6	120	142	gut	7,77—7,66
						67	39,0	2	160	schwach	7,74—7,73
						92	36,9	3		keine	7,74—7,76

14*

Generaltabelle (Fortsetzung).

Ver-such Nr.	Datum des Herz-versuchs 1927	Geschlecht	Körper-gewicht g	Herzgewicht		In den einander folgenden Perioden war					
				feucht g	trocken g	der stündliche Zucker-verbrauch mg	die Tempe-ratur der in die Kanüle eintretenden Speise-flüssigkeit ^{0}C	die Strömungs-geschwindigkeit der Speise-flüssigkeit pro Minute ccm	die Herzfrequenz pro Minute	die sichtbare Stärke der Herz-kontraktion	p_H in der Speise-flüssigkeit
139	24. V.	♀	2460	14,8	2,065	148	38,5	12	134	gut	7,86—7,43
						89	38,2	5	100	schwach	7,86—7,66
140	14. VI.	♀	2600	14,3	2,106	146	38,5	85	162	gut	7,79—7,47
						166	38,2	60	140	„	7,79—7,47
						128	38,7	16	126	„	7,79—7,47
141	2. VII.	♂	2240	14,0	1,882	134	38,8	40	160	„	7,82—7,44
						114	38,7	20	100	schwach	
						76	37,8	6		keine	

Schilddrüsenlos, mit Thyroxin vorbehandelt.

Ver-such Nr.	Datum des Herz-versuchs 1927	Geschlecht	Körper-gewicht g	feucht g	trocken g	der stündliche Zucker-verbrauch mg	die Tempe-ratur ^{0}C	die Strömungs-geschwindigkeit ccm	die Herzfrequenz pro Minute	die sichtbare Stärke der Herz-kontraktion	p_H in der Speise-flüssigkeit
142	30. VII.	♀	1780	8,1	1,174	145	39,0	46	155	gut	7,77—7,59
						114	38,8	7	46	„	7,77—7,72
						80	38,3	4	80	schwach	7,77—7,79
143	11. X.	♂	2090	10,2	1,373	128	38,9	66	140	gut	7,84—7,48
						60	39,1	37	124	„	7,84—7,41
						50	38,0	4	140	schwach	7,84—7,86
144	15. X.	♂	3630	19,0	2,344	119	38,7	75	140	gut	
						113	38,6	22	124	„	
						73	38,6	12	140	schwach	
145	5. XI.	♂	2270	11,0	1,385	114	39,1	55	160	gut	7,86—7,68
						69	38,6	15	117	„	
						68	39,3	4	34	„	

Generaltabelle (Fortsetzung).

Versuch Nr.	Datum des Herzversuchs	Geschlecht	Körpergewicht g	Herzgewicht		In den einander folgenden Perioden war					
				feucht g	trocken g	der stündliche Zuckerverbrauch mg	die Temperatur der in die Kanüle eintretenden Speiseflüssigkeit °C	die Strömungsgeschwindigkeit der Speiseflüssigkeit pro Minute ccm	die Herzfrequenz pro Minute	die sichtbare Stärke der Herzkontraktion	p_H in der Speiseflüssigkeit
146	1927 29. XI.	♂	2390	15,4	2,165	170	37,3	55	104	gut	7,83—7,51
						153	37,5	15	146	„	
						134	37,1	5	62	„	
147	17. XII.	♀	2945	17,7	2,373	95	36,8	18	140	„	7,71—7,65
148	1928 20. I.	♀	2470	11,9	1,566	125	37,2	86	134	„	7,70—7,67
						110	37,2	40	136	„	
						123	37,2	24	134	„	
149	28. I.	♂	3390	16,9	2,036	102	38,0	50	130	„	7,76—7,29
						130	38,3	24	130	„	7,76—7,38
								24	100	„	7,76—7,41
150	11. II.	♂	3400	14,9	2,003	123	38,3	60	126	„	7,71—7,26
						85	38,2	42	120	„	7,71—7,56
						103	38,0	75	72	„	
151	14. II.	♀	2680	11,9	1,703	112	38,0	75	148	„	7,78—7,61
						138	38,3	20	144	„	7,78—7,56
						136	38,3	17		spärlich	7,78—7,61
152	18. II.	♂	3050	13,7	1,832	138	38,2	75	134	schwach	7,81—7,66
						139	38,4	40	144	„	
						124	38,3	33		keine	
153	23. II.	♀	2320	14,6	2,062	116	37,5	150	154	gut	7,81— 7,36
						149	37,7	100	138	„	7,81—7,41
						157	37,6	85	160	„	7,81—7,56

Sonderdruck
aus „Biochemische Zeitschrift", Bd. 208.
Julius Springer, Berlin.

Berichtigung

zu meiner Mitteilung „Über den Schwefelgehalt des Hämoglobins im Blute rassenreiner Hunde und einiger seltener untersuchten Tierarten" (diese Zeitschr. 202, 65, 1928).

Von

Elisabeth Timár.

(Aus dem Physiologisch-chemischen Institut der königl. ungar. Universität Budapest.)

(Eingegangen am 13. April 1929.)

Auf S. 377 und 378 habe ich unter der Überschrift „4. Cystin im Hämoglobinmolekül" eine Berechnung aufgestellt, aus der hervorgehen sollte, daß aller Schwefel im Hämoglobin daselbst in Form von Cystin (Cystein) enthalten sein müsse. Von berufener Seite wurde ich aufmerksam gemacht, daß diese meine Berechnung auf einer falschen Grundlage beruht, daher die aus ihr gezogenen Schlüsse (die auch in der Zusammenfassung der Versuchsergebnisse wiederholt sind) irrig sind. Unberührt bleiben hierdurch sämtliche mitgeteilten Versuchsdaten, sowie, mit Ausnahme der obigen, auch die aus ihnen gezogenen Schlüsse.

Sonderdruck
aus „*Biochemische Zeitschrift*", *Bd. 212.*
Julius Springer. Berlin.

Über den Schwefelgehalt verschiedener Serumglobuline.

Von

Zoltán Aszódi.

(Aus dem physiologisch-chemischen Institut der königl. ungar. Universität Budapest.)

(Eingegangen am 21. Juni 1929.)

Die vereinzelten Befunde über artspezifische Eigenschaften des bis dahin als einheitlich angesehenen Warmblüterhämoglobins gaben Veranlassung zu den in diesem Institut ausgeführten Untersuchungen von *Valer*[1], *Kaiser*[2] und *Timár*[3], aus denen hervorging, daß in dem durch wiederholte Umkristallisation hinlänglich rein dargestellten Hämoglobin verschiedener Säugetiere der Eisengehalt zwar, konform der bisherigen Annahme, ein konstanter, der Schwefelgehalt hingegen ein teilweise recht verschiedener ist; in dem z. B. nach den von *Kaiser* und von *Timár* bestätigten Befunden von *Valer* im Katzenbluthämoglobin 0,97, im Rinderbluthämoglobin aber 0,57 % Schwefel enthalten sind, woraus sich das Verhältnis $Fe : S_5$ bzw. $Fe : S_3$ berechnen ließ. Die *Kaiser*schen Bestimmungen wurden an der Globinkomponente des Hämcglobins ausgeführt.

Daß auch Verschiedenheiten in den Plasmaeiweißkörpern verschiedener Warmblüter bestehen müssen, ging bereits aus der altbekannten Wirkung parenteral eingeführten artfremden Serums hervor; daß es aber auch Unterschiede zwischen den arteigenen Bluteiweißkörpern geben muß, zeigen die überraschenden Ergebnisse der Blutgruppenforschung am Menschen. Nun war es auf Grund der oben erörterten Befunde denkbar, daß zwischen den Plasmaeiweißkörpern bestehende Unterschiede, die chemisch sonst kaum faßbar sind, auf Grund eines eventuell verschiedenem Schwefelgehaltes faßbar sein werden. In diesem Sinne habe ich Untersuchungen am Blute ver-

[1] *J. Valer*, diese Zeitschr. **190**, 444, 1927.
[2] *E. Kaiser*, ebendaselbst **192**, 58, 1928.
[3] *E. Timár*, ebendaselbst **202**, 365, 1928.

schiedener Säugetiere ausgeführt. Bezüglich der Serumeiweißkörper hatte ich eigentlich die Wahl zwischen Serumglobin und Serumalbumin gehabt, doch mußte ich mich ausschließlich an ersteres halten, da sich bei der Darstellung des Albumins die Verwendung von Sulfaten kaum vermeiden läßt. Dies war aber durchaus untunlich, denn es wäre ein prinzipieller Fehler gewesen, mich bei der Bestimmung der in Frage kommenden verhältnismäßig recht geringen Schwefelmengen über die allerdings sehr geringen Schwefelmengen hinwegzusetzen, die im gefällten und gewaschenen Eiweißniederschlag zurückgeblieben sein konnten, wenn auch sicherlich nicht mußten.

Nun hatten aber sowohl die *Valer*schen wie auch die *Timár*schen Untersuchungen außer den oben erwähnten noch das merkwürdige Ergebnis geliefert, daß es wohl einen für das Hundehämoglobin charakteristischen, mit dem an anderen Warmblüterhämoglobinen gefundenen identischen Eisengehalt, jedoch keinen für Hundebluthämoglobin charakteristischen Schwefelgehalt gibt. Denn an Hunden kommen, wie sich feststellen ließ, nicht weniger als vier verschiedene Schwefelwerte vor, darunter drei solche, aus denen sich *kein* einfaches Verhältnis zwischen Eisen und Schwefelgehalt berechnen läßt. Letzteres konnte nicht anders, wie durch die Annahme erklärt werden, daß im Blute solcher Hunde mindestens zwei Hämoglobine vom selben Eisen-, jedoch verschiedenem Schwefelgehalt kreisen. Ich mußte per analogiam auf die Möglichkeit gefaßt sein, daß 1. das Serumglobulin verschiedener Warmblüter oder 2. auch das Serumglobulin verschiedener Individuen derselben Warmblüterart einen verschiedenen Schwefelgehalt aufweist, und 3. daß auch im Blute *eines* Individuums Globuline mit verschiedenem Schwefelgehalte kreisen.

A. Methodik der Versuche.

Darstellung des Globulins. Ich habe bereits darauf verwiesen, daß die Fällung mit schwefelsauren Salzen vermieden werden müßte; daher für mich außer der für die Darstellung größerer Mengen zunächst noch schwer praktikablen Elektrodialyse nur das zuerst von *Scherer* empfohlene und dann von *A. Schmidt*[1] eingeführte Verfahren in Betracht kommen konnte, darin bestehend, daß man das Serum mit verdünnter Essigsäure schwach ansäuert und dann mit destilliertem Wasser stark verdünnt.

Zur Untersuchung kam das Blut verschiedenster Säugetiere, so in vereinzelten Fällen auch das vom Esel, Rehbock, Hirsch, Widder, Wildschwein, Huhn und der Gans. In größerer Zahl wurde jedoch nur das Menschen-, Schweine-, Rinder-, Pferde-, und Hundeblut untersucht, daher in nachfolgenden Erörterungen nur von letzteren die Rede sein wird. Ich habe das unmittelbar nach der Entnahme defibrinierte Blut durch feine Gaze koliert, zentrifugiert, das abgehobene Serum mit 1%iger

---

[1] *A. Schmidt*, Pflügers Arch. **6**, 413, 1872.

Essigsäure bis zur schwachsauren Reaktion unter Verwendung von
Lackmuspapier als Indikator versetzt und mit destilliertem Wasser auf
das 15fache verdünnt, worauf alsbald die Fällung in Gang kam. War
dies binnen einer Viertelstunde nicht der Fall, so fügte ich zum bereits
verdünnten Serum vorsichtig weitere Essigsäure hinzu, bis Fällung eintrat.
Der anfangs feinflächige Niederschlag wurde zusehends grobkörniger,
begann zu Boden zu sinken und nachdem das Serum über Nacht an einem
kühlen Orte gestanden hatte, war die Sedimentierung so weit vorgeschritten,
daß die klare Flüssigkeit abgegossen werden konnte. Der am Boden ver-
bliebene Niederschlag wurde mit destilliertem Wasser herausgespült und
zentrifugiert. Nach wiederholtem Zentrifugieren, wobei jedesmal das
klare Wasser abgegossen und erneuert wurde, habe ich das im Wasser
grobklumpig verteilte Globulin unter Verreiben mit einem Glasstabe durch
Zusatz der gerade nötigen Menge n/10 NaOH in Lösung gebracht und hierbei
eine wohl sehr stark opalisierende Flüssigkeit erhalten, die jedoch keine
mit bloßem Auge sichtbaren festen Teilchen mehr enthielt. Aus dieser
Lösung konnte das Globulin durch Ansäuern, wie oben, in Form eines
Niederschlags genommen werden, der nach dem Abgießen der darüber
befindlichen klaren Flüssigkeit wie oben in eine Porzellanschale überführt
und bei etwa 35° C getrocknet wurde. Nach 1 bis 2 Tagen bildete sich eine
dem Boden der Schale nur lose anhaftende, hornartige, leicht zerbrechliche
Schicht, die pulverisiert, im Glycerinthermostaten bei 105 bis 107° C bis
zur Gewichtskonstanz belassen und dann der Analyse zugeführt wurde.

In der Tabelle I sind die Globulinausbeuten meiner zahlreichen
Versuche zusammengestellt, wobei aber für jede einzelne Tierart bloß
der Durchschnitt aller an der betreffenden Tierart erhaltenen Daten
angegeben ist. Da der Globulingehalt z. B. des menschlichen Blut-
plasmas gewöhnlich zu etwa 2,8 % angegeben wird, sind die von mir
erhaltenen Werte als sehr gering zu bezeichnen. Daß das Globulin
durch die in Frage stehende Methode bloß zu einem geringen Anteil aus
dem Serum gefällt wird, war bereits *Hammarsten*[1] bekannt, der nachgewiesen hat, daß im Filtrat nach der Globulinfällung noch beträchtliche
Mengen gelöst bleiben. Daß aber die von *A. Schmidt* gewonnenen
Minimalwerte nicht nur der Größenordnung nach mit den meinigen
recht gut übereinstimmen, geht aus dem letzten Stabe der Tabelle I
hervor.

Tabelle I.

Tierart	Aus 100 ccm Serum erhalten Globulin in g	
	bei mir	bei *A. Schmidt*
Mensch	0,51	—
Schwein . . .	0,51	—
Rind	0,60	0,72—0,80
Pferd	0,33	0,31—0,56
Hund	0,56	—

[1] *O. Hammarsten*, Pflügers Arch. **17**, 413, 1878.

Bestimmung des Schwefels. Der Schwefel wurde nach dem *ter Meulen*schen[1] Verfahren bestimmt, das sich bereits in den Arbeiten von *Valer*, *Kaiser* und *Timár* als vorzüglich verwendbar erwiesen hatte. Den eigentlichen Versuchen gingen, um die Apparatur zu erproben, Schwefelbestimmungen an wiederholt umkristallisiertem Cystin (1 ccm einer etwa ½%igen Lösung von Cystin in Schiffchen eingetrocknet) voraus, die die in Tabelle II zusammengestellten, recht zufriedenstellenden Ergebnisse lieferten, indem die Abweichung des gefundenen Wertes vom berechneten im Mittelwert von 25 Versuchen nicht mehr als etwa 1% betrug, trotzdem acht stärker aus der Reihe der übrigen springende Werte mit in Berechnung gezogen sind. Bemerkt sei noch, daß die

Tabelle II.

Datum 1928	Cystin analysiert mg	Schwefel gefunden		
		mg	%	mehr (+) oder weniger (−) als berechnet %
6. bis 9. VII.	5,000	1,326	26,5	− 0,7
	5,488	1,555	28,3	+ 6,0
	5,488	1,536	27,9	+ 4,4
	5,000	1,266	25,3	− 5,2
	5,488	1,434	26,1	− 2,2
	5,488	1,437	26,2	− 1,8
12. „ 13. VII.	5,488	1,470	26,8	− 0,3
	5,000	1,350	27,0	+ 1,1
25. „ 27. VII.	5,020	1,362	27,1	+ 1,5
	5,020	1,267	25,3	− 5,2
	5,020	1,318	25,9	− 3,0
	5,020	1,282	25,5	− 4,4
23. „ 24. VIII.	5,020	1,367	27,2	− 1,8
	5,020	1,310	26,1	− 2,2
	5,020	1,327	26,4	− 1,1
24. „ 27. X.	5,230	1,376	26,3	− 1,4
	5,230	1,392	26,6	− 0,4
	5,230	1,366	26,1	− 2,2
	5,230	1,376	26,3	− 1,4
14. „ 15. X.	5,230	1,379	26,4	− 1,1
	5,230	1,354	25,9	− 3,0
	5,230	1,389	26,6	− 0,4
1929 4. bis 6. I.	5,230	1,411	27,0	+ 1,1
	5,230	1,456	27,8	+ 4,1
	5,230	1,315	25,3	− 5,2
	5,230	1,363	26,1	− 2,2
			Mittelwert:	− 1,1

[1] *H. ter Meulen*, Rec. des trav. chim. des Pays-Bas, 4. Serie, **3**, Nr. 2, 1922.

Bestimmungen, die unmittelbar nach Neuplatinierung des als Katalysator verwendeten Asbestes ausgeführt wurden, in der Regel viel zu hohe Werte lieferten, die nächstfolgenden aber solche, die den richtigen immer näher und näher kamen. Offenbar handelte es sich da um Spuren von Cl, die aus dem zur Platinierung verwendeten Platinchlorid herrührten und erst durch das wiederholte Glühen entfernt wurden. Diese Fehlbestimmungen sind in die Tabelle nicht aufgenommen. Vom Globulin mußten bei seinem weit geringeren Schwefelgehalt größere Mengen, meistens über 0,1 g genommen werden, daher ist es begreiflich, daß an dieser im Vergleich zum Cystin weit schwerer zersetzlichen Substanz die Parallelbestimmungen zuweilen weniger befriedigend übereinstimmten.

B. Mögliche Einwände gegen die Beweiskraft der Bestimmungen.

Es fragt sich, ob gegen die Richtigkeit meiner weiter unten unter C. besprochenen Befunde nicht etwa Bedenken wie die folgenden geäußert werden könnten.

1. Nach der Ansicht vieler Autoren erhält man aus dem nach den entsprechenden Vorschriften behandelten Blutserum nicht „Globulin" schlechthin, sondern ein Gemisch von Globulinen, also kein einheitliches Untersuchungsmaterial.

2. Es kann fraglich sein, ob, um reine Präparate zu erhalten, einmaliges Umfällen aus der alkalischen Lösung mittels Essigsäure genügt; denn ist dies nicht der Fall, so ließen sich Unterschiede im Schwefelgehalt auch durch verschieden starke Verunreinigung der Präparate erklären.

3. Da ferner das „schwache" Ansäuern naturgemäß nur so von ungefähr geschieht und auch die Menge der Lauge unsicher ist, die beim Lösen der Globuline behufs ihrer Umfällung nötig ist, kann es a priori nicht ausgeschlossen werden, daß Verschiedenheiten im Schwefelgehalt der Globuline davon herrühren, daß einmal etwas mehr, ein anderes Mal weniger Essigsäure bzw. Lauge verwendet war und demzufolge Globulinfraktionen mit verschiedenem Schwefelgehalt zu wechselnden Anteilen zur Fällung gelangen.

Ohne das unter 1. erwähnte Bedenken entkräften zu können, sei hier auf den Befund von *Frederiqu*[1] verwiesen, wonach ein wiederholt umgefälltes Präparat nur mehr aus reinem Paraglobulin besteht, ferner auf den von *Huiskamp*[2], wonach in der Zusammensetzung der durch Kochsalz und durch Essigsäure gefällten Globuline kein Unterschied

---

[1] *L. Frederiqu*, Arch. de Biol. **1**, 17.
[2] *W. Huiskamp*, Zeitschr. f. physiol. Chem. **46**, 394, 1905.

besteht, und auch *Woodmann*[1] meint, daß die Zusammensetzung der Globuline unabhängig ist von der Art ihrer Darstellung.

Um das unter 2. erwähnte Bedenken zu entkräften, habe ich zu wiederholten Malen etwa 700 ccm Serum in drei Portionen a, b und c geteilt und das aus ihnen gewonnene Globulin einmal (a) bzw. zweimal (b) bzw. dreimal (c) umgefällt. Wie aus der Tabelle III ersichtlich, wird zwar die Ausbeute nach der dritten Umfällung erheblich verschlechtert, der Schwefelgehalt des umgefällten Globulins bleibt aber praktisch unverändert.

Tabelle III.

| | Schwefelgehalt im Globulin | | |
Nr. und Tierart	einmal umgefällt $^0/_0$	zweimal umgefällt $^0/_0$	dreimal umgefällt $^0/_0$
26 Pferd	1,03	1,03	1,04
19 Rind	1,28	1,26	1,29

Um endlich dem Einwand 3. zu begegnen, bin ich folgendermaßen vorgegangen. Teilt man das Serum, aus dem das Globulin dargestellt werden soll, in zwei Teile, so wird man, wie oben bereits angedeutet, zum „schwachen" Ansäuern der beiden Portionen nicht gleiche, sondern, wie aus Tabelle IV ersichtlich, recht verschiedene Mengen Essigsäure verbrauchen, und genau dasselbe ist auch bezüglich der bei Umfällen verwendeten Lauge der Fall. Ist aber die Menge der verwendeten Essigsäure und Lauge von *keinem* Einfluß auf den Schwefel-

Tabelle IV.

| | | I. Portion | | | | II. Portion | | | | Im Globulin der Portion II mehr (+) oder weniger (—) Schwefel enthalten |
| Nr. und Tierart | Serum | zur Fällung Essigsäure | zur Umfällung Essigsäure | zur Umfällung Lauge | im Globulin Schwefel | zur Fällung Essigsäure | zur Umfällung Essigsäure | zur Umfällung Lauge | im Globulin Schwefel | |
	ccm	ccm	ccm	ccm	$^0/_0$	ccm	ccm	ccm	$^0/_0$	$^0/_0$
9 Mensch	55— 55	4	4	3,4	1,39	5	4,5	5,4	1,38	— 0,7
21 Pferd	250—250	10,5	5	2	1,04	13,5	6	2	1,06	+ 1,9
22 „	190—190	13	4	3,6	1,08	17,5	6	4,7	1,07	— 0,9
45 Hund	95— 95	8	3,4	2,7	1,28	10	4,5	4,9	1,30	+ 1,6
46 „	55— 55	3	5,3	3,1	1,39	6	7,3	4,2	1,35	— 2,9
42 Hund	130—130	10	8	4	1,28	10	8	4	1,28	± 0
43 „	170—170	12	7	4,5	1,36	12	7	4,5	1,38	+ 1,5
18 Rind	180—180	16	7	6	1,31	16	7	6	1,31	+ 1,5

[1] *H. E. Woodmann*, Biochem.. Journ. **15**, 187, 1921.

gehalt des Fällungsproduktes, so darf dieser an den beiden Portionen nicht verschieden hoch ausfallen. Wie aus der Tabelle IV ersichtlich, war dies mit Ausnahme des Versuches 46, in dem der Unterschied die zulässige Fehlergrenze erheblich überstieg, der Schwefelgehalt der beiden Portionen ebensowenig verschieden, wie in den in der Tabelle IV zu unterst angeführten Versuchen, in denen ich bei der Behandlung der zweiten Portion absichtlich genau soviel Essigsäure bzw. Natronlauge verwendete, als sich an der ersten Portion als nötig erwiesen hatte.

C. Besprechung der Versuchsergebnisse.

Die Einzeldaten aller von mir angeführten Versuchsreihen sind in der Generaltabelle am Ende des Textes enthalten, ihre Ergebnisse aber in der Tabelle V nach Tierart und aufsteigender Größe der erhaltenen Werte geordnet.

Tabelle V.

Mensch		Schwein		Rind		Pferd		Hund	
Nr. des Versuchs	Schwefelgehalt %	Nr. des Versuchs	Schwefelgehalt %	Nr. des Versuchs	Schwefelgehalt %	Nr. des Versuchs	Schwefelgehalt %	Nr. des Versuchs	Schwefelgehalt %
1*	1,06	10	0,97	17	1,17	26*	1,03	28	1,17
6	1,08	11	1,03	16	1,19	21*	1,05	39	1,20
3	1,11	13	1,07	19*	1,28	22*	1,07	37	1,21
2	1,16	12	1,13	18*	1,33	25	1,08	42*	1,28
5	1,19	14	1,19			24	1,09	32	1,29
7	1,22	15	1,32			23	1,17	45*	1,29
4	1,31					20	1,27	41	1,30
8	1,35							35	1,31
9*	1,38							27	1,32
								31	1,32
								30	1,33
								33	1,35
								29	1,36
								43*	1,37
								46*	1,37
								34	1,38
								36	1,38
								44	1,40
								40	1,57
								38	1,60

Die mit einem * bezeichneten Werte stellen den Durchschnitt von Analysenwerten dar, die an mehreren aus demselben Serum bereiteten Präparaten erhalten wurden.

Aus Tabelle V läßt sich folgern, daß

1. *der Schwefelgehalt des Globulins innerhalb verschiedener Individuen derselben Tierart sehr stark variiert,* und daß die Grenzen dieser Variation beim Hunde am weitesten sind, vielleicht aber nur, weil weit mehr Hunde als andere Tierarten zur Untersuchung kamen;

2. *Werte über 1,30 kommen an den übrigen Tieren nur vereinzelt, am Hunde aber in der Mehrzahl aller Fälle zur Beobachtung*, was kein Zufall sein dürfte.

Daß es verschiedene Globuline im Blutserum einer Tierart gibt, hat bereits *Hammarsten*[1] (allerdings aus C-, H- und N-Bestimmungen) an mittels der Essigsäuremethode dargestelltem Serumglobulin aus dem Blutserum von sechs Pferden gefolgert, indem die maximalen Unterschiede 1,9% bzw. 3,6% bzw. 4,0% betrugen. „Solche Differenzen habe ich bei meinen Analysen von den übrigen hierher gehörenden Stoffen noch nie erhalten, und ich kann sie also nicht als analytische Fehler bezeichnen ... Es bleibt mir also nur die Erklärung übrig, daß das Globulin des Pferdeblutserums nicht unter allen Umständen die gleiche Zusammensetzung besitzt. Eine solche Erklärung setzt doch ihrerseits fast mit Notwendigkeit die Annahme von zwei oder mehreren Globulinen in dem Pferdeblutserum voraus ..."

Erst recht folgt dies aus meinen Versuchen, in denen der maximale Unterschied im Schwefelgehalt des Pferdeserumglobulins gegen 25, des Hundeserumglobulins aber gegen 40% betrug.

Bemerkt sei noch, daß der Schwefelgehalt des Globulins weder mit dem Geschlecht, noch aber, wie aus Tabelle VI hervorgeht, mit der Rassenreinheit der Hunde irgend einen Zusammenhang erkennen ließ.

Tabelle VI.

Nr. des Versuchs	Rasse	Schwefel-gehalt %	Nr. des Versuchs	Rasse	Schwefel-gehalt %
39	Wolfshund	1,20	28	Bastard	1,17
42	„	1,28	37	„	1,21
32	Deutscher Schäferhund	1,29	35	„	1,31
			27	„	1,32
45	Wolfshund	1,29	31	„	1,32
41	Vorstehhund	1,30	30	„	1,33
33	Deutscher Schäferhund	1,35	29	„	1,36
			34	„	1,38
46	Kuvasz *	1,37	36	„	1,38
43	Wolfshund	1,37	44	„	1,40
40	Kuvasz *	1,57	38	„	1,60
	Mittelwert:	**1,34**		Mittelwert:	**1,34**

* Spezifisch ungarische Hunderasse.

An einen Zusammenhang mit der Rasse der Hunde mußte aus dem Grunde gedacht werden, weil *Timár* mit Ausnahme eines einzigen an allen von ihr untersuchten rassenreinen Hunden, aus denen Blut nur bei besonders günstiger Gelegenheit zu erhalten war, denselben Schwefel-

---

[1] *O. Hammarsten*, Pflügers Arch. **22**, 431, 1880.

Generaltabelle.

Nr., Tierart, Geschlecht	Schwefelgehalt $^{0}/_{0}$	Bemer-kungen	Nr., Tierart, Geschlecht	Schwefelgehalt $^{0}/_{0}$	Bemer-kungen
1. Mensch, ♂	1,07	Juli 1928	7. Mensch, ♂	1,22	
	1,05			1,23	
	1,10			1,21	
	Mittel: **1,07**			Mittel: **1,22**	
	1,05	Jan. 1929	8. Mensch, ♂	1,37	
	1,04			1,33	
	1,07			Mittel: **1,35**	
	1,05				
	1,08		9. Mensch, ♀	1,40	1. Portion
	Mittel: **1,06**			1,39	
2. Mensch, ♀	1,20			Mittel: **1,39**	
	1,14			1,36	2. Portion
	1,15			1,41	
	Mittel: **1,16**			Mittel: **1,38**	
3. Mensch	1,09		10. Schwein, ♂	0,97	
	1,13			0,98	
	1,13			0,97	
	1,09			(1,08)	
	Mittel: **1,11**			0,96	
				Mittel: **0,97**	
4. Mensch, ♂	1,29				
	1,33		11. Schwein, ♀	1,03	
	Mittel: **1,31**			1,03	
				(1,13)	
5. Mensch, ♂	1,15			1,00	
	1,21			1,05	
	1,20			Mittel: **1,03**	
	1,19				
	Mittel: **1,19**		12. Schwein	1,12	
				1,12	
6. Mensch	1,07			1,18	
	1,10			1,15	
	1,07			1,12	
	Mittel: **1,08**			Mittel: **1,13**	

Generaltabelle (Fortsetzung).

Nr., Tierart, Geschlecht	Schwefelgehalt %	Bemerkungen
13. Schwein, ♀	1,05	
	1,05	
	1,09	
	1,11	
	Mittel: **1,07**	
14. Schwein	1,23	
	1,16	
	1,21	
	1,17	
	1,18	
	Mittel: **1,19**	
15. Schwein	1,33	
	1,31	
	(1,26)	
	1,31	
	Mittel: **1,32**	
16. Rind	1,21	
	1,18	
	1,17	
	Mittel: **1,19**	
17. Rind, ♀	1,19	
	1,19	
	1,14	
	1,16	
	Mittel: **1,17**	
18. Rind	1,31	1. Portion
	1,28	
	1,33	
	Mittel: **1,31**	
	1,35	2. Portion
	1,30	
	1,32	
	1,36	
	Mittel: **1,35**	

Nr., Tierart, Geschlecht	Schwefelgehalt %	Bemerkungen
19. Rind	1,27	1. Umfällung
	1,30	
	1,28	
	1,31	
	1,25	
	Mittel: **1,28**	
	1,24	2. Umfällung
	1,28	
	1,26	
	Mittel: **1,26**	
	1,31	3. Umfällung
	1,32	
	1,26	
	1,27	
	Mittel: **1,29**	
20. Pferd, ♀	1,26	
	1,24	
	1,30	
	Mittel: **1,27**	
21. Pferd	1,06	1. Portion
	1,04	
	1,00	
	Mittel: **1,04**	
	1,07	2. Portion
	1,08	
	1,04	
	1,05	
	Mittel: **1,06**	
22. Pferd, ♀	1,09	1. Portion
	1,09	
	1,08	
	1,06	
	Mittel: **1,08**	

Generaltabelle (Fortsetzung).

Nr., Tierart, Geschlecht	Schwefelgehalt %	Bemerkungen	Nr., Tierart, Geschlecht	Schwefelgehalt	Bemerkungen
22. Pferd, ♀	1,07	2. Portion	27. Hund, ♂	1,33	
	1,09			1,30	
	1,07			1,34	
	1,03			Mittel: **1,32**	
	Mittel: **1,07**		28. Hund, ♂	1,16	
23. Pferd	1,16			(1,26)	
	(1,08)			1,18	
	1,17			1,17	
	1,20			Mittel: **1,17**	
	1,16		29. Hund, ♂	1,36	
	Mittel: **1,15**			1,38	
24. Pferd	1,06			(1,26)	
	1,05			1,34	
	1,13			Mittel: **1,36**	
	1,12		30. Hund, ♂	1,33	
	Mittel: **1,09**			1,36	
25. Pferd, ♀	1,07			1,30	
	1,04			Mittel: **1,33**	
	1,08		31. Hund, ♂	1,33	
	1,12			1,30	
	Mittel: **1,08**			1,33	
26. Pferd	1,00	1. Umfällung		Mittel: **1,32**	
	1,05		32. Hund	1,26	Deutscher Schäferhund
	1,02			(1,20)	
	1,06			1,29	
	Mittel: **1,03**			1,30	
	1,03	2. Umfällung		1,30	
	1,04			Mittel: **1,29**	
	1,03		33. Hund	1,39	Deutscher Schäferhund
	1,00			1,33	
	Mittel: **1,03**			Mittel: **1,35**	
	1,09	3. Umfällung	34. Hund, ♂	1,39	
	1,02			1,38	
	1,03			1,38	
	1,03			1,37	
	Mittel: **1,04**			Mittel: **1,38**	

Generaltabelle (Fortsetzung).

Nr., Tierart, Geschlecht	Schwefelgehalt %	Bemerkungen	Nr., Tierart, Geschlecht	Schwefelgehalt %	Bemerkungen
35. Hund, ♀	1,32		42. Hund, ♂	1,26	2. Portion
	1,31			1,31	
	1,30			1,30	
	Mittel: **1,31**			1,26	
36. Hund, ♀	1,39			Mittel: **1,28**	
	1,37		43. Hund, ♂	1,37	1. Portion Wolfshund
	Mittel: **1,38**			1,35	
37. Hund, ♂	1,17			1,37	
	1,22			Mittel: **1,36**	
	1,23			1,41	2. Portion
	Mittel: **1,21**			1,35	
38. Hund, ♀	1,68			1,37	
	1,51			Mittel: **1,38**	
	Mittel: **1,60**		44. Hund, ♀	1,43	
39. Hund	(1,33)	Wolfshund		1,38	
	1,22			1,38	
	1,16			Mittel: **1,40**	
	1,22		45. Hund, ♀	1,24	1. Portion Wolfshund
	Mittel: **1,20**			1,32	
40. Hund	1,58	Kuvasz*		Mittel: **1,28**	
	1,56			1,25	2. Portion
	Mittel: **1,57**			1,31	
41. Hund, ♂	1,33	Vorstehhund		1,34	
	1,27			Mittel: **1,30**	
	Mittel: **1,30**		46. Hund, ♀	1,41	1. Portion Kuvasz*
42. Hund, ♂	1,26	1. Portion Wolfshund		1,37	
	1,28			Mittel: **1,39**	
	1,26			1,36	2. Portion
	1,32			1,33	
	Mittel: **1,28**			1,37	
				Mittel: **1,35**	

* Spezifisch ungarische Hunderasse.

gehalt, 0,57 %, im Hämoglobin fand, aus den sich das Verhältnis Fe : S_3 berechnen ließ, während an den gewöhnlichen, dem Laboratorium zu Versuchszwecken angebotenen Hunden, überwiegend Bastarden, die eingangs erwähnten drei Werte überwogen, aus denen ein einfaches Verhältnis zwischen Eisen- und Schwefelgehalt nicht zu errechnen war.

Das Serumglobulin stammte in der großen Mehrzahl der Fälle von den Hunden her, deren Hämoglobin von *Timár* untersucht wurde.

Die aus der Literatur über Pferdeserumglobulin bekannten Daten stehen mit meinen Befunden nicht in Widerspruch, indem von *Mörner*[1] 1,00, von *Kaiser*[2] 1,07, von *Hammarsten*[3] 1,11, von *Osborne*[4] 1,11, von *Porges* und *Spiro*[5] 1,13 und von *Schulz* 1,38 % gefunden waren.

Die spärlichen Angaben über den Schwefelgehalt von Rinderserumglobulin sind allerdings wesentlich niedriger, indem *Kaiser* 1,03, *Huiskamp*[6] aber 1,06 % fand.

D. Ausblicke.

Angesichts der mitgeteilten sehr erheblichen Unterschiede an verschiedenen Individuen derselben Tierart wäre es von besonderem Interesse, den Globulinschwefel an *einem* Individuum wiederholt zu bestimmen. Solche Untersuchungen, wie auch andere, in denen der Einfluß des Hungerns bzw. der Art der Ernährung geprüft werden soll, sind bereits im Gange. Hier sei nur des Versuchs 1 an einem Menschen Erwähnung getan, an dem zwei Bestimmungen in einem Zeitintervall von mehreren Monaten ausgeführt wurden, die zu *demselben Ergebnis* geführt hatten.

---

[1] *K. A. H. Mörner*, Zeitschr. f. physiol. Chem. **34**, 207, 1902.
[2] *E. Kaiser*, l. c.
[3] *O. Hammarsten*, l. c.; Pflügers Arch. **22**, 431, 1880.
[4] *Th. B. Osborne*, Zeitschr. f. analyt. Chem. **41**, 25, 1902.
[5] *O. Porges* und *H. Spiro*, Hofmeisters Beitr. **3**, 277, 1903.
[6] *W. Huiskamp*, l. c.

Sonderdruck
aus „*Biochemische Zeitschrift*", Bd. 212.
Julius Springer, Berlin.

Ein einfacher Apparat
zur Bestimmung der Alkalireserve des Blutes.

Von

Max Schlesinger.

(Aus dem physiologisch-chemischen Institut der königl. ungar. Universität
Budapest.)

(Eingegangen am 21. Juni 1929.)

Mit 1 Abbildung im Text.

Einer Anregung von *Zoltán Aszódi* folgend, „durch Verwendung
eines seinem Hämocarbamidometer[1] ähnlichen Apparats eine einfache
Methode zur Bestimmung der Bicarbonate im Blutplasma auszuarbeiten",
habe ich in einer vorangehenden Mitteilung[2] die zweckmäßigste Art
der Konstruktion und Verwendung derartiger Apparate auf theoretischer
Grundlage erörtert. Nachfolgend sei der mit Hilfe der dort entwickelten
Prinzipien hergestellte Apparat und sein Gebrauch beschrieben. Der
Apparat dient zur gasometrischen Bestimmung der Kohlensäure im
Blutplasma und gestattet infolge seiner besonderen Einfachheit die
Ausführung solcher Bestimmungen in noch ausgedehnterem Maße
und in weiteren Kreisen als bisher. Die erläuternden Bemerkungen
auf S. 118, 119 u. 126 sind mit fortlaufenden Zahlen versehen; sie
beziehen sich auf korrespondierende Stellen im Haupttext, woselbst
dieselben Zahlen zwischen Klammern gesetzt sind.

Beschreibung des Apparats. Der Apparat[3] besteht aus einem
U-förmigen Rohre mit einem kürzeren, als Reaktionsgefäß dienenden,
und einem längeren, als Steigrohr dienenden Schenkel. Das Reaktionsgefäß wird durch einen 6 cm hohen Hohlzylinder mit der lichten Weite
von 1,3 cm gebildet, und ist am oberen Rande zu einem zirkulären,
0,8 cm breiten, geschliffenen Saum ausgebogen; an diesen Saum wird
durch eine Metallspange eine 3 cm im Durchmesser haltende, kreis-

---

[1] Diese Zeitschr. **134**, 546, 1922.
[2] Ebendaselbst **201**, 87, 1928.
[3] Zu beziehen (auch mit Angabe des Steigrohrquerschnitts) von Glastechniker *A. Huber*, Budapest I, Skt-Gellértplatz 4.

8*

förmige, geschliffene Glasplatte angedrückt und dadurch das Reaktionsgefäß verschlossen. Das Steigrohr, das an seinem unteren Ende durch ein 0,8 cm weites Röhrenstück mit dem Reaktionsgefäß kommuniziert, wird durch ein 25 cm langes Kapillarrohr mit dem lichten Querschnitt von 0,020 bis 0,030 qcm gebildet und trägt eine aufgeätzte Millimeterteilung (von — 20 bis 200).

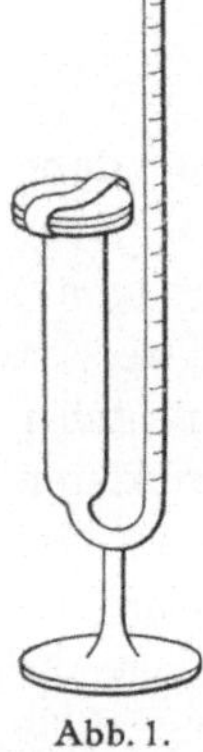

Abb. 1.

Gebrauchsfähiger Zustand des Apparats. Bevor der Apparat in Verwendung genommen wird, muß derselbe mit dem als Sperrflüssigkeit dienenden Quecksilber beschickt werden, und zwar derart, daß in dem Reaktionsgefäß ein Raum von ganz bestimmter — vom Querschnitt des Steigrohrs abhängiger — Größe frei bleibt (1). Der letzte Stab der Tabelle A (s. S. 120 u. 121) enthält in Grammen die Quecksilbermenge, welche zu diesem Behuf aus dem Reaktionsgefäß zu entfernen ist, nachdem man dasselbe vorangehend bis zur Verschlußplatte vollkommen mit Quecksilber gefüllt hatte.

Um die mit dem Apparat ausgeführten Versuche berechnen zu können, muß dessen „Apparatkonstante" bekannt sein; sie läßt sich der Tabelle A unter Berücksichtigung des Steigrohrquerschnitts und der Versuchstemperatur entnehmen (2). Um auch dem allerdings sehr geringen und für klinische Zwecke zu vernachlässigenden Einfluß des Luftdrucks (3) gerecht zu werden, wird, je nachdem der Luftdruck mehr bzw. weniger als 760 mm beträgt, der in Millimetern ausgedrückte Unterschied mit dem im vorletzten Stabe der Tabelle A angegebenen Faktor multipliziert und das Produkt zu dem Hauptwert addiert bzw. aus ihm subtrahiert.

Zu alledem ist, wie ersichtlich, die Kenntnis des Steigrohrquerschnittes nötig, welchen man am besten folgendermaßen bestimmt: In das Reaktionsgefäß wird etwas Quecksilber gebracht und durch Neigen des Apparats das Steigrohr zu etwa drei Vierteln gefüllt. Während ein Finger das Steigrohrende verschlossen hält, wird das überflüssige Quecksilber durch Schütteln abgetrennt und durch das Reaktionsgefäß entfernt, sodann die Quecksilbersäule im Steigrohr so eingestellt, daß man ihre Höhe an der Teilung ablesen kann. Das auf 1 cm Säulenhöhe bezogene Gewicht des Quecksilbers, multipliziert mit 0,0738 (spezifisches Volumen bei 20⁰; die Temperaturabhängigkeit ist zu vernachlässigen) ergibt den Querschnitt in Quadratzentimetern.

Ausführung einer Bestimmung. Nachdem man die zum Verschluß des Reaktionsgefäßes dienenden Glasschliffe sorgfältig eingefettet hat, bringt man über das Quecksilber im Reaktionsgefäß 0,8 ccm destilliertes Wasser, 1 Tropfen Octylalkohol und 0,5 ccm Paraffinöl, schichtet unter letzteres 1 ccm des zu untersuchenden Plasmas (Serums), das in üblicher Weise mit Exspirationsluft (angenommener CO_2-Gehalt 5,5 %) in Berührung gebracht war und 0,2 ccm 6 vol.-%ige Schwefelsäure (4). Nun wird das Reaktionsgefäß mit der Glasplatte verschlossen, nachdem man ihre untere Fläche, um den Gasraum im Reaktionsgefäß mit Wasserdampf zu sättigen, mit $^1/_4$ bis $^1/_2$ Tropfen Wasser benetzt hat (5). Während der nun folgenden 1 bis 2 Minuten steigt das Quecksilber im Steigrohr um einige Millimeter an und wird dieser Stand (a), sobald er konstant geworden ist, notiert. Dann wird geschüttelt, wodurch man die Paraffinölschicht, die das gebildete Gas am Entweichen aus der wässerigen Schicht bisher verhindert hatte, durchbricht; man schüttelt, ohne Reaktionsgefäß oder Steigrohr durch Berühren mit der Hand zu erwärmen, so lange, bis das Quecksilber nicht mehr ansteigt. Der so erreichte Stand (b) wird wieder abgelesen.

Berechnung des Versuchsergebnisses. Man multipliziert den in Millimetern abgelesenen Quecksilberanstieg ($b - a$) mit der Apparatkonstante und erhält so unmittelbar das in Normalkubikzentimetern ausgedrückte Volumen des gesamten in 100 ccm Plasma enthaltenen CO_2. Mit Hilfe dieser Zahl läßt sich die Alkalireserve der Tabelle B (s. S. 122 bis 125) entnehmen (6). Der erste Stab dieser Tabelle enthält die im Versuch gewonnenen Zahlen für das gesamte im Plasma enthaltene CO_2, die anderen aber die korrespondierenden Werte für die gesuchte Alkalireserve.

Es soll beispielsweise der Steigrohrquerschnitt des Apparats 0,0262 qcm, die Versuchstemperatur 23,5°, der Luftdruck 754 mm, der Quecksilberanstieg aber 56,2 mm betragen haben.

Nach Tabelle A ist die zur Versuchstemperatur gehörige
Apparatkonstante 0,981
In Abzug zu bringen für den Luftdruck (6.0,0007). . . 0,004
Korrigierte Apparatkonstante . . . 0,977

Gesamtes CO_2 in 100 ccm Plasma (56,2.0,977) . . . . . 54,9 ccm
Hieraus Alkalireserve nach Tabelle B . . . . 51,3 „

Reinigung des Apparats. Man spült das Reaktionsgefäß mit dem Wasserstrahl einer Spritzflasche aus und rührt unterdessen die verunreinigte Schicht des Quecksilbers mit einem Glasstab; dies wird so lange fortgesetzt, bis das Spülwasser klar abfließt. Nachdem man das über dem Quecksilber befindliche Wasser abgehebert und den Apparat von außen abgetrocknet hat, nimmt man das die Innenwand des Reaktionsgefäßes und das Quecksilber benetzende Wasser mit Filterstreifen auf. Da bei letzterem Vorgang leicht etwas Quecksilber ausgestreut wird, führt man ihn zweckmäßig über einer Schale aus; bei häufiger Verwendung wird aber ein Verlust von Quecksilber sich auch hierdurch nicht vollkommen vermeiden lassen, weshalb es ratsam ist, das nach der erstmaligen Füllung notierte Gewicht des nach Vorschrift mit Quecksilber beschickten Apparats von Zeit zu Zeit zu kontrollieren.

Nach der Reinigung muß mit dem nächsten Versuch so lange gewartet werden, bis der Apparat wieder die Zimmertemperatur angenommen hat.

Vergleich der am van Slykeschen und meinem Apparat erhaltenen Ergebnisse. In nachfolgender Tabelle sind die Ergebnisse einiger paralleler Bestimmungen zusammengestellt, welche gleichzeitig an zwei Apparaten der oben beschriebenen Art und einem *van Slyke*schen an Pferdeserum ausgeführt wurden, dessen Bicarbonatgehalt mit Hilfe von Säure bzw. $NaHCO_3$ variiert worden war.

Eigener Apparat		*van Slyke*scher Apparat	Eigener Apparat		*van Slyke*scher Apparat
Nr. 1	Nr. 2		Nr. 1	Nr. 2	
8,9	8,9	9,1	55,7	53,0	53,7
20,0	19,7	19,1	69,5	68,7	69,0
50,3	50,2	50,7	90,6	91,6	92,0

Bemerkungen.

1. Nur wenn *der freie Gasraum im Reaktionsgefäß* eine ganz bestimmte Größe hat, ändert sich die Steighöhe des Quecksilbers der entwickelten Gasmenge praktisch proportional; und nur wenn diese Proportionalität besteht, ist das einfache Rechnen mit Hilfe der Apparatkonstante zulässig[1].

2. *Zur Berechnung der Tabelle A* benutzte ich die Formeln (18), (19) und (23) meiner eingangs zitierten Arbeit mit der Änderung, daß statt des Ausdrucks $(C - C_L'') \varphi$ mit dem Ausdruck $[(C' - C_L') \varphi' + (C'' - C_L'') \varphi'']$ gerechnet wurde, wo sich die einfach gestrichenen Werte auf die wässerige Lösung, die zweifach gestrichenen auf das Paraffinöl beziehen.

Formel (19) zur Berechnung der Apparatkonstante wurde mit 10 multipliziert, damit sich die erhaltenen Werte auf die in Millimetern ausgedrückte Steighöhe und den CO_2-Gehalt von 100 ccm Plasma beziehen. Die Berechnung selbst wurde in Abständen von je 0,0025 qcm im Steigrohrquerschnitt und von je 5° in der Temperatur ausgeführt und die dazwischen liegenden Werte durch Interpolation ermittelt.

Bezüglich der Berechnung des letzten Stabes verweise ich noch auf Fußnote 1 auf S. 106 der zitierten Arbeit; die dort erwähnte Korrektion ist mit in Rechnung gezogen. Die in diesem Stabe (ebenso die im vorletzten) enthaltenen Werte sind unter Annahme einer Versuchstemperatur von 20° berechnet, doch erreicht der Fehler durch die Verwendung derselben Quecksilberbeschickung im ganzen angegebenen Temperaturbereich auch im extremsten Falle nicht die Höhe von 1%.

Von den zur Rechnung benutzten Zahlenwerten seien folgende erwähnt:

---

[1] Siehe *Schlesinger*, l. c.

a) $a/2$ [s. Formel (18)] ist zu 60 mm angenommen, da ein Quecksilberanstieg über 120 mm nicht vorkommen dürfte.

b) Der Dampfdruck der Lösung wurde gleich dem des Wassers genommen.

c) Der Absorptionskoeffizient des verdünnten Plasmas für CO_2 (und Luft) wurde gleich dem um 1,5 % verminderten des Wassers gesetzt. Der des unverdünnten Plasmas wird bekanntlich um 2,5 % geringer angesetzt.

d) Den CO_2-Absorptionskoeffizienten des Paraffinöls habe ich mittels eines dem beschriebenen ähnlichen, doch größer dimensionierten Apparats mit Hilfe bekannter $KHCO_3$-Lösungen selbst bestimmt. Ich fand im Mittel für Paraffin. liqu. Merck. mit dem (selbstbestimmten) spezifischen Gewicht 0,882 den *Bunsen*schen CO_2-Absorptionskoeffizienten bei $21,6^0$ gleich 0,897 und pro 1^0 Temperaturerhöhung eine Abnahme desselben um 0,026. Dieses Ergebnis stimmt gut mit den Messungen *Kubies*[1] überein. Nach *Kubie* beträgt der Absorptionskoeffizient bei 24 bis 25^0 0,841, nach den eigenen Messungen auf 24^0 extrapoliert 0,835.

e) Den (*Ostwald*schen) Absorptionskoeffizienten des Paraffinöls für Luft setzte ich bei 20^0 gleich 0,100, entsprechend dem Ergebnis von Extraktionsversuchen im *van Slyke*schen Apparat. Von dessen Änderung mit der Temperatur wurde angenommen, daß sie im selben Verhältnis wie beim CO_2-Absorptionskoeffizienten erfolgt. Eine solche annähernde Annahme ist berechtigt, da auch große Fehler in diesem Werte praktisch ohne Einfluß auf das Resultat sind.

3. Da der Wert der Apparatkonstante erst wenn der Luftdruck um etwa $\pm$ 15 mm von 760 mm Hg abweicht sich um den Betrag von 1 % ändert, ist die Luftdruckkorrektion bei Bestimmungen zu klinischen Zwecken getrost zu vernachlässigen.

Bei dem *van Slyke*schen Apparat würde das Außerachtlassen des Barometerstandes einen doppelt so hohen Fehler verursachen.

4. *Das Zusetzen der Säure bei offenem Reaktionsgefäß* — wodurch der beschriebene besonders einfache Bau des Apparats eigentlich ermöglicht wird — könnte vom theoretischen Standpunkt bedenklich scheinen. Zwar wird, insolange die gesamte gebildete CO_2 physikalisch gelöst bleibt, ein Verlust durch das Paraffinöl vollkommen verhindert; sobald aber bei offenem Reaktionsgefäß Gasblasen auftreten — ob diese an den Grenzflächen haften bleiben oder aus der Flüssigkeit entweichen, ist hierbei gleichgültig — entgeht das entsprechende Volumen der Bestimmung. Eine Bildung von Blasen wäre von vornherein völlig ausgeschlossen, wenn hierzu nur CO_2 und Wasserdampf in Betracht kämen; die erforderliche CO_2-Tension von nahezu einer Atmosphäre könnte nämlich im verdünnten Plasma nur bei einem CO_2-Gehalt zustandekommen, der praktisch niemals vorkommt. Doch sind ja Plasma, Wasser und Säure schon von anfangs her mit Luft gesättigt, und dieser Umstand könnte zu einer Bildung von Blasen Anlaß geben, deren gesamtes Volumen — wie sich berechnen läßt — je nach dem CO_2-Gehalt bis zu einigen hundertstel Kubikzentimetern betragen und dementsprechend zu einem Fehler von mehreren Prozenten im Resultat führen kann.

---

[1] Journ. of biol. Chem. **72**, 545, 1927.

Tabelle

Lichter Quer-schnitt des Steigrohres ccm	Wert der Apparatkonstante bei								
	15°	16°	17°	18°	19°	20°	21°	22°	23°
0,0200	1,012	0,993	0,975	0,957	0,938	0,920	0,903	0,887	0,871
202	1,016	0,998	0,979	0,961	0,942	0,924	0,907	0,891	0,875
204	1,020	1,002	0,983	0,965	0,946	0,928	0,911	0,895	0,879
206	1,025	1,006	0,987	0,969	0,950	0,932	0,915	0,899	0,883
208	1,029	1,010	0,991	0,973	0,954	0,936	0,919	0,903	0,887
210	1,033	1,014	0,995	0,977	0,959	0,940	0,923	0,907	0,890
212	1,037	1,018	0,999	0,981	0,963	0,944	0,927	0,911	0,894
214	1,041	1,022	1,003	0,985	0,967	0,948	0,931	0,915	0,898
216	1,046	1,027	1,008	0,989	0,971	0,952	0,935	0,919	0,902
218	1,050	1,031	1,012	0,993	0,975	0,956	0,939	0,923	0,906
220	1,054	1,035	1,016	0,997	0,979	0,960	0,943	0,926	0,909
222	1,058	1,039	1,020	1,001	0,983	0,964	0,947	0,930	0,913
224	1,063	1,044	1,025	1,006	0,987	0,968	0,951	0,934	0,917
226	1,067	1,048	1,029	1,010	0,991	0,972	0,955	0,938	0,921
228	1,071	1,052	1,033	1,014	0,995	0,976	0,959	0,942	0,925
230	1,075	1,056	1,037	1,018	0,999	0,980	0,963	0,946	0,929
232	1,079	1,060	1,041	1,022	1,003	0,984	0,967	0,950	0,931
234	1,083	1,064	1,045	1,026	1,007	0,988	0,971	0,954	0,935
236	1,088	1,068	1,049	1,030	1,011	0,992	0,975	0,957	0,939
238	1,092	1,072	1,053	1,034	1,015	0,996	0,979	0,961	0,943
240	1,096	1,076	1,057	1,038	1,019	1,000	0,982	0,965	0,947
242	1,100	1,080	1,061	1,042	1,023	1,004	0,986	0,969	0,950
244	1,104	1,084	1,065	1,046	1,027	1,008	0,990	0,973	0,954
246	1,109	1,089	1,069	1,050	1,031	1,012	0,994	0,977	0,958
248	1,113	1,093	1,073	1,054	1,035	1,016	0,998	0,980	0,962
250	1,117	1,097	1,077	1,058	1,038	0,019	1,001	0,984	0,966
252	1,121	1,101	1,081	1,062	1,042	1,023	1,005	0,988	0,970
254	1,125	1,105	1,085	1,066	1,046	1,027	1,009	0,992	0,973
256	1,129	1,109	1,089	1,070	1,050	1,030	1,013	0,996	0,977
258	1,133	1,113	1,093	1,074	1,054	1,034	1,017	1,000	0,981
260	1,137	1,117	1,097	1,077	1,057	1,038	1,020	1,003	0,985
262	1,141	1,121	1,101	1,081	1,061	1,042	1,024	1,007	0,989
264	1,145	1,125	1,105	1,085	1,065	1,046	1,028	1,011	0,992
266	1,149	1,129	1,109	1,089	1,069	1,049	1,032	1,014	0,996
268	1,153	1,133	1,113	1,093	1,073	1,053	1,036	1,018	1,000
270	1,157	1,137	1,117	1,097	1,077	1,057	1,039	1,021	1,003
272	1,161	1,141	1,121	1,101	1,081	1,061	1,043	1,025	1,007
274	1,165	1,145	1,125	1,105	1,085	1,065	1,047	1,029	1,011
276	1,169	1,149	1,129	1,109	1,089	1,069	1,051	1,033	1,015
278	1,173	1,153	1,133	1,113	1,093	1,073	1,055	1,037	1,019
280	1,177	1,157	1,137	1,117	1,097	1,077	1,058	1,040	1,022
282	1,181	1,161	1,141	1,121	1,101	1,081	1,062	1,044	1,026
284	1,185	1,165	1,145	1,125	1,105	1,085	1,066	1,048	1,030
286	1,189	1,169	1,149	1,129	1,108	1,088	1,069	1,051	1,033
288	1,193	1,173	1,153	1,133	1,112	1,092	1,073	1,055	1,037
290	1,197	1,177	1,156	1,136	1,115	1,095	1,076	1,058	1,040
292	1,201	1,181	1,160	1,140	1,119	1,099	1,080	1,062	1,044
294	1,205	1,185	1,164	1,143	1,123	1,103	1,084	1,066	1,047
296	1,209	1,189	1,168	1,147	1,126	1,106	1,087	1,069	1,051
298	1,213	1,193	1,172	1,151	1,130	1,110	1,091	1,073	1,054
300	1,217	1,196	1,175	1,154	1,133	1,113	1,094	1,076	1,057

A.

Wert der Apparatkonstante bei							Faktor für die Luftdruckkorrektion	Aus d. gefüllten Reaktionsgefäß zu entfernendes Hg
24^0	25^0	26^0	27^0	28^0	29^0	30^0		g
0,855	0,839	0,825	0,811	0,797	0,783	0,769		57,6
0,859	0,843	0,829	0,815	0,801	0,787	0,773		57,8
0,863	0,846	0,833	0,819	0,805	0,790	0,776	0,0005	57,9
0,867	0,850	0,836	0,822	0,808	0,794	0,780		58,0
0,871	0,854	0,840	0,826	0,812	0,798	0,784		58,1
0,874	0,858	0,843	0,829	0,815	0,801	0,787		58,2
0,878	0,862	0,847	0,833	0,819	0,805	0,791		58,4
0,882	0,866	0,851	0,837	0,823	0,809	0,794		58,5
0,886	0,869	0,855	0,840	0,826	0,812	0,798	0,0006	58,6
0,890	0,873	0,858	0,844	0,830	0,816	0,801		58,7
0,893	0,877	0,862	0,848	0,833	0,819	0,805		58,8
0,897	0,881	0,866	0,851	0,837	0,823	0,808		58,9
0,901	0,884	0,870	0,855	0,840	0,826	0,811		59,0
0,905	0,888	0,873	0,858	0,844	0,830	0,815	0,0006	59,2
0,909	0,892	0,877	0,862	0,847	0,833	0,818		59,3
0,912	0,895	0,880	0,865	0,850	0,836	0,822		59,4
0,916	0,899	0,884	0,869	0,854	0,840	0,826		59,5
0,920	0,902	0,888	0,873	0,858	0,844	0,829		59,6
0,923	0,906	0,891	0,876	0,861	0,847	0,833	0,0006	59,7
0,927	0,909	0,895	0,880	0,865	0,851	0,836		59,8
0,930	0,913	0,898	0,883	0,868	0,854	0,840		59,9
0,934	0,917	0,902	0,887	0,872	0,858	0,843		60,0
0,938	0,920	0,906	0,891	0,876	0,862	0,847		60,1
0,942	0,924	0,910	0,895	0,879	0,865	0,850	0,0006	60,2
0,946	0,928	0,913	0,898	0,883	0,869	0,854		60,3
0,949	0,932	0,917	0,902	0,887	0,872	0,857		60,4
0,953	0,936	0,921	0,906	0,890	0,876	0,860		60,5
0,957	0,939	0,924	0,910	0,894	0,879	0,864		60,6
0,961	0,943	0,928	0,913	0,897	0,882	0,867	0,0007	60,7
0,965	0,947	0,932	0,917	0,901	0,886	0,871		60,8
0,968	0,951	0,935	0,920	0,904	0,889	0,874		60,9
0,972	0,955	0,939	0,924	0,908	0,893	0,877		61,0
0,975	0,958	0,942	0,927	0,911	0,896	0,880		61,1
0,979	0,962	0,946	0,931	0,915	0,900	0,883	0,0007	61,2
0,982	0,965	0,949	0,934	0,918	0,903	0,887		61,3
0,985	0,968	0,952	0,937	0,921	0,906	0,891		61,4
0,989	0,972	0,956	0,941	0,925	0,910	0,895		61,5
0,993	0,975	0,960	0,944	0,928	0,913	0,898		61,6
0,996	0,979	0,963	0,947	0,932	0,917	0,902	0,0007	61,7
1,000	0,982	0,967	0,951	0,935	0,920	0,905		61,8
1,004	0,986	0,970	0,954	0,938	0,923	0,908		61,9
1,008	0,990	0,974	0,958	0,942	0,927	0,911		62,0
1,012	0,993	0,978	0,962	0,946	0,930	0,915		62,1
1,015	0,997	0,981	0,965	0,949	0,934	0,918	0,0007	62,2
1,019	1,000	0,985	0,969	0,953	0,937	0,921		62,3
1,022	1,004	0,988	0,972	0,956	0,940	0,924		62,4
1,026	1,008	0,992	0,976	0,960	0,944	0,928		62,5
1,029	1,011	0,995	0,979	0,963	0,947	0,931		62,6
1,032	1,015	0,999	0,983	0,967	0,951	0,935	0,0007	62,7
1,036	1,018	1,002	0,986	0,970	0,954	0,938		62,8
1,039	1,021	1,005	0,989	0,973	0,957	0,941		62,9

 M. Schlesinger:

Tabelle

Gefunden CO_2 normal-ccm	Wert der Alkalireserve bei der Versuchstemperatur von							
	15⁰	16⁰	17⁰	18⁰	19⁰	20⁰	21⁰	22⁰
10	4,5	4,7	4,8	5,0	5,1	5,3	5,4	5,6
11	5,4	5,6	5,8	6,0	6,1	6,3	6,4	6,6
12	6,4	6,6	6,8	7,0	7,1	7,3	7,5	7,6
13	7,4	7,6	7,8	8,0	8,1	8,3	8,5	8,6
14	8,4	8,6	8,8	9,0	9,1	9,3	9,5	9,6
15	9,4	9,6	9,8	10,0	10,1	10,3	10,5	10,6
16	10,4	10,6	10,8	10,9	11,1	11,3	11,5	11,6
17	11,4	11,5	11,7	11,9	12,1	12,3	12,5	12,6
18	12,3	12,5	12,7	12,9	13,1	13,3	13,5	13,6
19	13,3	13,5	13,7	13,9	14,1	14,3	14,5	14,7
20	14,3	14,5	14,7	14,9	15,1	15,3	15,5	15,7
21	15,3	15,5	15,7	15,9	16,1	16,3	16,5	16,7
22	16,2	16,4	16,7	16,9	17,1	17,3	17,5	17,7
23	17,2	17,4	17,7	17,9	18,1	18,3	18,5	18,7
24	18,2	18,4	18,7	18,9	19,1	19,3	19,5	19,7
25	19,2	19,4	19,7	19,9	20,1	20,3	20,5	20,7
26	20,2	20,4	20,7	20,9	21,1	21,3	21,5	21,7
27	21,2	21,4	21,6	21,9	22,1	22,3	22,5	22,7
28	22,2	22,4	22,6	22,9	23,1	23,3	23,5	23,7
29	23,1	23,4	23,6	23,9	24,1	24,3	24,5	24,7
30	24,1	24,4	24,6	24,8	25,1	25,3	25,5	25,7
31	25,1	25,4	25,6	25,8	26,1	26,3	26,5	26,8
32	26,0	26,3	26,6	26,8	27,1	27,3	27,5	27,8
33	27,0	27,3	27,6	27,8	28,1	28,3	28,5	28,8
34	28,0	28,3	28,6	28,8	29,1	29,3	29,5	29,8
35	29,0	29,3	29,5	29,8	30,1	30,3	30,5	30,8
36	30,0	30,3	30,5	30,8	31,1	31,3	31,5	31,8
37	30,9	31,2	31,5	31,8	32,0	32,3	32,5	32,8
38	31,9	32,2	32,5	32,8	33,0	33,3	33,5	33,8
39	32,9	33,2	33,5	33,8	34,0	34,3	34,5	34,8
40	33,9	34,2	34,5	34,8	35,0	35,3	35,6	35,8
41	34,9	35,2	35,5	35,8	36,0	36,3	36,6	36,8
42	35,8	36,2	36,5	36,7	37,0	37,3	37,6	37,8
43	36,8	37,2	37,5	37,7	38,0	38,3	38,6	38,8
44	37,8	38,2	38,5	38,7	39,0	39,3	39,6	39,8
45	38,8	39,2	39,5	39,7	40,0	40,3	40,6	40,8
46	39,8	40,2	40,5	40,7	41,0	41,3	41,6	41,8
47	40,8	41,1	41,4	41,7	42,0	42,3	42,6	42,9
48	41,8	42,1	42,4	42,7	43,0	43,3	43,6	43,9
49	42,8	43,1	43,4	43,7	44,0	44,3	44,6	44,9
50	43,8	44,1	44,4	44,7	45,0	45,3	45,6	45,9
51	44,8	45,1	45,4	45,7	46,0	46,3	46,6	46,9
52	45,7	46,0	46,4	46,7	47,0	47,3	47,6	47,9
53	46,7	47,0	47,4	47,7	48,0	48,3	48,6	48,9
54	47,7	48,0	48,4	48,7	49,0	49,3	49,6	49,9
55	48,6	49,0	49,3	49,7	50,0	50,3	50,6	50,9

B.

	Wert der Alkalireserve bei der Versuchstemperatur von						
23⁰	24⁰	25⁰	26⁰	27⁰	28⁰	29⁰	30⁰
5,8	5,9	6,0	6,2	6,3	6,4	6,6	6,7
6,8	6,9	7,1	7,2	7,3	7,5	7,6	7,7
7,8	7,9	8,1	8,2	8,4	8,5	8,6	8,7
8,8	8,9	9,1	9,2	9,4	9,5	9,6	9,8
9,8	10,0	10,1	10,3	10,4	10,6	10,7	10,8
10,8	11,0	11,1	11,3	11,4	11,6	11,7	11,8
11,8	12,0	12,2	12,3	12,5	12,6	12,8	12,9
12,8	13,0	13,2	13,3	13,5	13,6	13,8	13,9
13,8	14,0	14,2	14,3	14,5	14,7	14,8	14,9
14,9	15,0	15,2	15,4	15,6	15,7	15,9	16,0
15,9	16,1	16,2	16,4	16,6	16,7	16,9	17,0
16,9	17,1	17,3	17,5	17,6	17,8	18,0	18,1
17,9	18,1	18,3	18,5	18,6	18,8	19,0	19,1
18,9	19,1	19,3	19,5	19,6	19,8	20,0	20,1
19,9	20,1	20,3	20,5	20,6	20,8	21,0	21,1
20,9	21,1	21,3	21,5	21,6	21,8	22,0	22,1
21,9	22,1	22,3	22,5	22,7	22,9	23,1	23,2
22,9	23,1	23,3	23,5	23,7	23,9	24,1	24,2
23,9	24,1	24,3	24,5	24,7	24,9	25,1	25,2
25,0	25,2	25,4	25,6	25,8	26,0	26,2	26,3
26,0	26,2	26,4	26,6	26,8	27,0	27,2	27,3
27,0	27,2	27,4	27,6	27,9	28,1	28,2	28,4
28,0	28,2	28,4	28,6	28,9	29,1	29,2	29,4
29,0	29,2	29,4	29,6	29,9	30,1	30,2	30,4
30,0	30,3	30,5	30,7	30,9	31,1	31,3	31,5
31,0	31,3	31,5	31,7	31,9	32,1	32,3	32,5
32,1	32,3	32,5	32,8	33,0	33,2	33,4	33,6
33,1	33,3	33,5	33,8	34,0	34,2	34,4	34,6
34,1	34,3	34,5	34,8	35,0	35,2	35,4	35,6
35,1	35,3	35,6	35,8	36,1	36,3	36,5	36,7
36,1	36,3	36,6	36,8	37,1	37,3	37,5	37,7
37,1	37,4	37,6	37,9	38,1	38,4	38,6	38,8
38,1	38,4	38,6	38,9	39,1	39,4	39,6	39,8
39,1	39,4	39,6	39,9	40,1	40,4	40,6	40,8
40,1	40,4	40,6	40,9	41,1	41,4	41,6	41,8
41,1	41,4	41,6	41,9	42,1	42,4	42,6	42,8
42,1	42,4	42,7	42,9	43,2	43,5	43,7	43,9
43,1	43,4	43,7	43,9	44,2	44,5	44,7	44,9
44,1	44,4	44,7	44,9	45,2	45,5	45,7	45,9
45,2	45,5	45,7	46,0	46,3	46,5	46,8	47,0
46,2	46,5	46,7	47,0	47,3	47,5	47,8	48,0
47,2	47,5	47,8	48,1	48,3	48,6	48,9	49,1
48,2	48,5	48,8	49,1	49,3	49,6	49,9	50,1
49,2	49,5	49,8	50,1	50,3	50,6	50,9	51,1
50,2	50,5	50,8	51,1	51,4	51,7	52,0	52,2
51,2	51,5	51,8	52,1	52,4	52,7	53,0	53,2

M. Schlesinger:

Tabelle B

Gefunden CO_2 normal-ccm	Wert der Alkalireserve bei der Versuchstemperatur von							
	15°	16°	17°	18°	19°	20°	21°	22°
56	49,6	50,0	50,3	50,7	51,0	51,3	51,6	51,9
57	50,6	51,0	51,3	51,6	52,0	52,3	52,6	52,9
58	51,6	52,0	52,3	52,6	53,0	53,3	53,6	53,9
59	52,6	53,0	53,3	53,6	54,0	54,3	54,6	55,0
60	53,5	53,9	54,3	54,6	55,0	55,3	55,6	56,0
61	54,5	54,9	55,3	55,6	56,0	56,3	56,6	57,0
62	55,5	55,9	56,2	56,6	57,0	57,3	57,6	58,0
63	56,5	56,9	57,2	57,6	58,0	58,3	58,6	59,0
64	57,5	57,9	58,2	58,6	59,0	59,3	59,6	60,0
65	58,4	58,8	59,2	59,6	59,9	60,3	60,6	61,0
66	59,4	59,8	60,2	60,6	60,9	61,3	61,6	62,0
67	60,4	60,8	61,2	61,6	61,9	62,3	62,6	63,0
68	61,4	61,8	62,2	62,6	62,9	63,3	63,7	64,0
69	62,4	62,8	63,2	63,6	63,9	64,3	64,7	65,0
70	63,3	63,8	64,2	64,5	64,9	65,3	65,7	66,0
71	64,3	64,8	65,2	65,5	65,9	66,3	66,7	67,0
72	65,3	65,7	66,1	66,5	66,9	67,3	67,7	68,0
73	66,3	66,7	67,1	67,5	67,9	68,3	68,7	69,0
74	67,3	67,7	68,1	68,5	68,9	69,3	69,7	70,0
75	68,3	68,7	69,1	69,5	69,9	70,3	70,7	71,1
76	69,3	69,7	70,1	70,5	70,9	71,3	71,7	72,1
77	70,2	70,7	71,1	71,5	71,9	72,3	72,7	73,1
78	71,2	71,7	72,1	72,5	72,9	73,3	73,7	74,1
79	72,2	72,7	73,1	73,5	73,9	74,3	74,7	75,1
80	73,2	73,6	74,1	74,5	74,9	75,3	75,7	76,1
81	74,2	74,6	75,1	75,5	75,9	76,3	76,7	77,1
82	75,1	75,6	76,0	76,5	76,9	77,3	77,7	78,1
83	76,1	76,6	77,0	77,5	77,9	78,3	78,7	79,1
84	77,1	77,6	78,0	78,5	78,9	79,3	79,7	80,1
85	78,1	78,6	79,0	79,4	79,9	80,3	80,7	81,1
86	79,1	79,6	80,0	80,4	80,9	81,3	81,7	82,2
87	80,0	80,5	81,0	81,4	81,9	82,3	82,7	83,2
88	81,0	81,5	82,0	82,4	82,9	83,3	83,7	84,2
89	82,0	82,5	83,0	83,4	83,9	84,4	84,7	85,2
90	83,0	83,5	83,9	84,4	84,9	85,3	85,7	86,2
91	84,0	84,5	84,9	85,4	85,9	86,3	86,7	87,2
92	85,0	85,4	85,9	86,4	86,8	87,3	87,7	88,2
93	85,9	86,4	86,9	87,4	87,8	88,3	88,7	89,2
94	86,9	87,4	87,9	88,4	88,8	89,3	89,7	90,2
95	87,9	88,4	88,9	89,4	89,8	90,3	90,7	91,2
96	88,9	89,4	89,9	90,4	90,8	91,3	91,7	92,2
97	89,9	90,4	90,9	91,4	91,8	92,3	92,8	93,2
98	90,9	91,4	91,9	92,4	92,8	93,3	93,8	94,2
99	91,9	92,4	92,9	93,4	93,8	94,3	94,8	95,2
100	92,9	93,4	93,9	94,3	94,8	95,3	95,8	96,2

(Fortsetzung).

Wert der Alkalireserve bei der Versuchstemperatur von							
23^0	24^0	25^0	26^0	27^0	28^0	29^0	30^0
52,3	52,6	52,9	53,2	53,5	53,8	54,1	54,3
53,3	53,6	53,9	54,2	54,5	54,8	55,1	55,3
54,3	54,6	54,9	55,2	55,5	55,8	56,1	56,3
55,3	55,6	55,9	56,2	56,6	56,9	57,1	57,4
56,3	56,6	56,9	57,2	57,6	57.9	58,1	58,4
57,3	57,7	58,0	58,3	58,6	58,9	59,2	59,5
58,3	58,7	59,0	59,3	59,6	59,9	60,2	60,5
59,3	59,7	60,0	60,3	60,6	60,9	61,2	61,5
60,4	60,7	61,0	61,4	61,7	62,0	62,3	62,6
61,4	61,7	62,0	62,4	62,7	63,0	63,3	63,6
62,4	62,7	63,1	63,4	63,8	64,1	64,4	64,7
63,4	63,7	64,1	64,4	64,8	65,1	65,4	65,7
64,4	64,7	65,1	65,4	65,8	66,1	66,4	66,7
65,4	65,8	66,1	66,5	66,8	67,2	67,5	67,8
66,4	66,8	67,1	67,5	67,8	68,2	68,5	68,8
67,4	67,8	68,2	68,5	68,9	69,3	69,6	69,9
68,4	68,8	69,2	69,5	69,9	70,3	70,6	70,9
69,4	69,8	70,2	70,5	70,9	71,3	71,6	71,9
70,4	70,8	71,2	71,5	71,9	72,3	72,6	72,9
71,4	71,8	72,2	72,5	72,9	73,3	73,6	73,9
72,5	72,9	73,2	73,6	74,0	74,3	74,7	75,0
73,5	73,9	74,2	74,6	75,0	75,3	75,7	76,0
74,5	74,9	75,2	75,6	76,0	76,3	76,7	77,0
75,5	75,9	76,3	76,7	77,0	77,4	77,8	78,1
76,5	76,9	77,3	77,7	78,0	78,4	78,8	79,1
77,5	77,9	78,3	78,7	79,1	79,5	79,9	80,2
78,5	78,9	79,3	79,7	80,1	80,5	80,9	81,2
79,5	79,9	80,3	80,7	81,1	81,5	81,9	82,2
80,6	81,0	81,4	81,8	82,2	82,6	83,0	83,3
81,6	82,0	82,4	82,8	83,2	83,6	84,0	84,3
82,6	83,0	83,4	83,8	84,3	84,7	85,0	85,4
83,6	84,0	84,4	84,8	85,3	85,7	86,0	86,4
84,6	85,0	85,4	85,8	86,3	86,7	87,0	87,4
85,6	86,1	86,5	86,9	87,3	87,7	88,1	88,5
86,6	87,1	87,5	87,9	88,3	88,7	89,1	89,5
87,7	88,1	88,5	89,0	89,4	89,8	90,2	90,6
88,7	89,1	89,5	90,0	90,4	90,8	91,2	91,6
89,7	90,1	90,5	91,0	91,4	91,8	92,2	92,6
90,7	91,1	91,5	92,0	92,4	92,8	93,2	93,6
91,7	92,1	92,5	93,0	93,4	93,8	94,2	94,6
92,7	93,1	93,6	94,0	94,5	94,9	95,3	95,7
93,7	94,1	94,6	95,0	95,5	95,9	96,3	96,7
94,7	95,1	95,6	96,0	96,5	96,9	97,3	97,7
95,7	96,2	96,6	97,1	97,5	98,0	98,4	98,8
96,7	97,2	97,6	98,1	98,5	99,0	99,4	99,8

Die Erfahrung zeigt aber, daß bei Zusatz der Säure entweder überhaupt keine Blasen auftreten oder höchstens an den Wänden eine geringe Zahl kleinster Bläschen erscheint, wodurch aber das Resultat nicht merklich beeinflußt wird. Auch aus der Tabelle auf S. 118 geht hervor, daß die mit dem hier beschriebenen Apparat erhaltenen Werte gleichmäßig um die mit dem *van Slyke*schen gewonnenen schwanken; Schwankungen nach unten sind nicht wesentlich bevorzugt. Ob diese Tatsache auf der unvollkommenen Vermischung von Plasma und Säure beim Unterschichten beruht, oder ob in der Tat eine Übersättigung vorliegt, kann ich nicht mit Sicherheit angeben. Doch scheint es auf Grund dieser Erfahrung zulässig, die Säure, wie beschrieben, bei offenem Reaktionsgefäß zuzufügen, ohne die Ausführung des Versuchs mit einer vorangehenden Entgasung von Wasser und Säure (etwa durch Aufkochen) und die Berechnung mit der hierdurch bedingten Korrektur zu komplizieren.

5. *Bei der Sättigung des Gasraums im Reaktionsgefäß mit Wasserdampf* tritt in demselben eine kleine Druckerhöhung ein; der hieraus stammende Fehler ist praktisch zwar kaum von Belang, doch läßt er sich leicht in Rechnung ziehen, indem man den nach Verschließen des Apparats eintretenden geringen Quecksilberanstieg im Steigrohr zum abgelesenen Barometerstand hinzuaddiert.

6. *Zur Berechnung der Werte der Alkalireserve* (der in Normal-Kubikzentimetern ausgedrückten CO_2-Menge, welche von 100 ccm Plasma im Gleichgewicht mit Exspirationsluft bei 20^0 in Form von Bicarbonat gebunden wird) in Tabelle B wurde von den Werten der gesamten Kohlensäure (erster Stab) der physikalisch gelöste Anteil ($5,5 \times$ der *Bunsen*sche Absorptionskoeffizient für die entsprechende Temperatur) subtrahiert und bezüglich der Gleichgewichtskonzentration des Bicarbonats mit der Temperatur nach *van Slyke*[1] (Abnahme um 0,36 % pro 1^0 Temperaturerhöhung) korrigiert.

Berichtigung. In meiner eingangs zitierten Arbeit ist folgendes richtigzustellen:

In der letzten Zeile der S. 90, der fünften Zeile von oben auf S. 91, der dritten Zeile des Abschnittes C auf S. 92 und der vierten Zeile der Fußnote 1 auf S. 90 ist für μ/v richtig zu setzen μ/V; in der dritten Zeile derselben Fußnote für $d\mu/dv$ richtig $d\mu/dV$.

Das dritte Glied der Gleichung (22) auf S. 103 ist statt

$$\frac{\alpha}{76\,(1 + \alpha t)}\, K \quad \text{richtig zu schreiben} \quad \frac{\alpha}{1 + \alpha t}\, K,$$

ebenso in der vorletzten Zeile derselben Seite statt

$$B_y = \frac{\alpha}{76\,(1 + \alpha t)} \quad \text{richtig} \quad B_y = \frac{\alpha}{1 + \alpha t}.$$

---

[1] Journ. of biol. Chem. **30**, 289, 1917.

Sonderdruck
aus „Biochemische Zeitschrift", Bd. 212.
Julius Springer, Berlin.

Über den Schwefelgehalt des Fibrins verschiedener Säugetiere.

Von

Zoltán Aszódi.

(Aus dem physiologisch-chemischen Institut der königl. ungar. Universität Budapest.)

(Eingegangen am 29. Juni 1929.)

In meiner vorangehenden Mitteilung[1] wurde über den Schwefelgehalt von Globulin aus Serum berichtet, das aus frisch den Tieren entnommenem und sofort defibiniertem Blute durch Zentrifugieren genommen wurde. In einer Anzahl dieser Versuche reichte die Menge des ausgeschiedenen Fibrins hin, um an ihm parallele Schwefelbestimmungen auszuführen. Über diese soll im nachfolgenden berichtet werden.

Das durch Schlagen oder Schütteln mit Glasperlen aus dem Blute ausgeschiedene Fibrin wurde in der Regel gleich, längstens aber binnen einer Stunde durch Kolieren des Blutes durch mehrfach zusammengelegte Gase vom Blute gesondert, mit Wasser durchknetet, 48 Stunden in einem Gefäß belassen, durch das Wasser von 8 bis 10^0C strömte, wobei anscheinend die letzten Spuren vom Blutfarbstoff entfernt wurden und das Fibrin schneeweiß zurückblieb. Es wurde noch feucht auf einem Papierfilter dreimal mit 5%iger Kochsalzlösung, dann aber mit destilliertem Wasser so lange gewaschen, bis dieses chlorfrei abfloß, je zweimal mit Alkohol und Äther gewaschen, im Thermostaten bei 35^0C getrocknet, die in diesem Stadium meistens graugelbe spröde Masse pulverisiert, das Pulver im Glycerinthermostaten bei 105 bis 107^0C bis zur Gewichtskonstanz getrocknet und in Mengen von meistens über 0,10 g der Schwefelbestimmung zugeführt. Hierzu diente wie in der vorangehenden Arbeit das *ter Meulen*sche[2] Verfahren, dessen in der Arbeit von *Valer*[3] ausführlich Erwähnung getan ist.

---

[1] *Zoltán Aszódi*, diese Zeitschr. **212**, 102, 1929.

[2] *H. ter Meulen*, Receuil des travaux chimiques des Pays-Bas **41**, 4. Serie, Nr. 2, 1922.

[3] *Jolán Valer*, diese Zeitschr. **190**, 444, 1928.

Es dürfte von Interesse sein, daß 100 ccm Blut von drei Menschen 0,15 bis 0,29, von drei Rindern 0,43 bis 1,40, von zwei Schweinen 0,36 bis 0,77, von drei Pferden 0,24 bis 0,32 und von sechs Hunden 0,033 bis 0,36 g lufttrockenes Fibrin lieferten, also aus Hundeblut oft weit weniger als aus den übrigen Blutarten zu erhalten ist.

Besprechung der Versuchsergebnisse.

Alle auf die Versuche bezüglichen Einzeldaten sind der General-tabelle am Ende des Textes, die aus ihnen zu ziehenden Schlüsse aber nachfolgender Texttabelle zu entnehmen, in der der Schwefelgehalt des an den einzelnen Tieren erhaltenen Fibrins (Stab 2) mit dem des Globulins jeweils desselben Tierindividuums (Stab 3) verglichen ist. Natürlich fehlen bei diesem Vergleich von den in weit größerer Anzahl vorhandenen Globulinwerten der vorangehenden Mitteilung diejenigen, bei denen die Untersuchung des entsprechenden Fibrins aus verschie-denen äußeren Gründen (in der Regel zu wenig Material!) unter-blieben ist, und kommen auch Fibrinwerte von solchen Versuchen vor, bei denen die Untersuchung des Globulins verunglückt war.

		Fibrin: Schwefelgehalt $^0/_0$	Globulin: Schwefelgehalt $^0/_0$	Fibrin-Schwefel nach früheren Autoren
Mensch	9	1,28	1,38	—
	7	1,36	1,22	
	47	1,44	—	
Schwein	48	1,07	—	—
	15	1,09	1,32	
Rind	49	1,20	—	1,20 % (*Koch*)[1], 1,20 % (*Krüger*)[2]
	19	1,23	1,28	1,35 % (*Kistiakowski*)[3]
	18	1,27	1,33	
Pferd	21	1,18	1,05	1,02—1,18 % (*Hammarsten*)[4]
	22	1,20	1,07	1,10 % (*Osborne*)[5]
	26	1,16	1,03	1,10—1,16 % (*Mörner*)[6]
Hund	42	1,24	1,28	—
	43	1,27	1,37	
	50	1,30	—	
	44	1,32	1,40	
	51	1,32	—	
	45	1,42	1,28	

[1] *W. Koch*, Zentralbl. f. öffentl. Gesundheitspflege **2**, 171, 1886.
[2] *A. Krüger*, Pflügers Arch. f. d. ges. Physiol. **43**, 224, 1888.
[3] *B. Kistiakowski*, ebendaselbst **9**, 438, 1874.
[4] *O. Hammarsten*, ebendaselbst **22**, 431, 1880.
[5] *Th. Osborne*, Zeitschr. f. analyt. Chem. **41**, 25, 1902.
[6] *K. A. H. Mörner*, Hoppe-Seilers Zeitschr. f. physiol. Chem. **34**, 207, 1902.

Generaltabelle.

Nr., Tierart, Geschlecht	Aus 100 ccm Blut erhalten Fibrin g	Schwefelgehalt des Fibrins %
9. Mensch, ♀	0,29	1,27 1,32 1,25 Mittel: **1,28**
7. Mensch, ♂	0,15	1,30 1,37 1,37 1,39 Mittel: **1,36**
47. Mensch, ♂	0,21	1,45 1,41 1,51 1,40 Mittel: **1,44**
48. Schwein, ♀	0,77	1,05 1,12 1,04 1,04 1,09 Mittel: **1,07**
15. Schwein	0,36	1,08 1,15 1,09 1,04 1,13 1,05 Mittel: **1,09**
49. Rind, ♀	0,55	1,23 1,17 1,21 1,19 Mittel: **1,20**
19. Rind	0,43	1,22 1,22 1,24 1,24 Mittel: **1,23**
18. Rind	1,40	1,27 1,34 (?) 1,23 1,24 Mittel: **1,27**

Nr., Tierart, Geschlecht	Aus 100 ccm Blut erhalten Fibrin g	Schwefelgehalt des Fibrins %
21. Pferd	0,32	1,26 (?) 1,14 1,11 1,20 1,15 1,25 (?) 1,16 Mittel: **1,18**
22. Pferd, ♀	0,24	1,22 1,24 1,20 1,15 Mittel: **1,20**
26. Pferd	0,25	1,18 1,14 1,16 Mittel: **1,16**
42. Hund, ♂	0,037	1,21 1,26 Mittel: **1,24**
43. Hund, ♂	0,30	1,26 1,27 1,29 Mittel: **1,27**
50. Hund, ♂	0,36	1,25 1,35 Mittel: **1,30**
44. Hund, ♀	0,066	1,33 1,31 Mittel: **1,32**
51. Hund, ♂	0,24	1,30 1,30 1,32 1,34 Mittel: **1,32**
45. Hund, ♂	0,033	1,45 1,39 Mittel: **1,42**

Vor allem geht aus dem Vergleich der Stäbe 2 und 4 hervor, daß meine Werte mit denen der früheren Autoren leidlich übereinstimmen.

Weiterhin könnte es bei einer ersten flüchtigen Betrachtung der Fibrinschwefelwerte den Anschein haben, daß sie zwischen weit engeren Grenzen schwanken, als die Globulinschwefel meiner vorangehenden Mitteilung. In Wirklichkeit ist jedoch ein solcher Gegensatz zwischen Fibrin und Globulin nicht vorhanden, denn in meinen früheren Versuchen fand ich zwar an Menschen Werte zwischen 1,06 bis 1,38, am Schweine 0,97 bis 1,32, am Rinde 1,17 bis 1,33, am Pferde 1,03 bis 1,27, am Hunde gar 1,17 bis 1,60; in den wenigen Versuchen jedoch, in denen sowohl der Fibrin- wie auch der Globulinschwefel bestimmt werden konnte, schwankten auch die Werte des Globulinschwefels zwischen ähnlich engen Grenzen, wie die des Fibrinschwefels. Es handelt sich also diesfalls bloß um einen Zufall, und es ist ganz gut denkbar, daß, wenn ich das Fibrin an einer ähnlich großen Zahl von Tieren, wie den Globulinschwefel untersucht hätte, ich auch den Fibrinschwefel innerhalb so weiter Grenzen schwankend gefunden hätte. Ein näherer Zusammenhang zwischen dem Schwefelgehalt im Fibrin und im Globulin *eines* Tierindividuums scheint ebensowenig zu bestehen, wie bezüglich verschiedener Tierarten. Nur am Hunde scheint das Fibrin in der Regel etwas weniger, umgekehrt am Pferde etwas mehr Schwefel zu enthalten, als das Globulin. Ob der Schwefelgehalt des Fibrins an *einem* Individuum derselben Tierart, wenn es zu verschiedenen Malen untersucht wird, ein konstanter ist oder nicht, kann erst durch künftige Versuche ermittelt werden.